"十二五"国家重点图书

Springer精选翻译图书

卫星数据压缩

Satellite Data Compression

[美] Bormin Huang　主编

陈浩　　周爽　译

哈尔滨工业大学出版社
HARBIN INSTITUTE OF TECHNOLOGY PRESS

内 容 提 要

随着星载传感器空间、光谱、时间等分辨率的不断提高,获取的传感器数据量海量地增长,卫星数据压缩已成为遥感数据传输和存储的必要手段,也一直是遥感领域的研究热点之一。全书共分为 14 章,涵盖了目前国际上关于卫星数据压缩的有损、近无损、无损压缩等多种典型方法,既有理论算法也包括部分硬件实现。可以使读者对该领域的研究具有较深入和全面的认识。

本书可作为高等院校信息、通信、遥感及相关专业的教材或教学参考书,也可供相关科研人员参考。

黑版贸审字 08-2012-049 号

Translation from English language edition:
Satellite Data Compression
by Bormin Huang
Copyright © 2011, Springer New York
Springer New York is a part of Springer Science+Business Media
All Rights Reserved

图书在版编目(CIP)数据

卫星数据压缩/(美)黄柏铭(Bormin Huang)主编;陈浩,周爽译. —哈尔滨:哈尔滨工业大学出版社,2014.5
ISBN 978-7-5603-4733-2

Ⅰ.①卫…　Ⅱ.①黄…②陈…③周…　Ⅲ.①遥感卫星-数据压缩　Ⅳ.①V474.2

中国版本图书馆 CIP 数据核字(2014)第 095178 号

电子与通信工程
图书工作室

责任编辑　李长波
封面设计　刘长友
出版发行　哈尔滨工业大学出版社
社　　址　哈尔滨市南岗区复华四道街 10 号　邮编 150006
传　　真　0451-86414749
网　　址　http://hitpress.hit.edu.cn
印　　刷　哈尔滨市石桥印务有限公司
开　　本　660mm×980mm　1/16　印张 19.75　字数 355 千字
版　　次　2014 年 5 月第 1 版　2014 年 5 月第 1 次印刷
书　　号　ISBN 978-7-5603-4733-2
定　　价　40.00 元

译 者 前 言

在 2011 年，我有幸与威斯康星大学麦迪逊分校空间科学与工程中心高级研究员 Bormin Huang(黄柏铭)博士取得了联系，黄博士现为国际光学工程学会(SPIE)的 Fellow，是卫星遥感图像压缩等领域的著名专家。至今，已经荣幸地邀请黄博士多次来到哈尔滨工业大学进行学术交流。在 2012 年的交流期间，获悉黄博士于 2011 年主编出版了 *Satellite Data Compression* 一书。在黄博士的推荐下，拜读了该书，并达成了翻译该书的协议。该书共分为 14 章，包含了目前国际上卫星数据压缩领域的典型方法，涉及了有损、近无损、无损压缩的理论算法和硬件实现，具有较强的学术研究和实践参考价值。该书对于我一直从事的数据压缩的研究具有很大的推动作用。2013 年 2 月至 2014 年 2 月，我作为访问学者到威斯康星大学麦迪逊分校空间科学与工程中心，与黄博士研究团队继续卫星数据压缩方向的研究，该阶段的研究过程进一步加深了我对该书内容的理解。

全书由哈尔滨工业大学陈浩对译稿进行统稿，周爽负责了部分章节的翻译工作。在整个翻译过程中，博士研究生石翠萍、ALISSOU SIMPLICE，硕士研究生雷威、陶宇、李亚乾、刘东、王佳斌、张孟、滑艺、王怡然等做了许多有价值的工作，在此一并表示感谢。

需特别感谢的是，张晔教授对于该书翻译的支持。

由于该书原著涉及多个国家学者的研究成果，理论、方法、研究内容较多，在全书翻译过程中在某些理解和用词上难免有不恰当或者不足之处，敬请有关专家和学者批评指正。

陈 浩

2014 年 3 月

于哈尔滨工业大学

目　　录

第1章　加拿大航天局星载数据压缩技术的进展

摘要　本章回顾和概括了加拿大航天局在与加拿大其他政府部门、学术机构和工业机构的合作下,对卫星传感器数据压缩的研究和发展情况。本章通过以下几节对该问题进行阐述。

1.1　加拿大航天局对卫星数据压缩方面研究的回顾

加拿大航天局(Canadian Space Agency,CSA)在20世纪90年代开始研究数据压缩算法作为一项使能技术用于高光谱卫星,这种研究包括无损和有损压缩技术。在实际运行中使用的压缩技术也得到了研究[1-16],研究的核心是基于矢量量化(Vector Quantization,VQ)的近无损数据压缩技术。由于矢量量化非常简单,并且其矢量性质可用于保存与场景中单个地面样本有关的光谱特征,因此矢量量化是对高光谱图像数据压缩的一种有效编码技术。对大多数遥感应用和算法而言,都能够取得合理的高压缩比(>10∶1)以及高压缩保真度。

1.1.1　无损压缩

在20世纪90年代,采用了一种基于预测的方法。它使用在空间域或/和光谱域中的线性或非线性预测器来产生预测,并应用DPCM产生残余,其后进行熵编码。研究了包括1D、2D和3D情况的共99个固定系数的预测器[15],包括一种从预先选定的预测器组中选择最好的预测器的自适应预测器。空间数据系统咨询委员会(Consultative Committee for Space Data System,CCSDS)推荐的无损算法(主要是Rice算法[17])被选作熵编码器,用于编码预测残差。为了评估CCSDS无损算法的性能,使用一种被称为基础比特加溢出比特编码(Base-bit Plus Overflow-bit Coding,BPOC)[18]的熵编码器来比较熵编码效率。

对使用机载可见光/近红外成像光谱仪(Airborne Visible/Near Infrared Imageing Spectrometer,AVIRIS)和轻便机载光谱成像仪(Compact Airborne Spectrographic Imager,CASI)获得的三个高光谱数据立方体进行测试。两个在

3D 空间分别使用五个和七个最近邻像素的 3D 预测器,产生了最佳的残差。在由熵编码器编码产生编码残差之后,取得了 2.4 左右的压缩比,而其他的预测器产生的压缩比均小于 2∶1。BPOC 略优于 CCSDS 无损算法。

1.1.2 小波变换有损数据压缩

我们也使用小波变换技术为高光谱数据研究了一种压缩技术[16]。由 Shapiro 提出的创建零树的方法[19]被修改为用于高光谱数据,提出了一种优化的多层查找表的方法,它改善了嵌入零树小波算法的性能。为了评估该算法的性能,将算法与 SPIHT[20] 和 JPEG 相比较。经比较,这种新的算法等同于或优于已发表的算法,因为这些算法计算复杂度更高,不适于高光谱数据的压缩。对 AVIRIS 和 CASI 数据进行了如 1.1.1 节提到的实验,得到了超过 32∶1 的压缩比,保真度大于 40.0 dB。

1.1.3 矢量量化数据压缩

我们选择矢量量化技术用于遥感图像的数据压缩,是由于矢量量化非常简单并且其矢量性质可用于保存与场景中单个地面样本有关的光谱特征。矢量量化是一种有效的编码技术。广义 Lloyed 算法(Generalized Lloyed Algorithm,GLA)有时也称 LBG,是用于图像压缩最经常使用的 VQ 算法。

在应用中,将用于 VQ 算法的矢量和高光谱数据立方体中每个地面样本的全光谱维(被称为光谱矢量)联系起来。因为数据立方体场景中的目标数目是有限的,用于训练的光谱矢量的数目应比数据立方体中光谱矢量的总数要小得多。因此,可以使用码书表示所有的谱向量,该码书具有相对少的码向量,并取得较好的重建保真度。

VQ 压缩技术较好地利用了光谱域波段之间的高相关性,取得了高压缩比。然而,从运行使用的角度看,用于高光谱图像的 VQ 压缩技术面临很大的挑战,主要在于它需要大量的运算资源,特别是在码书的生成阶段。因为高光谱图像数据立方体大小是传统遥感数据的几百倍,因此用于训练码书或者使用码书对数据立方体编码的处理时间也应是传统遥感数据的几十到几百倍。在一些应用中,通过仅仅对码书训练一次,训练时间的问题可以很大程度地被避免,以后重复地对后面所有需要压缩的数据立方体应用该码书,就像在传统的 2D 图像压缩中所采取的方法一样。若待压缩的数据立方体是由用于训练码书的训练集为限的,上述方法会工作得很好。

然而,在高光谱遥感中,获取一个能够使多个数据立方体同时达到需要保真程度的所谓"通用的"码书非常困难。部分原因是由于目标特性(季节、位置、亮度、视角、精确的大气影响的需要)以及仪器配置(光谱分辨率和空间分辨率、光谱范围、仪器的 SNR)会使数据立方体具有高的变化性,还有部分原因是在其下游使用中高重建高保真度的需要。基于这些原因,倾向于为每一个待压缩的数据立方体生成一个新的码书,并与索引图一起作为压缩数据传到解码器。因此,压缩高光谱图像的基于 VQ 方法发展的主要目的是寻找一种更快、更有效的压缩算法来克服这种挑战,特别是在星载应用中。在这一章中,使用传统的 GLA 算法和一种用于数据立方体的新训练码书进行高光谱数据立方体的压缩,称为 3DVQ。

加拿大航天局开发了一种代表高光谱数据立方体光谱向量的有效方法,被称为基于光谱特征的二进制编码(Spectral Feature Based Binary Code,SFBBC)[1]。使用 SFBBC 码和汉明距离,而不是欧几里得距离,可以用于高光谱图像 VQ 压缩过程中的码书训练和码向量匹配(编码)。汉明距离是逻辑按位异或运算的简单的和,这比计算欧几里得距离要快得多。与 3DVQ 相比,基于 SFBBC 的 VQ 压缩技术可以在保真度损失 PSNR<1.5 dB 的前提下加速压缩过程 30~40 倍。这种压缩技术也称为基于 SFBBC 的 3DVQ。

后来,提出了相关矢量量化(Correlation Vector Quantization,CVQ)[2]。它使用一个可移动的窗口去覆盖高光谱数据立方体中相邻地面 2×2 的光谱矢量块,并同时移除数据立方体中的光谱相关和空间相关性。编码时间(CT)可以通过因子 $1/(1-\beta)$ 来改善,这里 β 表示窗口中的一个光谱矢量可以用窗口中三个已编码光谱矢量中的一个来近似的概率。实验结果表明,采用 2 左右的因子,可以提高编码的时间,并且与使用 3DVQ 相比,压缩比提高了 30%。CVQ 可以与 SFBBC 结合使用,以进一步提高 3DVQ 的编码时间[3]。

码书的生成阶段是一个迭代的过程,并且决定着 3DVQ 整个的处理时间,因此减少码书生成的时间(Codebook Generation Time,CGT)非常重要。由于 CGT 大致和训练集的大小成正比,可以通过减少训练集的大小来得到一个更快的压缩系统。为码书生成构建小而有效的训练集,加拿大航天局研发了三种光谱矢量选择方案以下采样待压缩的数据立方体中的光谱矢量。数值分析表明,4% 的下采样率对于保持重建保真度以及减少 CGT 来说是最优的。实验结果表明,当训练集是由以 2.0% 的下采样的数据立方体组成,利用因子为 15.6~17.4,处理时间能得到改善,PSNR 损失 0.6~0.7 dB[4]。

使用包含在待压缩的高光谱数据立方体中的遥感信息,加拿大航天局进一步改善了 3DVQ。引入一种光谱索引,例如归一化植被指数(Normalized Difference Vegetation Index,NDVI),来改善压缩算法。提出了一种新的基于

VQ 的压缩技术,被称为基于光谱索引的多子码书算法(Multiple Sub-Code-book Algorithm, MSCA)[5]。首先为待压缩的数据立方体创建一个光谱索引图,然后基于索引值将其分割成 n(通常是 8 或 16)个区域,根据分割了的索引图,数据立方体被分成 n 个子集,每个子集对应一个区域(或类)。为每个子集训练一个独立的码书,并用于压缩对应的子集。通过一个大小为 n 左右的因子,MSCA 能够加速 CGT 和 CT。实验结果表明,当测试数据立方体的场景被分割成 16 个区域,因子为 14.1 和 14.8 时,CGT 和 CT 都得到了改善,而重建保真度和使用 3DVQ 的结果几乎相同。

通过结合以往研究的快速 3DVQ 技术,创建和测试用于高光谱图像的三种 VQ 数据压缩系统:SFBBC、下采样和 MSCA。仿真结果表明,CGT 减少了超过三个数量级,而码书的质量依然很好。通过一个 1 000 左右的因子,3DVQ 的总体处理速度得到提高,平均 PSNR 损失小于 1.0 dB[6]。

文献[7]提出了一种用于基于 VQ 压缩算法的快速搜索方法。该方法利用了这样一个事实:在 GLA 的全搜索中,一个训练矢量,如果和前面的迭代相比,得到分割的距离在当前迭代中提高了,则不需要搜索以发现最小距离分割。该方法的优点是简单,节省了大量运算时间,并且产生的压缩保真度和 GLA 一样好。对涵盖多种场景类型的四个高光谱数据立方体进行测试。实验结果表明,对于四个测试高光谱数据立方体,码书的大小为 16 ~ 2 048,提出的方法提高了 3.08 ~ 27.35 倍的压缩时间。码书的尺寸越大,节约的时间越多,而由压缩导致的光谱信息损失可以通过光谱角匹配和遥感应用来评价。

接着文献[7]中的工作,加拿大航天局进一步为矢量压缩技术改善了搜索方法[8]。它利用了这样一个事实:在 GLA 中,训练序列中的一个矢量要么位于与前一次迭代相同的最小距离分割(Minimum Distance Partition, MDP),要么位于一个很小的分割子集内。提出的方法仅仅在这个分割子集内及上次迭代得到的 MDP 中为训练矢量寻找 MDP。由于子集的大小比码向量的总数要小,搜索过程能得到显著加速。提出的方法生成的码书与使用 GLA 生成的码书一致。实验结果表明,当训练从 16 到 2 048 大小的码书时,对于两个测试数据集,码书训练的计算时间分别从 6.6 倍提高到 50.7 倍以及从 7.7 倍提高到 58.7 倍。当结合文献[7]提出的快速搜索方法时,对两个测试数据集,计算时间分别从 7.7 倍提高到 58.7 倍,从 13.0 倍提高到 128.7 倍。

图 1.1 给出了与 3DVQ 相比,前面提到的各种快速 VQ 技术以及这些技术结合后的处理速度改善情况。采用单一的快速技术,处理速度能够提高 70 倍。当三种加速技术结合使用时,处理速度能够提高 1 000 倍左右。当使用 SFBBC 技术时,与 3DVQ 相比,快速技术的 PSNR 保真度损失小于 1.5 dB。当

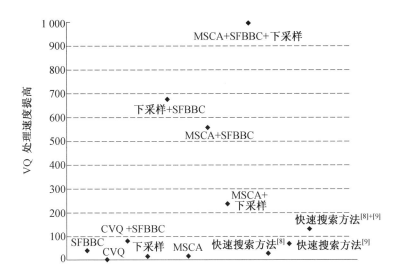

图 1.1　加拿大航天局快速算法及其组合的 3DVQ 处理速度的提高

使用下采样时,快速技术的保真度损失小于 1.0 dB。其他快速技术几乎没有保真度损失。

　　加拿大航天局为星载处理制定并取得了两种近无损 VQ 数据压缩技术专利:连续近似多级矢量量化(Successive Approximation Multi – stage Vector Quantization,SAMVQ)[10,11] 以及分等级的自组织聚类矢量量化(Hierarchical Self–Organizing Cluster Vector Quantization,HSOCVQ)[12,13]。这两种技术都是简单而有效的,已被明确指明用于多维传感数据星载使用。尽管这些算法为星载高光谱数据进行了优化,但它们也同样可用于地面数据的压缩。在接下来的两节里,我们将简要介绍这两种压缩技术以及使它们能够被称为近无损压缩的特点。

1.2　近无损压缩技术:SAMVQ 和 HSOCVQ

　　在数据压缩的发展中,我们将引入有损压缩过程中的压缩误差限制到原数据集内部噪声的水平。这里的内部噪声指的是包含在一个原始数据集中的总体噪声或误差,它们是由仪器噪声以及数据集的其他误差源,例如在数据处理链中的误差或不确定性(如探测器暗电流的移除、非均匀性校准、辐射定标、大气校正等)产生的。与原始数据相比,希望压缩误差对数据集遥感应用的影响能小到可忽略的程度,这种无损压缩就称为近无损压缩。这不同于文献[22,23]给出的医学图像的视觉近无损与文献[24,25]给出的多光谱/高光谱图像的视觉近无损。

1.2.1　连续近似多级矢量量化(SAMVQ)

连续近似多级矢量量化(Successive Approximation Multi-stage Vector Quantization,SAMVQ)是一种多级 VQ 压缩算法,能够使用非常小的码书以一种连续近似的方式压缩数据立方体。随着码书的大小 N 比以前减小了超过两个数量级,传统 VQ 方法面临的计算负担不再是问题。假设 SAMVQ 使用四个码书以多级近似的过程压缩数据立方体,每个过程包含八个码矢量。等效的传统 VQ 码书需要 $N = 8^4 = 4\ 096$ 个码矢量来取得类似的重建保真度,而 SAMVQ 码书仅仅需要 $N' = 8 \times 4 = 32$ 个码矢量。由于码书的训练时间和编码时间都与码书的大小成正比,两者都得到了改善,其因子约为 $N/N' = 4\ 096/32 = 128$。由于码矢量总数很小,重建数据保真度相同时,SAMVQ 的压缩比大于传统的 VQ 方法。与之等效,在和传统的 VQ 方法有相同压缩比的情况下,SAMVQ 比传统的 VQ 方法具有更高的重建保真度。

此外,SAMVQ 能够根据光谱特征的相似性,自适应地将待压缩的数据立方体分类/划分为聚类(子集),并且分别对每个子集进行压缩。这一特点进一步提高了星载应用的处理速度,因为它可以通过将每个子集分配到一个单独的处理单元,实现硬件处理中的并行运算。例如,如果一个数据立方体被分为 8 个子集,处理时间可以进一步提高大约 8 倍。这一特点也会提高重建的保真度,因为每一聚类的光谱矢量是相似的,当使用相同数目的码矢量时,可以以更小的编码失真进行编码。

压缩比和保真度可以通过合理地选择码书大小和级数容易地进行控制,级数越多,压缩的保真度就越高。在压缩的过程中,算法可以自适应地在每个逼近阶段选择码书的尺寸,以使得失真最小化,并使压缩比最大化。对于星载应用,SAMVQ 可以用于压缩比(Compression Ratio,CR)模式或保真度模式。在压缩比模式中,可以在压缩之前设定参数得到期望的 CR,然后不同的数据立方体的压缩保真度也变化。在保真度模式中,在压缩前设定一个 RMSE 阈值,然后算法会保证压缩误差小于等于设定的阈值。当设定的阈值与原始数据的内在噪声一致时,能够实现近无损压缩。SAMVQ 算法的详细描述参见文献[10,11,14]。

1.2.2　分等级的自组织聚类矢量量化(HSOCVQ)

对于期望的保真度测度(例如 RMSE),应用分等级的自组织聚类矢量量化(Hierarchical Self-Organizing Cluster Vector Quantization,HSOCVQ),压缩数据立方体中的光谱矢量聚类,直到每个光谱矢量都以小于阈值的误差被编码。这一特点使得 HSOCVQ 在已压缩的高光谱数据立方体中能够更好地保持不常见或者小目标的光谱。

HSOCVQ 首先从待压缩数据立方体中训练极少数目的码矢量(例如八个),并使用这些码矢量将数据立方体中的光谱矢量分类。然后通过训练一小部分新的码矢量,来对每一聚类中的光谱矢量进行压缩。如果聚类中的所有光谱矢量都能以小于阈值的误差进行编码,则完成了对当前聚类的编码,接着处理下一聚类;否则,通过对聚类中的光谱矢量进行分类,将该聚类分割为子聚类。一个聚类被按等级分成子聚类,直到每个子聚类中的所有光谱矢量都能以小于阈值的误差被编码。在 HSOCVQ 中,一个聚类分成子聚类的数目(也就是新的码矢量的数目)是自适应地确定的。如果一个聚类的保真度远离了阈值,就会生成较大数量的子聚类。以这种方式生成的聚类是不相交的,并且随着拆分到较深的层次,聚类的大小会减小。因此该压缩过程是快速而有效的,因为训练集(聚类)和码书的大小都很小,每个聚类或子聚类的光谱矢量仅仅被训练一次。

由于这种聚类和拆分的独特的方式,HSOCVQ 中的训练码矢量能够很好地控制重建保真度,而且码矢量很少,可以在高压缩比的情况下获得高的重建保真度。对于星载应用,HSOCVQ 仅仅工作在保真模式。和 SAMVQ 类似,当设定的误差阈值与原始数据的内在噪声一致时,能够实现近无损压缩。对 HSOCVQ 算法的详细描述参见文献[12-14]。

1.3 评估 SAMVQ 和 HSOCVQ 的近无损特征

加拿大航天局通过对比原始数据内部噪声和压缩误差,看压缩误差的水平是否与原始数据内部噪声的水平一致,对 SAMVQ 和 HSOCVQ 这两种近无损压缩方法进行评估研究[14]。

2002 年 8 月 12 日,使用机载可见光/红外成像光谱仪(Airborne Visible/Near Infrared Imaging Spectrometer, AVIRIS)低轨得到加拿大维多利亚分水岭区数据集[26]。AVIRIS 在可见光近红外(Visible and Near Infrared,VNIR)范围中标称 SNR 为 1 000∶1,数据集的地面采样距离(Ground Sample Distance,GSD)为 4 m×4 m。通过将 4 m×4 m 的 GSD 数据集进行空间平均并形成一个28 m×28 m GSD 的数据立方体,这样可以得到一个低分辨率的数据立方体。

这种空间聚集数据立方体的标称 SNR 为 $1\,000 \times \sqrt{7 \times 7} = 7\,000 : 1$。在评估中，这个数据立方体可以看作是没有噪声的数据立方体，因为噪声太小以至于几乎没什么影响。这个数据立方体也称为"参考数据立方体"。可以在"参考数据立方体"中添加仿真的仪器噪声及光噪声，生成 SNR = 600 : 1 的"仿真数据立方体"。仿真数据立方体可以被视为卫星高光谱数据集真正的代表，因为真正的仪器产生的 SNR 大致就在这个水平[27]。可以用这种仿真集作为压缩的输入端，以对 SAMVQ 在压缩比为 20 : 1 以及对 HSOCVQ 在压缩比为 10 : 1 时进行评估，输出称为"压缩数据"。所有数据立方体里幅值都可以用 16 bit 的数值(Digital Numbers, DN)进行表示。

若将"仿真数据立方体"与"参考数据立方体"相比较，计算误差就是"内在噪声"。当将对压缩数据解压得到的"重建数据立方体"与"仿真数据立方体"相比，计算误差就是"压缩误差"。若将"重建数据立方体"与"参考数据立方体"相比，运算误差就是"内在噪声+压缩误差"。若重建的数据被发送到用户端以得到遥感产品时，这种误差是数据立方体中总体误差或最终噪声的预计。

计算上述每种比较的标准差并且作为谱带数(波长)的函数绘图。这些标准差可以用于评估"压缩误差""内在噪声"以及"内在噪声+压缩误差"，如图 1.2 所示。对于 SAMVQ，对除了输入数据具有较低的信号水平的粗断线之外的大多数波段，"压缩误差"(实线)通常比"内在噪声"(点线)要小。"内在噪声+压缩误差"(粗断线)在所有波段都比"内在噪声"(点线)要小。对于 HSOCVQ，在大多数波段中，"压缩误差"比"内在噪声"大 5 ~ 10 DN，但那些对应高幅值的波段，"压缩误差"较小。在波段 35 ~ 105 中，"压缩误差+内在噪声"比"内在噪声"小。

评估结果显示，由 SAMVQ 和 HSOCVQ 引入的"压缩误差"比"内在噪声"小或者与之相当，这证明了 SAMVQ 和 HSOCVQ 算法对遥感应用是接近无损的。

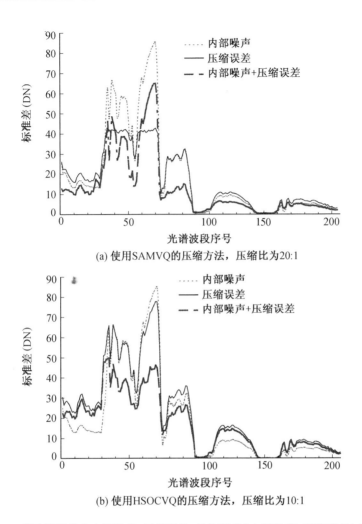

(a) 使用SAMVQ的压缩方法，压缩比为20:1

(b) 使用HSOCVQ的压缩方法，压缩比为10:1

图1.2　单波段图像中内部噪声、压缩误差、总体误差（内部噪声+压缩误差）的标准差

1.4　异常对压缩性能的影响

　　在原始高光谱图像中，评估异常对数据压缩的影响是很重要的。评估的结果有助于决定在压缩前是否需要对星载数据进行清理。加拿大航天局对原始高光谱数据中探测器或仪器缺陷引起的异常对数据压缩的影响进行了评估。检测的异常包括探测器坏像素、探测器中冻像素、尖峰（分离过反应的像素）以及饱和。使用机载高光谱传感器短波红外全光谱成像仪Ⅱ（Short Wave Infrared Full Spectrum Imager Ⅱ，SFSI-Ⅱ）以及轻便机载光谱成像仪（Compact

Airborne Spectrographic Imager,CASI）得到的两个原始高光谱数据立方体进行测试。使用基于统计的方法 RMSE、SNR 以及％E 对压缩性能进行评估。绘制并验证异常发生位置的原始数据立方体和重建数据立方体的差值光谱。压缩的 SFSI－Ⅱ数据立方体也采用遥感应用–目标探测进行评估[28]。

探测器坏单元(零)在原始数据的相同波段具有固定的格式,并且对 VQ 数据压缩没有影响,因为这些像素对码矢量训练或压缩保真度计算没有贡献。探测器冻单元对数据压缩的影响也很小,因为在冻结像素发生的光谱波段它们的值没有改变。因此,评估主要关注原始高光谱数据立方体中的尖峰和饱和。

实验结果表明,当原始高光谱数据被压缩时,HSOCVQ 对尖峰和饱和都不敏感。它产生几乎相同的统计结果,无论尖峰或饱和异常是否在压缩前被去除。

实验结果还表明,SAMVQ 对尖峰几乎不敏感,因为在压缩前将尖峰从原始数据立方体中去除,压缩保真度仅仅略微减少(SNR 为 0.12~0.2 dB)。当以 10:1 和 20:1 的比值压缩原始数据立方体时,去除饱和 SAMVQ 比没有去除饱和会产生略好一些的压缩保真度(SNR 为 0.08~0.3 dB)。这是因为:①去除饱和不会改变数据立方体的动态范围;②如果在一个单独的光谱波段中发现一个光谱包含饱和,则整个光谱都由这个独特的光谱代替。这种去除饱和的方法增加了典型频谱的出现频率,最终增加了数据立方体的可压缩性。

对于 SFSI－Ⅱ数据立方体,选择目标检测作为遥感应用的一个例子来评价异常影响。在评估中采用双盲测试方法。在测试数据立方体的场景中有五个目标,所有目标总分为 20 分,若某个目标被完全检测到了,为该目标分配 4 分。使用 HSOCVQ 以 10:1 的压缩比对 SFSI－Ⅱ的两个数据立方体进行压缩,其中一个数据立方体在压缩前没有去除尖峰,另一个数据立方体在压缩前去除尖峰,然后对两个重建的 SFSI－Ⅱ数据立方体进行评估。在压缩前没有去除尖峰的重建数据立方体在总分数 20 分中得到了 10 分,而压缩前去除了尖峰的重建数据库得到了 11 分。使用 SAMVQ 以压缩比 12:1 对两个 SFSI－Ⅱ数据立方体进行压缩,这两个数据立方体分别是在压缩前去除和没有去除尖峰,然后对两个重建的数据立方体进行评估。重建的在压缩前没有去除尖峰的数据立方体得到了 14 分,而重建的在压缩前去除尖峰的数据立方体得到了 15 分。实验结果表明,关于是否去除尖峰对应用没什么影响,因为评估的分数非常接近。

可以总结出,不建议在压缩前进行星载数据清理以去除异常,因为评估结果在压缩性能上并没有表现出显著的增益。

1.5 预处理和辐射转换对压缩性能的影响

加拿大航天局就预处理和辐射转换对星载高光谱卫星数据压缩的影响进行了研究,以检查这些过程在压缩前是否应该被用于星载[29]。换句话说,压缩应该用于原始数据中还是其对应的辐射数据。预处理包括去除探测器暗电流、偏移、噪声和非一致性校正。辐射转换指将探测器的原始数字数据转换为传感器辐射值。

由于预处理和辐射转换过程改变原始数据,因此评估两者对数据压缩的影响不能通过比较原始数据和辐射数据的统计测量值,如 RMSE,SNR 和误差百分比来进行。两个遥感产品可用作度量以评估这种影响。在农业应用中,选择从遥感数据立方体中反演叶面积指数(LAI);在国防应用中,选择在短波红外高光谱数据立方体中的基于光谱解混的目标检测。在评估中采用双盲测试方法。

测试中,三个 CASI 数据立方体用于农业应用中反演 LAI,一个 SFSI-II 数据立方体用于目标检测。对于 CASI 数据立方体,使用视觉检测作为定性测量对从已压缩的数据立方体中得到 LAI 图像进行评估(见图 1.3)。R^2 以及从已压缩数据立方体中得到的 LAI 和真实地物测量的 LAI 之间的绝对 RMSE 和相对 RMSE,均被用于定性测量。评估结果表明,无论是在压缩前还是在压缩后使用预处理和辐射转换,均对 LAI 反演没影响。因为对已压缩原始数据立方体中的 R^2、绝对 RMSE 和相对 RMSE 的值,与用于已压缩辐射数据立方体中的这些值相比,没有明显的差别。分别在压缩前和压缩后使用预处理和辐射转换,并从得到的压缩数据立方体中获得 LAI 图像,视觉检测并未发现两种 LAI 图像的差别。

对于 SFSI-II 数据立方体,预处理和辐射转换对压缩的影响可以逐目标进行评估,这种评估使用了四个定量标准,这些标准是以每个数据立方体总分数来测量的。评估结果表明,预处理和辐射转换对目标检测应用有影响。辐射数据立方体在压缩前经过了预处理,并将原始数据转化为辐射单元,然后进行压缩。与其相比,对原始 SFSI-II 数据立方体直接压缩得到了较低的评估分数以及较差的用户可接受性。

从这些评估研究中可以得出结论,无论是在压缩前还是压缩后使用预处理和辐射转换,对从 CASI 数据立方体中反演 LAI 没有影响,但对 SFSI-II 数据立方体中目标检测应用有影响。

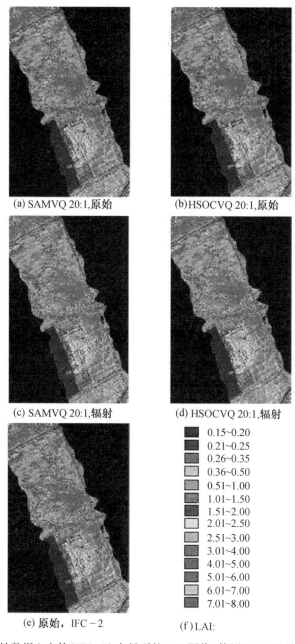

(a) SAMVQ 20:1,原始　　　　(b) HSOCVQ 20:1,原始

(c) SAMVQ 20:1,辐射　　　　(d) HSOCVQ 20:1,辐射

■	0.15~0.20
■	0.21~0.25
□	0.26~0.35
□	0.36~0.50
□	0.51~1.00
■	1.01~1.50
■	1.51~2.00
□	2.01~2.50
□	2.51~3.00
■	3.01~4.00
■	4.01~5.00
■	5.01~6.00
□	6.01~7.00
■	7.01~8.00

(e) 原始,IFC-2　　　　　　　(f) LAI:

图1.3　从原始数据立方体(IFC-2)中得到的 LAI 图像;使用 SAMVQ 和 HSOCVQ 方法,在压缩比为 20:1 的情况下,分别应用在原始数据立方体和辐射(Rad.)数据立方体中得到的 LAI 图像

1.6 Keystone 和 Smile 现象对压缩性能的影响

加拿大航天局也评估了高光谱传感器的空间失真(Keystone)和光谱失真(Smile)对压缩的影响,以检测这些失真是否会对压缩性能产生影响,从而应该在压缩前进行校正[47,48]。在一个成像光谱仪中,Keystone 指光谱仪不同谱段地面像素的跨轨空间失配。这是由几何失真造成的,照相机镜头、色差,或者两者的混合都可以产生几何失真。Smile 也称为谱线弯曲,指的是光谱仪焦平面上出现的直入射狭缝的单色图像的空间非线性。引发的原因可以是色散原件、棱镜,或者是平行光管和成像系统的偏差。这些失真有可能影响压缩性能。

采用机载高光谱传感器 CASI 在北方森林环境应用获得的数据立方体作为测试数据立方体。它具有 72 个波段,光谱采样距离约 7.2 nm。用到的半带宽度是 4.2 nm。模拟 Keystone 和 Smile 并将它们作用于测试数据立方体(见图 1.4)。由于一个线性的 Keystone 的最大幅值可以由用户指定,生成的 Keysone 可以模拟标称数据的移动。Keystone 的幅值被定义为在全探测器阵列中标称值到像素中心位置的最大角位移。由于 Keystone 是线性的,并且关

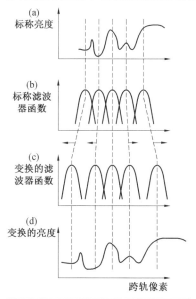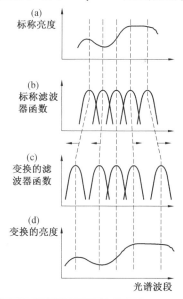

图 1.4 高光谱数据立方体 Keyboard(左)和 Smile(右)仿真

于阵列中心对称,最大的 Keystone 位于阵列的边缘,例如,阵列的起始和最后的像素,阵列的第一个和最后一个波段。从一个焦平面帧到下一帧,生成的 Keystone 是相同的。由于二次谱线弯曲的最大幅值也可以由用户指定,生成的 Smile 可以模拟标称数据的移动。这种仿真方法假定衍射缝是弯曲的以使得阵列中间的 Smile 最小。Smile 的幅值被定义为从全探测器阵列标称值到波段中心波长的最大光谱位移。由于 Smile 是二次的且关于阵列中心对称,最大的 Smile 位于阵列的边缘。

对测试数据立方体进行压缩,该数据立方体是带有模拟 Keystone 和 Smile 现象的。实验结果表明,采用 SAMVQ 和 HSOCVQ 的压缩方法,Keystone 对压缩保真度影响较小或没有影响,PSNR 的保真度损失小于 1 dB。Smile 对压缩保真度有较小的影响,采用 HSOCVQ 的压缩保真度(PSNR)损失为 2 dB,使用 SAMVQ 的保真度损失小于 1 dB。图 1.5 给出了使用 SAMVQ 作为 Keystone 和 Smile 幅值函数的 PSNR 曲线。

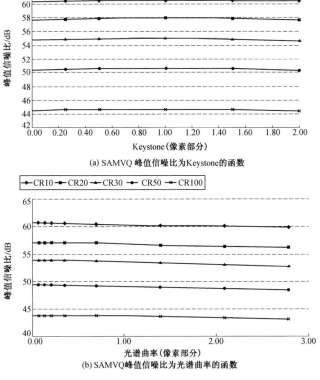

图 1.5　使用 SAMVQ 作为 Keystone 和 Smile 的幅度函数得到的 PSNR 曲线

1.7 压缩数据的多学科用户可接受性研究

由于 SAMVQ 和 HSOCVQ 是有损压缩技术,高光谱数据的用户关心压缩后可能的信息损失[30]。为了解决这一问题,开展了多学科的用户可接受性研究[31]。涵盖了多个应用范围和多个高光谱传感器的 11 个高光谱数据,用户使用了能很好理解的数据立方体及应用产品,根据预定义评估标准,对压缩数据的可用性进行了定量和定性的评估。高光谱数据的应用包括农业、地质学、海洋学、林业和目标检测,共有九种不同的高光谱传感器(包括空间高光谱传感器 Hyperion)。根据对遥感应用的影响,用户对压缩数据立方体划分等级并接受/拒绝。在使用两种技术压缩前,由用户提供原始数据立方体。在一系列的压缩比下,对原始数据立方体和重建数据立方体进行评估。研究采用了双盲测试以消除评估的偏见,即在将原始数据立方体和重建数据立方体送到用户之前,为它们随机分配名字。

研究有意地避免将从压缩数据立方体中得到的产品与从原始数据立方体中得到的产品相比较。当这样比较时,用户可能会关注那些重要性没有被较好评估的微小的差异。由于有校准或大气校正,原始数据立方体也必然包含内在噪声和误差,这些误差会传播给由原始数据得到的遥感产品。只要有可能,对于盲压缩数据立方体中得到的产品,按照其与地面真实情况的一致程度,对其进行评估和划分等级。

11 个用户对使用 SAMVQ 和 HSOCVQ 在压缩率为 10∶1～50∶1 进行压缩的数据立方体评估。11 个用户中有 4 个用户具有地面真实情况,可用其对从盲压缩数据立方体中得到的遥感产品进行评价。当压缩数据立方体能够和原始数据立方体为应用提供同样多的信息时,用户可以定性并定量地接受所有数据立方体。两个没有地面真实情况的用户,通过对比从盲压缩数据立方体中得到的产品和从原数据立方体中得到的产品来评估压缩的影响,这两个用户接受了评估的压缩数据立方体。除了一个用户外,剩余的用户都能够接受或勉强接受压缩了的数据立方体。这些用户拒绝采用 SAMVQ 压缩的 48 个数据立方体中的 6 个数据立方体,也拒绝采用 HSOCVQ 压缩的 44 个数据立方体中的 6 个数据立方体。总体来说,SAMVQ 比 HSOCVQ 具有更好的可接受性。

用户可接受性研究的细节参见文献[31-33]。加拿大航天局独立研究的VQ 数据压缩技术对高光谱数据应用的影响见文献[34-42]。

1.8　压缩技术适应比特错误能力的增强

　　压缩后,压缩了的数据易受比特错误影响。通过传统压缩算法得到的压缩数据在下行链路易受到比特错误的损坏,并且误码会传播到整个数据集。实验结果表明,采用 SAMVQ 或 HSOCVQ 技术得到的压缩数据与采用传统压缩方法得到的压缩数据相比,对比特错误具有更强的鲁棒性。当误码率(Bit-Error Rate,BER)小于 10^{-6} 时,压缩保真度几乎没有损失。尽管 SAMVQ 和 HSOCVQ 比传统的压缩技术有更强的误码适应性能,但当 BER 超过 10^{-6} 时,压缩保真度开始下降。对于特定的应用,10^{-6} 的误码适应能力是不够的。加拿大航天局在数据压缩的基础上研究前向纠错(Forward Error Correction,FEC)的优点,以提高压缩数据对误码的适应能力,以应对更高的 BER[43]。

　　数据通信中的差错控制通常由 FEC 来完成,也就是信道编码。信道编码以一种可控的方式在信息中加入冗余,使接收端有机会纠正由于信道噪声产生的误码。CCSDS 推荐的卷积码可用于对 SAMVQ 和 HSOCVQ 压缩的高光谱数据进行抗误码保护。在数据通过有噪声的信道之前,卷积码以一种可控的方式为压缩数据添加冗余。在接收端,信道解码器使用添加的冗余来纠正由信道噪声引起的误码。接下来,解压缩压缩数据,高光谱数据重建以评估保真度的损失。使用三个测试数据立方体进行实验,结果表明,即使 BER 低于 2×10^{-6},未经过这种编码的压缩数据也很难抵御误码。而经过这种编码的压缩数据,在冗余 12.5% ~20% 的情况下,即使 BER 高达 1×10^{-4} 到 5×10^{-4},也能较好地适应误码(见图 1.6)。

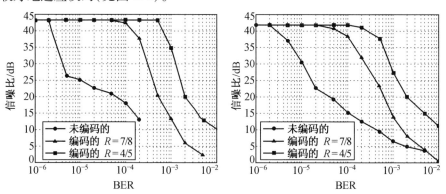

(a)利用SAMVQ的CASI数据(压缩比为10)　(b)利用HSOCVQ的AVIRIS Cuprite数据(压缩比为10)

图 1.6　压缩了的高光谱数据进行抗误码编码前后的压缩保真度(SNR)与误码率的比

这表明,合理地使用卷积码,压缩的高光谱数据的适应误码性能能够提升近两个数量级。

1.9 星载原型压缩机的发展

对于星载应用,建立了两种能够实现 SAMVQ 和 HSOCVQ 技术的硬件压缩机原型,第一种用于实时应用,而第二种用于非实时应用。

考虑了三种顶层拓扑结构以满足最初的设计目标,这些处理方法包括基于数字信号处理器(Digital Signal Processor,DSP)引擎的、基于高性能通用 CPU 的和专用集成电路(Application Specific Integrated Circuits,ASIC)或现场可编程门阵列(Field Programmable Gate Arrays,FPGA)。由此产生的星载数据压缩引擎在各种配置下被评估。在研究了拓扑结构、硬件和软件结构选项及候选器件后,结构首选项应用于一个硬件压缩机中,以展示出模块化和可伸缩性。对这些结构的性能折中研究表明,基于 ASIC/FPGA 拓扑结构的一个专用压缩引擎(Compression Engine,CE)可达到最佳的性能和可伸缩性。

ASIC/FPGA 方式的优点在于:

①应用并行处理以增加吞吐量。

②从长期看,可对压缩算法和电子器件进行连续的升级。

③支持高速直接存储器存取(Direct Memory Access,DMA)进行读写操作。

④优化了任务需要的设计规模。

⑤数据经过处理过程后,提供了数据的完整性。

得到了候选元件,并使用超高速集成电路硬件描述语言(Very high-speed integrate circuit Hardware Description Language,VHDL)通过 FPGA 编程对候选架构进行性能仿真。这也证实了提出的架构支持 CE 阵列的扩展。使用 VHDL 工具的实施数据压缩机的设计,得益于其类属函数能够提供快速重设计或规模调整。使用这些基础工具,CE 能够适应高光谱任务中的不同数据需求的规模。图 1.7 给出了实时压缩机的框图。建立了一个概念证明原型数据压缩机。图 1.8 给出了原型压缩机引擎板,它是由多个单独的 CE 组成,每个 CE 都能够以并行的方式压缩光谱向量子集。这些都是自主器件,一旦程序开始,则以连续的模式逐子集压缩。一个 CE 由一个 FPGA 芯片组成。原型板也包含了一个网络交换机、一个快速存储器和一个 PCI 总线接口。由一个 FPGA 组成的网络交换机服务于数据流从每个 CE 流入或流出,使用高速串行链路以并行的方式支持到八个 CE。

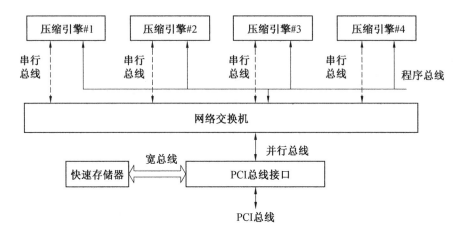

图 1.7　实时硬件压缩机框图

图 1.8　概念证明原型压缩机板
（板上有四个压缩引擎和一个网络交换器，每个使用一个 FPGA 芯片）

在原型压缩机中,快速存储器被临时用作来自高光谱传感器的焦面图像的连续数据流源。图像数据通过宽总线和计算机的 PCI 总线送入所有 CE,并通过网络交换机分发到每个 CE 中。从快速存储器到网络交换机的传输数据速率可能会比由高光谱传感器产生的焦面图像的实际数据速率低。但从数据到达网络交换机至从压缩机输出的吞吐量一定大于或等于实际数据传输速率。在实际情况中,在高光谱传感器进行了 A/D 或预处理以后,可以用数据缓存区代替快速存储器。

在基于 VQ 的压缩算法中,计算光谱矢量和码矢量的距离是最频繁的操作。计算这种距离的架构决定了一个 CE 的性能。在设计和实验阶段,开发了两种被称为"沿着光谱波段"和"跨光谱波段"的 CE 架构。它们是 CE 架构的两个主要体系,每种体系都有很多不同的 CE 架构。在"沿着光谱波段"架构中,通过并行处理所有波段,将待压缩的数据集中的光谱矢量与一个码矢量进行对比。几个系统时钟周期后,得到了光谱矢量和码矢量的距离。这种架构使用了大量的硬件资源。在"跨光谱波段"架构中,对于一个波段,在一个系统时钟周期,计算出矢量距离数组 $m \times n$(这里计算了 m 个光谱矢量和 n 个码矢量)。波段的数量决定了获得整个 $m \times n$ 矢量距离需要的系统时钟周期数,这种架构消耗的硬件资源较少。这两种架构对硬件压缩机和 CE 进行了独特的设计,获得了专利。对相关技术详细的描述见文献[44]。

对硬件压缩机的设计包括能够接受不同的数据立方体大小、不同的波段数和不同的码书大小。系统应为可伸缩的,可以根据任务需求使用任意数量的 CE 器件。图 1.8 所示的压缩板是在 2001 年开发的,使用了 Xilinx XC2V6000 FPGA 芯片。快速存储器的容量是 64 MB,总线接口宽度为 128 bit,每个 FPGA 芯片的功耗大约为 5 W(0.2 W/Msample/s)。参考准则为每个 CE 能够以 300 Mbit/s(25 Msample/s)的吞吐量压缩数据。板上的四个 CE 以并行的方式能够提供高达 1.2 Gbit/s 的总吞吐量,这可以满足吞吐量不小于 1 Gbit/s 的需求。

硬件压缩机的第二个版本,基于商用成品板(Commercial-Off-The-Shelf, COTS)的非实时硬件压缩机被开发出来,如图 1.9 所示。COTS 产品的使用降低了开发成本,缩短了设计周期。板子容纳了两个 Virtex Ⅱ Pro FPGA 芯片,每个芯片对应一个 64 MB 的内存,还有辅助线路。每个 FPGA 芯片有160 bit 宽度的总线连接至 PCI 接口。两个 FPGA 芯片间有两套 50 对差分对接口和两套 20 个 Rocket I/O 接口对。这种架构使用两级级联压缩。第一级 CE 将一个高光谱数据立方体的光谱矢量聚集为聚类(子集),并进行粗压缩。第二级 CE 对各个子集逐个进行精细压缩。在非实时压缩中,压缩图像的时间与获取图像时间的比值约为 12∶1(根据 HERO 任务情况[27])。例如,假如绕轨道一周的 96 min 内成像时间仅仅为 7.4 min,12∶1 的处理率非实时压缩就能满足要求。第一级 CE 的吞吐量是 500 Mbit/s,而第二级 CE 的吞吐量是 120 Mbit/s,因此系统的吞吐量是 120 Mbit/s,这可以满足非实时压缩的要求。

图 1.9　基于商用成品板非实时压缩机

(板上有两块 Virtex II Pro FPGA 芯片)

近来,一种新的包含了两个 Virtex-6 LXT 的 FPGA 芯片的商用成品板被开发出来,替代了现有的商用成品板(采用的是 9 年前的 Xilinx Virtex Ⅱ 技术)。新板子中的 FPGA 芯片具有更多的门电路和乘法器、更大的内部 RAM 和闪存。预期新板子将具有更高的处理性能。

1.10　参与卫星数据系统国际标准的发展

CCSDS 为卫星多光谱和高光谱数据的压缩开发了新的国际标准。加拿大航天局的 SAMVQ 压缩技术被列为备选。初步的评估结果显示,对于由高光谱传感器和高光谱探测仪得到的 CCSDS 测试图像,SAMVQ 得到了较有竞争力的率失真性能。当 SAMVQ 用于多光谱图像时,由于其具有较少的波段,因此限制了较低比特率的取得,这是由于 SAMVQ 是为包含了较多波段的高光谱图像压缩而设计的。响应 CCSDS 的行动,加拿大航天局使用由高光谱和高光谱探测仪得到的 CCSDS 测试图像,对 SAMVQ 和其他已有压缩方法的率失真性能做了对比研究,并调查研究了如何在增强 SAMVQ 压缩多光谱图像的能力的同时,保持其压缩高光谱图像的独特性质[46]。

CCSDS 测试图像包括:

①用于不同应用的四个高光谱图像集,是由四个高光谱传感器获得的,即 AVIRIS,CASI,SFSI-Ⅱ 和 Hyperion。

②使用红外大气探测干涉仪(Infrared Atmospheric Sounding Interferometer,IASI)和大气红外探测仪(Infrared Atmospheric Infrared Sounder,AIRS)获取的两个高光谱探测仪图像集。

③六个多光谱图像集,由SPOT5,Landsat,MODIS,MSG(第二代气象卫星)和PLEIATES(仿真)得到。

对由CCSDS工作组选择的七种有损数据压缩技术进行了比较,这些压缩技术为:

①具有比特分配的JPEG 2000压缩机(JPEG 2000 Compressor with the Bit-rate Allocation,JPEG 2000 BA)。

②具有光谱去相关的JPEG 2000压缩机(JPEG 2000 Compressor with Spectral Decorrelation,JPEG 2000 SD)。

③CCSDS图像数据压缩机—帧模式—9/7浮点小波—块2(CCSDS Image Data Compressor—Frame Mode—9/7 Waveler Floating—Block 2,CCSDS-IDC)。

④ICER-3D。

⑤快速无损压缩/近无损压缩(Fast Lossless/Near Lossless,FL-NLS)。

⑥2009年的升级版快速无损压缩/近无损压缩(Fast Lossless/Near Lossless,Updated Version in 2009,FLNLS 2009)。

⑦加拿大航天局SAMVQ。

实验结果表明,对于所有测试的高光谱图像和探测仪图像,在比特率较低(例如不大于1.0 bpp,bpp为比特每像素 biterperpixel 的缩写,即如图1.10所示的例子)的情况下,与其他六种压缩技术相比,SAMVQ得到了最好的率失真性能。对于用MODIS得到的多光谱数据,SAMVQ的性能依然比其他压缩技术的性能高。

由于采用SAMVQ得到的压缩比与矢量的长度成比例,多光谱数据压缩对应的短矢量阻碍了SAMVQ取得更低的比特率(也就是更高的压缩比)。研究了形成更长矢量的三种方案。实验结果表明,在应用了更长矢量以后,对于具有相对多的谱带(>10,如MODIS图像)的高光谱图像,使用SAMVQ不但取得了低比特率,而且还改善了率失真性能(增加了4.0 dB)。对于波段数量特别小(例如4)的多光谱图像,当矢量长度等于波段数时,SAMVQ从原来的高比特率降低到了某一低比特率,取得了最好的率失真性能。除了比特率外,用的矢量的长度越长,SAMVQ取得的率失真性能越好。该研究的相关详细描述见文献[46]。

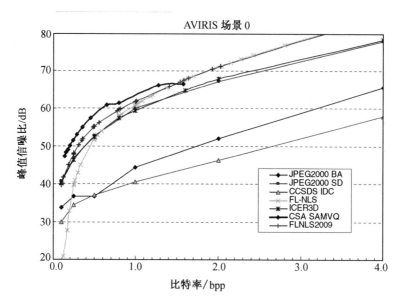

图 1.10 使用 SAMVQ 和由 CCSDS 选择的六种压缩技术对 AVIRIS 测试数据立方体
　　　　压缩得到的率失真曲线

1.11　结　　论

　　本章回顾和概括了在过去十年,加拿大航天局在与有关部门合作下,卫星
传感器数据近无损数据压缩技术的研究和发展。简要描述了两种供星载高光
谱卫星使用的基于矢量量化的近无损数据压缩技术:连续近似多级矢量量化
(SAMVQ)和分等级的自组织聚类矢量量化(HSOCVQ)。评估了这两种技术
使其用于近无损压缩的特点。评估结果表明,SAMVQ 和 HSOCVQ 引起的压
缩误差比内部噪声小或与之相当。与原始数据相比,压缩误差对后续应用无
影响或影响很小。我们也称这种压缩为近无损压缩。

　　对于星载数据压缩,了解传感器系统性能与数据质量的关系,以及数据产
品级别对压缩性能的影响是非常重要的。本章回顾了对这些影响的评估,也
回顾了对原始高光谱数据中异常所产生影响的研究。这些异常,如探测器坏
点、探测器冻点、尖峰以及饱和,都是由于探测器缺陷引起的。该项研究有助
于决定是否需要在压缩前对星载数据进行清理。研究结论为,不需要在压缩
前对星载数据清理以去除异常。因为评估结果表明,去除异常后压缩性能没
有表现出明显的提高。

　　回顾了就预处理和辐射转换对数据压缩影响的研究,预处理包括去除探

测器的暗电流、偏移、噪声和非一致性校正。辐射转换指将探测器的原始数字数据转换为探测器辐射。这些研究用于检查在压缩前是否应对星载数据进行预处理和辐射转换。换句话说,应该将压缩用于原始数据中还是其辐射数据中,评估结果对两种应用没有给出一致性的结论。对于 CASI 数据库,无论在压缩前还是压缩后应用预处理和辐射转换,对 LAI 反演均无影响,但对 SFSI-Ⅱ 数据库的目标检测有影响。

回顾了高光谱传感器的空间失真(Keystone)和光谱失真(Smile)对压缩的影响。这些研究检测了这些失真是否对压缩性能有影响,以决定是否应在压缩前进行校正。实验结果表明,Keystone 对 SAMVQ 和 HSOCVQ 两种压缩影响很小或无影响,而 Smile 对压缩性能有小的影响。当使用 SAMVQ,PSNR 的保真度损失小于 1 dB,HSOCVQ 对应的保真度损失通常为 2 dB。

本章还从多学科用户可接受性的角度,简述了近无损压缩技术对遥感产品和应用的影响。该研究由涵盖了多个应用范围和多个高光谱传感器的 11 个用户实行。研究结果表明,当压缩数据立方体能够和原始数据立方体一样,为用户的应用提供同样多的信息时,用户可以定性并定量地接受所有数据立方体。

尽管对于星载应用,SAMVQ 和 HSOCVQ 都比传统压缩算法有更强的误码适应性,当误码率超过10^{-6}时,压缩保真度开始下降。本章回顾了加拿大航天局在数据压缩的基础上探索应用前向纠错的益处,以增强压缩数据的误码适应性,来应对更高的误码率;并阐述了合理使用卷积码,压缩的高光谱数据的误码适应性能能够提升近两个数量级。

本章还总结了加拿大航天局对两种压缩技术进行的硬件实现。对于星载应用,建立了两种能够实现 SAMVQ 和 HSOCVQ 的硬件压缩机原型,第一种用于实时应用,而第二种用于非实时应用。硬件压缩机的设计包括能够接受不同的数据立方体大小、不同的波段数和不同的码书大小;系统应为可伸缩的,可以根据任务需求使用任意数量的压缩引擎;提供了原型压缩机的参考准则。对于非实时应用,开发了基于商用成品(Commercial-Off-The-Shelf,COTS)FPGA 板的硬件压缩机原型。使用商用成品降低了开发成本,具有较短的设计周期。

CCSDS 为卫星多光谱和高光谱数据的压缩开发了新的国际标准。加拿大航天局的 SAMVQ 压缩技术被列为备选。本章阐述了在 CCSDS 组织内,CAS 参与卫星数据系统的国际标准的发展。实验结果表明,对于测试的高光谱图像和探测仪图像,在比特率较低(例如不大于 1.0 bpp)的情况下,与 CCSDS 选出的六种压缩技术相比,SAMVQ 得到了最好的率失真性能。

致谢：

作者要感谢他的同事 A. Hollinger, M. Bergeron, I. Cunningham 和 M. Maszkiewicz, 以及博士后 C. Serele, H. othman 和 PLZarrinkhat, 以及三十多个实习的学生, 感谢他们对本章的贡献。作者感谢加拿大自然资源太平洋林学中心的 D. Goodenough, 加拿大自然资源遥感中心的 K. Staenz (现在在莱思布里奇大学)、L. Sun 和 T. Neville, 加拿大国防研究和开发中心的 J. Levesque 和 J. -P. Ardouin, 约克大学的 J. Miller 和 B. Hu, 感谢他们提供数据, 并在做可接受性研究和影响评价时的积极配合。作者感谢下面的朋友, 感谢他们对多学科用户可接受性研究的参与和贡献: 太平洋林学中心的 A. Dyk, Satlantic 公司的 B. Ricketts 和 N. Countway, 多伦多大学的 J. Chen, MacDonald Dettwiler 协会的 H. Zwick, C. Nadeau, G. Jolly, M. Davenport 和 J. Busler, 诺兰达/福尔肯布里奇的 M. Peshko, 亚伯达大学的 B. Rivard 和 J. Feng, RJ 伯恩赛德国际有限公司的 J. Walls 和 R. McGregor, Tecsult 的 M. Carignan 和 P. Hebert, 澳大利亚联邦科学和工业研究组织的 J. Huntington 和 M. Quigley, 加拿大遥感中心的 R. Hitchcock。作者感谢前 EMS 技术加拿大有限公司的 Harvey, B. Barrette 和 C. Black, 以及开发与设计硬件压缩原型的技术团队。作者感谢加拿大通信研究中心的 B. Szwarc 和 M. Caron, 感谢他们对压缩技术中对增强误码适应性能的讨论; 感谢 P. Oswald 和 R. Buckingham, 感谢他们对星载数据压缩的讨论。作者也感谢 CCSDS MHDC 工作组, 感谢他们提供测试数据集, 也感谢工作组的成员提供压缩结果。本章的工作由加拿大政府的公务员在受雇佣期间和其职责范围内完成, 而根据加拿大政府 2011 著作权法, 本工作的著作权属于女王陛下在加拿大的权利。

参 考 文 献

[1] S. -E. Qian, A. Hollinger, D. Williams and D. Manak. Fast 3D data compression of hyperspectral imagery using vector quantization with spectral-feature-based binary coding. Opt. Eng. 35, 3242-3249 (1996) [doi: 10. 1117/1. 601062].

[2] S. -E. Qian, A. Hollinger, D. Williams and D. Manak. A near lossless 3-dimensional data compression system for hyperspectral imagery using correlation vector quantization. Proc. 47th Inter. Astron. Congress, Beijing, China (1996).

[3] S. -E. Qian, A. Hollinger, D. Williams and D. Manak. 3D data compression system based on vector quantization for reducing the data rate of hyperspectral imagery. In Applications of Photonic Technology II, G. Lampropoulos, Ed. , pp. 641-654, Plenum Press, New York (1997).

[4] D. Manak, S. -E. Qian, A. Hollinger and D. Williams. Efficient Hyperspectral Data Compression using vector Quantization and Scene Segmentation. Canadian J. Remote Sens. , 24, 133-143 (1998).

[5] S. -E. Qian, A. Hollinger, D. Williams and D. Manak. 3D data compression of hyperspectral imagery using vector quantization with NDVI−based multiple codebooks. Proc. IEEE Geosci. Remote Sens. Symp. , 3, 2680-2684 (1998).

[6] S. -E. Qian, A. Hollinger, D. Williams and D. Manak. Vector quantization using spectral index based multiple sub − codebooks for hyperspectral data compression. IEEE Trans. Geosci. Remote Sens. , 38 (3), 1183-1190 (2000) [doi:10. 1109/36. 843010].

[7] S. -E. Qian. Hyperspectral data compression using a fast vector quantization algorithm. IEEE Trans. Geosci. Remote Sens. , 42(8), 1791-1798 (2004) [doi: 10. 1109/TGRS. 2004. 830126].

[8] S. -E. Qian. Fast vector quantization algorithms based on nearest partition set search. IEEE Trans. Image Processing, 15(8), 2422-2430 (2006) [doi: 10. 1109/TIP. 2006. 875217].

[9] S. -E. Qian and A. Hollinger. Current Status of Satellite Data Compression at Canadian Space Agency. Invited chapter in Proc. SPIE 6683, 04. 01−12 (2007).

[10] S. -E. Qian, and A. Hollinger. System and method for encoding/decoding multi−dimensional data using Successive Approximation Multi−stage Vector Quantization (SAMVQ). U. S. Patent No. 6,701,021 B1, issued on March 2, 2004.

[11] S. -E. Qian and A. Hollinger. Method and System for Compressing a Continuous Data Flow in Real−Time Using Cluster Successive Approximation Multi−stage Vector Quantization (SAMVQ). U. S. Patent No. 7,551,785 B2, issued on June 23, 2009.

[12] S. -E. Qian, and A. Hollinger. System and method for encoding multi−dimensional data using Hierarchical Self−Organizing Cluster Vector Quantiza-

tion (HSOCVQ). U. S. Patent No. 6,724,940 B1, issued on April 20, 2004.

[13] S. -E. Qian and A. Hollinger. Method and System for Compressing a Continuous Data Flow in Real-Time Using Recursive Hierarchical Self-Organizing Cluster Vector Quantization(HSOCVQ). U. S. Patent No. 6,798,360 B1 issued on September 28, 2004.

[14] S. -E. Qian, M. Bergeron, I. Cunningham, L. Gagnon and A. Hollinger. Near Lossless Data Compression On-board a Hyperspectral Satellite. IEEE Trans. Aerosp. Electron. Syst. , 42(3), 851-866 (2006) [doi:10. 1109/ TAES. 2006. 248183].

[15] S. -E. Qian, A. Hollinger and Yann Hamiaux. Study of real-time lossless data compression for hyperspectral imagery. Proc. IEEE Int. Geosci. Remote Sens. Symp. , 4, 2038-2042(1999).

[16] S-E Qian and A Hollinger. Applications of wavelet data compression using modified zerotrees in remotely sensed data. Proc. IEEE Geosci. Remote Sens. Symp. , 6, 2654-2656 (2000).

[17] CCSDS. Lossless Data Compression. CCSDS Recommendation for Space Data System Standards, Blue Book 120.0-B-1, May 1997.

[18] S. -E. Qian. Difference Base-bit Plus Overflow-bit Coding. Journal of Infrared & Millimeter Waves, 11(1), 59-64 (1992).

[19] J. M. Shapiro. Embedded image coding using zerotrees of wavelet coefficients. IEEE Trans. Signal Processing, 41, 3445-3462 (1993).

[20] A. Said and W. A. Pearlman. A new, fast and efficient image codec based on set partitioning in hierarchical trees. IEEE Trans. on Circuits and Systems for Video Technology, 6, 243-250 (1996).

[21] A. Gersho and R. M. Gray. Vector Quantization and Signal Compression. Boston, MA: Kluwer, 1992.

[22] K. Chen and T. V. Ramabadran. Near-lossless compression of medical images through entropy-coded DPCM. IEEE Trans. Med. Imaging 13, 538-548 (1994) [doi:10. 1109/ 42. 310885].

[23] X. Wu and P. Bao. Constrained high-fidelity image compression via adaptive context modeling. IEEE Trans. Image Processing, 9, 536-542 (2000) [doi:10. 1109/83. 841931].

[24] B Aiazzi, L. Alparone and S. Baronti. Near-lossless compression of 3-D optical data. IEEE Trans. Geosci. Remote Sens. , 39 (11), 2547-2557 (2001) [doi:10. 1109/36. 964993].

[25] E. Magli, G. Olmo and E. Quacchio. Optimized onboard loeelsss and near-lossless compression of hyperspectral data using CALIC. IEEE Geosci. Remote Sens. Lett. , 1, 21-25 (2004) [doi:10. 1109/LGRS. 2003. 822312].

[26] Low altitude AVIRIS data of the Greater Victoria Watershed District, http://aviris. jpl. nasa. gov/ql/list02. html.

[27] A. Hollinger, M. Bergeron, M. Maszkiewicz, S. -E. Qian, K. Staenz, R. A. Neville and D. G. Goodenough. Recent Developments in the Hyperspectral Environment and Resource Observer (HERO) Mission. Proc. IEEE Geosci. Remote Sens. Symp. , 3, 1620-1623 (2006).

[28] S. -E. Qian, M. Bergeron, A. Hollinger and J. Le'vesque. Effect of Anomalies on Data Compression Onboard a Hyperspectral Satellite. Proc. SPIE 5889, (02)1-11(2005).

[29] S. -E. Qian, M. Bergeron, J. Le'vesque and A. Hollinger. Impact of Preprocessing and Radiometric Conversion on Data Compression Onboard a Hyperspectral Satellite. Proc. IEEE Geosci. Remote Sens. Symp. , 2, 700-703 (2005).

[30] S. -E. Qian, B. Hu, M. Bergeron, A. Hollinger and P. Oswald. Quantitative evaluation of hyperspectral data compressed by near lossless onboard compression techniques. Proc. IEEE Geosci. Remote Sens. Symp. , 2, 1425-1427 (2002).

[31] S. -E. Qian, A. Hollinger, M. Bergeron, I. Cunningham, C. Nadeau, G. Jolly and H. Zwick. A Multi-disciplinary User Acceptability Study of Hyperspectral Data Compressed Using Onboard Near Lossless Vector Quantization Algorithm. Inter. J. Remote Sens. , 26(10), 2163-2195 (2005) [doi:10. 1080/01431160500033500].

[32] C. Nadeau, G. Jolly and H. Zwick. Evaluation of user acceptance of compression of hyperspectral data cubes (Phase I). Final Report of Canadian Government Contract No. 9F028-013456/001MTB, Feb. 6, 2003.

[33] C. Nadeau, G. Jolly and H. Zwick. Evaluation of user acceptance of compression of hyperspectral data cubes (Phase II). Final Report of Canadian Government Contract No. 9F028-013456/001MTB, July 24, 2003.

[34] S. -E. Qian, A. B. Hollinger, M. Dutkiewicz and H. Zwick. Effect of Lossy Vector Quantization Hyperspectral Data Compression on Retrieval of Red Edge Indices. IEEE Trans. Geosc. Remote Sens. , 39, 1459-1470 (2001) [doi:10.1109/36.934077].

[35] S. -E. Qian, M. Bergeron, C. Serele and A. Hollinger. Evaluation and comparison of JPEG 2000 and VQ based on-board data compression algorithm for hyperspectral imagery. Proc. IEEE Geosci. Remote Sens. Symp. , 3, 1820-1822 (2003).

[36] B. Hu, S. -E. Qian and A. Hollinger. Impact of lossy data compression using vector quantization on retrieval of surface reflectance from CASI imaging spectrometry data. Canadian J. Remote Sens. , 27, 1-19(2001).

[37] B. Hu, S. -E. Qian, D. Haboudane, J. R. Miller, A. Hollinger and N. Tremblay. Impact of Vector Quantization Compression on Hyperspectral Data in the Retrieval Accuracies of Crop Chlorophyll Content for Precision Agriculture. Proc. IEEE Geosci. Remote Sens. Symp. , 3, 1655-1657 (2002).

[38] B. Hu, S. -E. Qian, D. Haboudane, J. R. Miller, A. Hollinger and N. Tremblay. Retrieval of crop chlorophyll content and leaf area index from decompressed hyperspectral data: the effects of data compression. Remote Sens. Environ. , 92(2), 139-152 (2004) [doi:10.1016/j. rse.2004.05. 009].

[39] K. Staenz, R. Hitchcock, S. -E. Qian and R. A. Neville. Impact of on-board hyperspectral data compression on mineral mapping products. Int. IS-PRS Conf. 2002, India (2002).

[40] K. Staenz, R. Hitchcock, S. -E. Qian, C. Champagne and R. A. Neville. Impact of On-Board Hyperspectral Data Compression on Atmospheric Water Vapour and Canopy Liquid Water Retrieval. Int. ISSSR Conf. (2003).

[41] C. Serele, S. -E. Qian, M. Bergeron, P. Treitz, A. Hollinger and F. Cavayas. A Comparative Analysis of two Compression Algorithms for Retaining the Spatial Information in Hyperspectral Data. Proc. 25th Canadian Remote Sens. Symp. , Montreal, Canada, 14-16(2003).

[42] A. Dyk, D. G. Goodenough, S. Thompson, C. Nadeau, A. Hollinger and S. -E. Qian. Compressed Hyperspectral Imagery for Forestry. Proc. IEEE Geosci. Remote Sens. Symp. , 1, 294-296 (2003).

[43] P. Zarrinkhat and S. –E. Qian. Enhancement of Resilience to Bit–Errors of Compressed Data On – board a Hyperspectral Satellite using Forward Error Correction. Proc. SPIE 7084, 07. 1-9(2008).

[44] S. –E. Qian, A. Hollinger and L. Gagnon. Data Compression Engines and Real–Time Wideband Compressor for Multi–Dimensional Data. U. S. Patent No. 7,251,376 B2, issued on July 31, 2007.

[45] Consultative Committee for Space Data System (CCSDS), http://public. ccsds. org/default. aspx.

[46] S. –E. Qian. Study of hyperspectral and multispectral images compression using vector quantization in development of CCSDS international standards. Proc. SPIE 7477A, 23. 1-11(2009).

[47] M. Bergeron, K. Kolmaga and S. –E. Qian. Assessment of Keystone Impact on VQ Compression Fidelity. Canadian Space Agency internal technical report on May 20th, 2003.

[48] M. Bergeron, K. Kolmaga and S. –E. Qian. Assessment of Spectral Curvature Impact on VQ Compression Fidelity. Canadian Space Agency internal technical report on May 20th, 2003.

第2章 法国航天局对高分辨率
卫星图像星载压缩的研究

摘要 由于分辨率和动态范围的增加,法国航天局为空间遥感任务所计划的未来高分辨率仪器将导致更高的比特率。例如,地面分辨率的提高使SPOT5的数据率提升为SPOT4的8倍,而PLEIADES-HR的数据率为SPOT4的28倍。那么低复杂度的有损数据压缩是需要的并且其压缩比必须要有相当的提升。新的图像压缩算法被提出来用于提高压缩性能以满足用户及专家对图像质量的要求。因此,SPOT4卫星上采用DPCM压缩算法,而SPOT5卫星采用了基于离散余弦变换的压缩器。最近的压缩算法,例如PLEIADES-HR,采用了小波变换和位平面编码器。但是未来的压缩器将会更加强大以达到更高的压缩比。法国航天局正在研究超越离散小波变换的新变换方法,但是其他技术作为可选择的压缩技术,以取得优异的性能也是需要的。本章主要回顾法国航天局过去、当前以及未来在高分辨率图像星载压缩算法方面的研究。

2.1 引　言

法国航天局(Centre National d'Etudes Spatiales,CNES)负责卫星的概念设计、开发与研制。光学地球观测任务作为其一项专业方向已有20多年时间。实际上,自从1986年以来,法国航天局发射了一系列地球观测卫星,这些卫星的分辨率是逐步提升的。SPOT系列卫星就是很好的例子。SPOT1/2/3/4在1986年至1998年之间发射,它们的空间分辨率为10 m。而2002年发射的SPOT5卫星在刈幅宽度60 km不变情况下,具有全色波段(HRG仪器)5 m分辨率[1]。而且,SPOT5的THR模式利用梅花形采样可以达到2.5 m的地面分辨率。利用敏捷卫星PLEIADES-HR,法国航天局准备进一步提升全色波段分辨率至70 cm,同时刈幅宽度缩减至20 km[2]。由于空间分辨率由10 m提升至0.7 m(见图2.1),数据量也会大幅度提升。与此同时,遥测的传输比特率在同样的数量级没有增加。例如,对于SPOT1-4,只使用一个50 Mbit/s通道,而对于SPOT5则采用了两个这样的通道。

图 2.1 SPOT5(左)2.5 m 分辨率与 PLEIADES-HR(右)0.7 m 分辨率的在图卢兹著名地点的遥感图像

对于 PLEIADES-HR 卫星,三个传输通道中的每个通道容量都可达到 155 Mbit/s。由于传输通道的容量受限与数据量的增大两方面因素,导致对压缩方面需求的增加。如图 2.2 所示,描述了星载系统至地面的图像传输通道,星载压缩有助于减小存储在大内存及传输到地面的数据量。法国航天局已经针对用户对图像质量方面的要求采用图像处理领域可用的执行工具研究并实现了星载压缩算法。正如文献[3]所述,高分辨率地球观测图像要求有较高的图像质量。不管卫星观测的场景如何,都要求高质量的图像,而且,星载压缩系统的实现问题是我们面临的一个巨大挑战。幸运的是,大规模集成电路(ASIC 技术)使得像图像压缩这类高速算法的实现成为可能。实际上,高分辨率任务具有非常高的仪器比特率(SPOT5 为 128 Mbit/s,PLEIADES-HR 为 4.3 Gbit/s),这使软件压缩单元的实现不可能实现。可用于空间应用的硬件电路比地面应用的性能要差,影响了具有相当性能算法的选择。

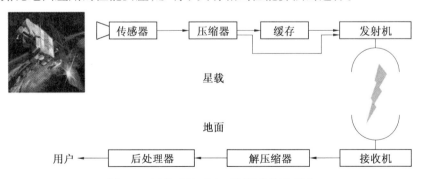

图 2.2 星载系统至地面的图像传输通道

本章在总体上阐述了法国航天局在高分辨率图像星载压缩算法方面的研

究进展。2.2 节简要介绍自 20 世纪 80 年代以来压缩系统的发展。2.3 节阐述目前及未来星载压缩领域的发展,也描述了新的空间去相关方法与选择压缩原理。作者解释了这类压缩技术能够达到高压缩比的原因及方法。2.4 节则是对整体的概括总结。

2.2　星载压缩算法的历史及现状

2.2.1　最初的压缩器

1986 年,差分脉冲编码调制(Differential Pulse Code Modulation, 1D – DPCM)算法结合定长编码方法在 SPOT1 上采用。该算法的应用一直延续到 SPOT4 卫星。如图 2.3 所示,其提供了 1.33 的低压缩比。每三个像素中,只传输一个完整像素(以 8 bit),其后两个像素值由其之前编码的与下一个的平均值来预测得到。预测值和真值之间的误差被非均匀量化器并用 5 bit 位进行编码。这种简单的算法平均每像素进行三次运算,刚好与当时的较差水平的空间电子设备兼容。

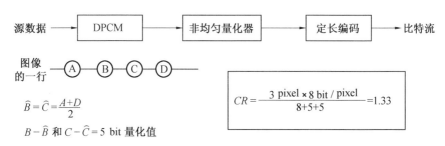

图 2.3　SPOT1–4 压缩方案及压缩比

不久之后,人们对于离散余弦变换(Discrete Cosine Transform, DCT)的研究开始兴起。最初结合定长编码(用于 Phobos 任务)与脱机软件实现。然后,在 1990 年发展了离散余弦变换结合可变长编码的压缩模块,并使用了适用于空间环境的器件[4]。该压缩模块的吞吐量为 4 Mpixel/s,同时其压缩比在 4~16 倍之间可调。这个模块被称为图像压缩模块(Module de Compression d' Image, MCI),曾被应用在一系列探测任务中,如克莱门汀月球任务、火星探测器、Cassini 探测器等。由于该模块并不是针对地球观测而设计的,另一种算法被开发用于 SPOT5 卫星图像。

2.2.2 基于离散余弦变换的压缩器

SPOT5 的压缩算法采用离散余弦变换结合均匀标量量化及可变长编码（类似 JPEG 的编码过程）。而且，因为要求固定码率比特流，采用了外部码率分配过程。该码率控制环路适应于推扫式扫描数据。算法利用码率预测参数对块(8 行 12 000 像素高)中的一行的计算复杂度准则得出块中每行对应的最优化量化因子[3]。经过迭代，最终的压缩比被确定下来。压缩比等于 2.81 并取得良好的图像质量，无论是在块边界还是同质区域。SPOT5 卫星及其压缩单元如图 2.4 所示。

图 2.4 SPOT5 卫星及其压缩单元

然而，对于一些比整个块行图像质量差的块，需要采用所谓的特殊处理。这些块是低能量区，与平均的块行相比，是过度量化。根据离散余弦变换后的交流系数的数量，对这些块，量化步长可以除以 2 或 4[3]。由于改进的非常局部的性质（平均存在 3.4% 的特殊块），因此对算法本身影响并不是很大，码率控制仍然稳定。提出的改进导致了量化因子的略微增大并且对均方根误差（Root Mean Square Error，RMSE）的影响微乎其微。然而从图 2.5 中可以看到，改进算法得到的图像质量更加均衡，信噪比显著提升。

该算法及其特殊处理方法利用仿真与真实的 SPOT4 图像，并且在 SPOT5 试运行期间也通过了验证。

尽管采用了上述描述的算法，但是当压缩比大于 3 时离散余弦变换所带来的块效应变得非常明显，这是利用离散小波变换去相关方法进行高倍率压缩所带来的不可避免的缺点[5]。因此，该算法的压缩比不能大于 3，也就是说对于 8 bit 位深的图像来说，比特率大于 3 bpp。基于此，法国航天局在 PLEIA-DES–HR 卫星的图像压缩系统上采用了一种新的变换，使对于 12 bit 位深的图像可使其达到了接近于 6 倍的压缩比。

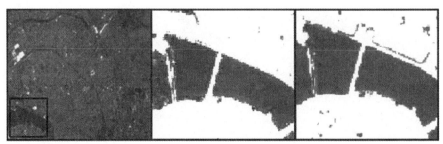

(a) SPOT5获取的图卢兹5 m　　　(b) 特殊处理前的放大图像　　(c) 特殊处理后的放大图像
分辨率图像

图2.5　改进算法得到的图像

2.2.3　基于小波变换的压缩器

为 PLEIADES-HR 图像研究了一种基于小波变换的算法[5]。该算法采用双正交 9/7 滤波器和位平面编码方法对小波系数进行编码。对于 PLEIADES-HR 卫星的全色图像压缩的比特率达到了 2. 5 bpp，对于多光谱可达到 2. 8 bpp。对于 SPOT5 卫星，它的用户群包括法国军方在内，调整到该数据率以保证最终产品的图像质量。机上调试阶段将确认这个选择。为这个任务，还设计了一个包括大容量存储器和压缩模块的基于 ASIC 的模块。

该单元整合了一个被称为小波图像压缩模块（Wavelet Image Compression Module，WICOM）的通用压缩模块。这个实现了小波变换压缩算法的高性能图像压缩模块功能接近 JPEG 2000 标准。ASIC 优化的内部结构支持有效无损和有损图像压缩，数据率高达 25 Mpixel/s。可以在条带或者整幅图像上进行定比特率的压缩。需要调整的压缩参数只有压缩数据率一项。动态范围可达 13 bit 的输入图像能够由该模块进行处理，该模块具有抗辐射的设计。如图 2.6 所示为 PLEIADES-HR 卫星及其压缩单元。

2.2.4　空间应用标准：CCSDS 推荐标准

法国航天局为 PLEIADES-HR 压缩选择了一个非标准的算法作为压缩算法，这是由于 JPEG 2000 标准在硬件实现方面过于复杂。与此同时，法国航天局加入了 CCSDS 的图像数据压缩（Image Data Compression，IDC）工作组。在 2006 年，新推荐标准 CCSDS-IDC 发布[7]。在这个算法中，采用了小波变换，并将小波变换后的小波系数组织成树状结构进行位平面编码。尽管对于 PLEIADES-HR 该算法的提出为时过晚，但其适于地球观测任务的产品。目前一种可用的 ASIC 实现，是由爱达荷大学的生物分子与微电子研究中心

图 2.6　PLEIADES-HR 卫星及其压缩单元

(Center for Advanced Microelectronics and Biomolecular Research, CAMBR) 研制出的采用 Radiation-Hardness-By-Design (RHBD) 技术以产生满足空间应用的高速电路,其预计吞吐量超过 20 Mpixel/s。该设计将离散小波变换与位平面编码器分布于两个 ASIC 中。法国航天局已经对多个参考数据集(PLEIADES 仿真数据、机载传感器高分辨率图像、CCSDS 参考数据集)进行了一系列对比研究。PLEIADES 与 CCSDS 在定量化标准(平均误差、最大误差及均方根误差)的评估下有着非常相近的性能。

2.2.5　图像质量评价

文献[3]中提到,图像的质量是选择压缩算法的关键指标。评价图像质量的标准通常是一些统计量,如均方根误差等,尽管已经证明这些定量化的标准不足以评价某个特定的图像压缩算法。专家用户的分析对于评价不同压缩算法及多种压缩率是有用的。实验过程属于算法的进一步改进与图像质量需求之间的迭代过程。随后,与实验结果更相关的更好的统计标准正在被考虑,信噪比是一个候选。实际上,应采用一系列标准对算法进行验证完善,同时用户的反馈信息也非常必要。而且,高分辨率成像仪需要包括反卷积与去噪的恢复过程,这些步骤是在解压缩后在地面完成的。这些技术对产生高质量的没有调制传递函数(Modulation Transfer Function, MTF) 和仪器噪声引起的模糊效应的图像是必要的。至今为止,用于评价压缩效率的统计准则是在原始图像与解压缩图像间计算的,也就是说没有考虑恢复函数。2009 年,法国航天局开始研究优化压缩和恢复步骤,从传感器经星载压缩系统到地面恢复的整个图像链都将被考虑了。

2.3　星载压缩算法的现状及发展

2.3.1　多光谱压缩

　　法国航天局计划未来高分辨率仪器比目前仪器具有更多的光谱通道数。在所谓的多光谱或者超光谱任务情况下,指在较窄的刈幅宽度下同时获得约 10 个波段,而且空间分辨率从 10 m 到 1 km。对于较高分辨率仪器,获取较少的波段,通常为四个谱段:蓝、红、绿以及近红外,有时也包含短波红外或者较高空间分辨率的全色波段。PLEIADES 图像就是这样的例子,具有一个全色波段和四个多光谱波段。到现在为止,每个通道的数据是分别进行压缩的。也就是说,数据压缩在全色通道和每个多光谱通道上进行。在这种情况下,所谓的"单光谱"压缩器只是利用了图像的空间冗余,而忽略了相同场景的不同光谱波段间的冗余。为了对这样的数据进行最优化压缩,算法需要同时利用光谱间及空间相关性。对多光谱图像,法国航天局联合泰雷兹阿莱尼亚宇航公司研究出一种先利用固定变换去除谱间相关性,再采用 CCSDS 编码结合适于多光谱的码率分配方法来压缩去相关后的波段[8]。

　　如图 2.7 所示为一个适于星载硬件实现的低复杂度去相关模块。它适用于较少数量波段的高分辨率仪器。对于更多数量的波段(超光谱或高光谱图像),法国航天局也进行了一系列研究,基于光谱去相关器及熵编码器(CCS-DS,SPIHT 3D,JPEG 2000)[9]。在新的 CCSDS 多光谱和高光谱数据压缩工作组的框架下,法国航天局正在研究适用于空间应用的基于光谱去相关及 CCS-DS 图像数据压缩建议标准的高光谱压缩算法[10]。

2.3.2　小波的限制

　　当采用高压缩比时,PLEIADES-HR 的压缩器或者 CCSDS 建议标准都会产生伪影。这些伪影可能是众所周知的模糊效应、(在宽刈幅像素码率分配的)低复杂度区域过量化以及边缘的失真等。最后的伪影是由于小波变换后在小范围邻域内小波系数间存在残余的方向相关性(见图 2.8)。在文献[11]中,Delaunay 指出 EBCOT 对于捕获这些残余值非常有效。基于上下文的编码方法使 JPEG 2000 成为现今最佳压缩算法中的一个,但是本章的前部分也提到过其实现复杂度的问题。

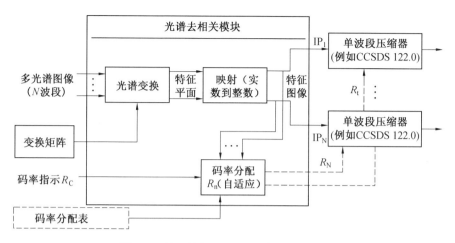

图 2.7 基于外部 KLT 的光谱去相关模块

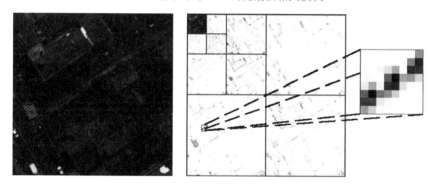

图 2.8 机载传感器获得的高分辨率图像(左)以及其小波变换(一些系数放大)(右)

2.3.3 一种新的星载压缩变换方法

从 2004 年开始,法国航天局就进行星载卫星实现限制的新空间去相关器的研究工作,研究了多种有前景的变换方法,例如轮廓波变换、曲波变换、脊波变换、条带波变换。最终,非常接近于条带波变换思想的基于小波变换后优化的方法[12]被提出了。变换基是根据方向的分组和对小波系数块的主成分分析设计的。使用拉格朗日率失真优化过程为每个 4×4 小波的系数块选择的最优变换。一项内部研究表明,这个大小的选择是性能和复杂度之间的最优折中。文献[13]证明了通过对不同块集的 PCA 得到基优于方向基。这些性能通过对高分辨率图像集与 CCSDS 和 JPEG 2000 压缩进行比较,如图2.9所示。在 0.6 ~ 2.6 bpp 范围内,观测到比 CCSDS 算法提高 0.5 ~ 1 dB。然而,难以取得 JPEG 2000 的性能,无论采用什么变换后处理,与 JPEG 2000 相比结果均低 0.6 dB 左右。

就实现复杂度角度来说，以上变换后的研究不需要复杂运算。小波系数被映射到 12 个 16×16 系数的基上，然后，计算拉格朗日代价以及编码变换后的系数。

实验测试时采用算术编码器，但是对最佳基选择进行了最终研究，对最优量化步长的选择、拉格朗日乘子以及变换基进行全面的分析。我们采用位平面编码器替代了难以实现的算术编码器，这种位平面编码器支持比特精确和渐进的编码。这个编码器必须适应变换后的小波系数。有效的位平面方法应能够取得和算术编码一样的结果。最终的码流应完全是嵌入式的，像 CCSDS 建议标准或 PLEIADES-HR 压缩器一样，支持渐进传输。

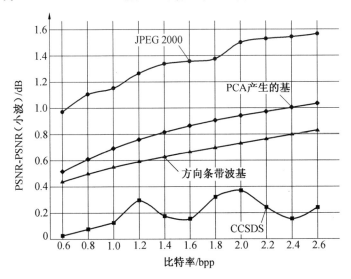

图 2.9　以峰值信噪比对变换后性能与 CCSDS 和 JPEG 2000 标准的比较

2.3.4　星载压缩的商用成品

法国航天局作为 JPEG 2000 标准委员会中的成员，计划将该算法应用在卫星星载系统上。因此，在 2000 年，开始研究利用抗辐射部件实现 JPEG 2000 标准，但由于算法太复杂难以在这种硬件上实现，主要是算术编码以及码率分配（最优截断点处理），因此结果令人非常失望。这与 CCSDS 图像数据压缩工作组在寻找 CCSDS-IDC 替代算法的研究中的结论刚好吻合。最终发布的推荐标准复杂度为 JPEG 2000 标准的一半，性能比 JPEG 2000 降低了约 2 dB。2008 年，法国航天局开始全面研究 Analog Device 公司生产的兼容 JPEG

2000 标准的芯片 ADV212。ADV212 是为了解决视频和高带宽图像压缩应用而设计的一款能够实现 JPEG 2000 编解码的片上系统集成电路芯片。集成电路包括了多种硬件功能,如小波变换引擎、精简指令集处理器、DMA、存储器以及专用接口。图 2.10 所示为 ADV212 的内部结构框图。电路中的软件设计使芯片可以进行压缩和解压缩。评估板如图 2.11 所示。

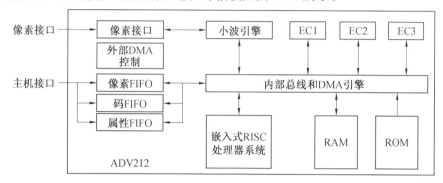

图 2.10 ADV212 的内部结构框图

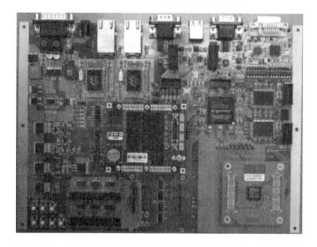

图 2.11 ADV212 评估板(ADV212 集成芯片位于右下角)

这次研究同时进行了性能分析与空间环境耐受性(对辐射的敏感程度)的分析。算法性能是与 Kakadu 软件的比较得出的。并且法国航天局在分片原则、压缩性能以及固定码率能力方面也进行了关注。抗辐射测试是在 2010 年的第一季度比利时的 Louvain-La-Neuve 大学利用粒子回旋加速器进行仿真测试的。还对电路进行了闩锁效应及 SEFI 事件的测试。由于集成电路高度敏感,闩锁效应的实验结果不令人满意:从 100 particle/s 的高能氚粒子束照射下每秒产生两次闩锁效应到 1 000 particle/s 的低能氮粒子束照射下可达到每分钟一次的闩锁效应。最后一个光束用于功能性测试,但最终发生了超时错误、配置错误等。在高能离子束的照射下没有一幅图像压缩成功。

根据以上的实验结果,尽管商用成品有着较好的 JPEG 2000 压缩性能,但其并不适用于空间应用。

2.3.5 离散小波变换算法的特殊处理

在 2.2.2 节中,介绍了基于离散余弦变换的 SPOT5 压缩器,并且简要说明了相关的特殊处理过程。在该例中,码率控制中不合适的局部量化因子导致了缺陷或者伪影的产生,当该因子在整块行是一样的时候,根据块中交流系数的数量,为 SPOT5 开发和验证了的特殊处理通过一个 2 或 4 的因子局部校正了量化因子。对于 2.3.3 节中描述的基于离散小波变换的 PLEIADES 压缩器以及 2.3.4 节中描述的 CCSDS 标准,不需要进行外部码率控制环路,原因是由于位平面编码对输出的码流可以进行分级组织,通过截断输出码流获得目标固定比特率。然而,由于星载存储空间的限制,离散小波变换及位平面编码与截断均是对固定大小的图像区域进行的。对于 PLEIADES 压缩器来说,这个图像区域是 16 行(宽度等于图像宽度)。对于 CCSDS 压缩器,图像的大小被称为段,其大小可以由用户来自定义。对于上述两种压缩器,对所研究的图像区域,位平面截断引入的量化是相同的,并且在 SPOT5 压缩的图像中所观测到的一些缺点同样在基于小波压缩器中体现出来。为了局部校正存在缺陷的块,法国航天局研发了特殊处理方法,将信号方差/压缩噪声方差比作为是否需要采用特殊处理方法的标准。像文献[7]中定义的那样,一个来自 LL3 子带的小波系数块由一个直流系数和 63 个交流系数组成。根据比值,块中的小波变换系数在位平面编码前先乘以一个正因子。这些乘后的系数比正常情况下的系数(不经过特殊处理)先由编码器进行处理。这种小波系数的处理类似于 JPEG 2000 算法中的感兴趣区域的处理[6]。经过图像分析可知特殊处理方法带来了图像质量的提高。但是,它不需要应用在 PLEIADES 图像上,原因是目标码率较高不会产生这样的缺陷。

2.3.6 选择性压缩

上面所述的算法无论什么场景都能保证在较好图像恢复质量的前提下只能达到较低的压缩增益。然而,随着数据量的增大,压缩比不足以满足需要。不幸的是,没有任何一种变换可以对同样的图像降质获得显著的压缩比增益。因此,为了达到大压缩比,需要进行"智能"的压缩,也就是说在一个场景中采取不同的压缩比。因此,需要进行星上有用或者无用数据的检测,对无用区域采用高压缩比压缩以保证压缩增益。这种压缩方法被称为"选择性压缩",是由检测与感兴趣区域(Region-of-interest,ROI)或非感兴趣区域编码组成的。然而,用于地球观测任务的星载检测需要以较高的数据率执行而且检测算法往往非常复杂。并且,由于有用区域与无用区域很难严格定义,导致选择性压缩并不是十分出名。幸运的是,在所有法国航天局的高分辨率应用中,有一种数据可以被定义为无用数据,那就是含有云数据。事实上,尽管在卫星计划安排中使用了天气预报,大多数光学卫星图像还是有云的,在SPOT5中通过SPOT图像神经网络分类器分类为有云的图像可达到80%。

图2.12给出了含有云的图像以及其二进制云掩膜,当像素是白色时(分类器的输出)代表有云覆盖,黑色代表无云覆盖。通过检测和抑制或者对云覆盖区域进行大压缩比的压缩,可以明显降低存储需求并取得传输增益。压缩算法应该在压缩过程中使用这种掩膜对场景区域进行不同压缩。

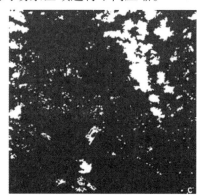

图2.12 有云的SPOT5图像及其云掩膜

1. 星载云检测的可行性

在过去的几年,法国航天局研究了星载云检测模块[14],其思想是对已有的地面PLEIADES-HR卫星图像[15]云检测模块的简化和优化以适于星载实现。该算法采用支持向量机分类器对低分辨率图像(小波变换后的第三层)进行分类。算法的主要过程包括使用绝对校正因子计算图像大气辐射峰值、计算分类准则并利用已训练的支持向量机配置最终分类。

星载实现的研究首先独立分析了这个处理的整个截断,然后提出了一个基于支持向量机的云检测算法的星载简化模型。将所提出的限制一起计算,通过一个浮点软件模型,可以看出利用星载简化模型也能取得相同的性能(误差在1%以内)。

为了采用 VHDL 语言描述,需要考虑定点运算每个计算参数的范围、目标精确度等限制。

最终,使用 HLS 工具得到定点和 VHDL 描述,并且通过与参考模型的比较来验证性能。表 2.1 给出了 13 个不同地区的主要结果:最大误差符合开始的规定,云检测覆及掩膜产生 1% 误差。此外,将云像素判为地面像素这种最坏情况下(通常的覆盖率 ~ 100%),在这种云压缩过程中几乎任何额外的损失都会被引入到感兴趣区域中。

表 2.1 参考模型与定点/VHDL 模型的全局结果比较

云掩膜覆盖	以像素为单位的云掩膜面(参考模型)	以像素为单位的云掩膜面(定点模型)	常见覆盖率(参考 vs. 定点)/%	不同覆盖率(参考 vs. 定点)/%
Acapulco_1	298 570	299 871	100.0	0.4
Bayonne_1	243 113	244 345	100.0	0.5
Dakar_2	475 644	481 180	100.0	1.1
La_Paz_1	167 772	168 542	100.0	0.4
La_Paz_2	749 313	753 932	100.0	0.6
London_1	418 660	416 966	99.5	0.4
Los_Angeles_2	120 225	120 428	100.0	0.1
Marseille_1	153 887	155 251	100.0	0.8
Papeete_1	361 610	362 916	100.0	0.3
Quito_1	724 569	726 453	100.0	0.2
Quito_2	544 185	545 662	100.0	0.2
Seattle	275 310	276 590	100.0	0.4
Toulouse	123 691	123 872	100.0	0.1

2. 基于感兴趣区域的编码

选择性压缩过程的最后一步是针对感兴趣区域进行"智能"的编码。在星载云检测情况中,背景为云掩膜,而前景(ROI)为图像的剩余部分。基于感兴趣区域的编码算法已经存在了,通常 ROI 的原理是基于尺度的方法,缩放或者提升小波系数以使和 ROI 有关的比特位于比背景高的比特平面上(见图 2.13)。因此,在嵌入式编码过程中,最重要的 ROI 位平面在码流中位于背景位平面码流之前。

现存在两种不同的 ROI 编码方法:最大位移法和缩放法,已经由法国航天局添加到了现有的压缩器(CCSDS IDC)中以在包括有云的各种场景下实现选择性压缩。

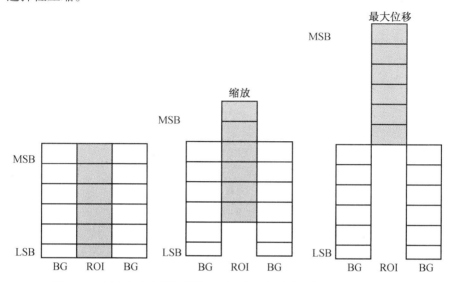

图 2.13 标准方法与利用缩放和最大位移的移位比特平面编码的比较

当然,在应用中这两种方法都存在特定的优点与缺陷。由于最大平移法能够在 ROI 中保留所能达到的图像质量并且解压缩时能够自动识别解码云覆盖区域的掩膜,因此该方法是云检测应用中比较好的选择。但是,该方法的主要缺点是用户不能对背景区域(例如云)或是不同感兴趣级别的区域控制图像的质量。缩放方法更适用于这种类型的应用,但是必须在传输码流中加入感兴趣区域掩膜信息的额外数据。为了结合这两种算法的优点,其他方法如逐位平面平移法也在被研究。

法国航天局正在进行的研究将为这些 ROI 压缩技术提供码率分配兼容性。

2.3.7 固定质量:可变数据率压缩

现有的星载压缩系统基本对所有的图像段都采用相同的数据率进行压缩,以通过高度可预测的数据量及数据率全局地简化系统数据处理。然而这并不是对给定数据量(即星载大容量存储能力)为某一场景或者一组场景取得最优图像质量的最好方式。

即使选择性压缩比传统固定数据率压缩能够带来较大的改进,但仍然很难描述不同的感兴趣区域以及如何处理它们以获得有效的压缩方案。

因此,固定质量变数据率压缩算法似乎成为取得最小数据量的图像最优压缩更好的选择:根据图像的复杂度(在一个场景中逐块或者段的计算),压缩器将制定合适的压缩比以满足选定的质量。然而,由于不同图像的复杂度不同,只有在压缩完成后才能得到最终的数据率。卫星数据系统必须为能保证处理非常复杂图像(如城市区域)所产生的最高的数据量/数据率而留出余量。因此,法国航天局今后将要开始研究这种技术在高分辨率卫星压缩系统应用及其影响。其主要思想是压缩器应预先计算图像的复杂度,以对选择的图像质量分配最优的描述层(位平面),并且应为星载处理和存储问题设置一个数据量的全局限制。在压缩算法的未来发展中,许多优秀的算法,如 CCS-DS IDC 的基于质量控制参数的位平面截断及阶段截断算法,将起到重要的作用。

2.4 结 论

在本章中,我们首先在回顾了过去法国航天局对地观测任务中星载实现的压缩算法。压缩算法要面对一些限制条件:遥测对数据压缩后数据率的限制,专业图像用户对图像质量的要求,空间级电子设备也限制了实现和其性能。通过使用现有技术如 DCT 及 DWT,法国航天局为对地观测任务开发了多种模块。如图 2.14 所示,采用的技术在保留了较好图像质量的前提下提高了压缩比。面对高分辨率任务所带来的数据量增加问题,压缩比的提高有很大的帮助。但对于以后的各种任务,还需要研究新的压缩技术。去相关性能力更强的变换、适用于选择性压缩的星载检测技术或者固定质量压缩算法等都是法国航天局未来的研究方向。

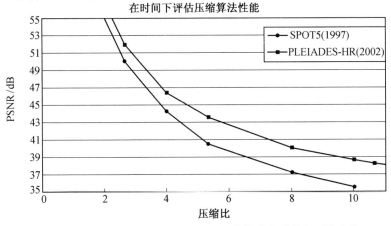

图 2.14 SPOT5 与 PLEIADES-HR 压缩算法在质量方面的比较

致谢:

作者在此对所有在本章中提到的为法国航天局星载压缩研究和发展做出贡献的人表达谢意。

参 考 文 献

[1] C. Fratter, M. Moulin, H. Ruiz, P. Charvet, D. Zobler. The SPOT5 mission. 52nd International Astronautical Congress, Toulouse, France, 1-5 Oct 2001.

[2] P. Kubik, V. Pascal, C. Latry, S. Baillarin. PLEIADES image quality from users' needs to products definition. SPIE Europe International Symposium on Remote Sensing, Bruges, Belgium, September 19-22, 2005.

[3] P. Lier, G. Moury, C. Latry and F. Cabot. Selection of the SPOT-5 Image Compression algorithm. In Proc. of SPIE 98, San Diego, vol. 3439-70, July 1998.

[4] C. Lambert-Nebout, J. E. Blamont. Clementine: on-board image compression. 26th Lunar and Planetary Science Conference LPCE, Houston, 1995.

[5] C. Lambert-Nebout, G. Moury, J. E. Blamont. A survey of on-board image compression for CNES space missions. In Proc. of IGARSS 1999, Hambourg, June 1999.

[6] ISO/IEC 15444-2. Information technology-JPEG 2000 image coding system: Extensions, 2004.

[7] CCSDS. Image Data Compression Recommended Standard, CCSDS 122.0-B-1 Blue Book. Nov. 2005.

[8] C. Thiebaut et al. On-Board Compression Algorithm for Satellite Multispectral Images. In Proc. of Data Compression Conference 2006, Snowbird, March 28-30, 2006.

[9] C. Thiebaut, E. Christophe, D. Lebedeff, C. Latry. CNES Studies of On-Board Compression for Multispectral and Hyperspectral Images. Proc. of SPIE Satellite Data Compression, Communications and Archiving III, San Diego CA, vol. 6683, pp. 668305.1-668305.15, August 2007.

[10] C. Thiebaut & R. Camarero. Multicomponent compression with the latest CCSDS recommendation. Proc. of SPIE Satellite Data Compression, Communications and Processing V, San Diego CA, Vol. 7455, 745503, August 2009.

[11] X. Delaunay, M. Chabert, G. Morin and V. Charvillat. Bit-plane analysis and contexts combining of JPEG2000 contexts for on-board satellite image compression. In Proc. Of ICASSP'07, I–1057-1060, IEEE, April 2007, Honolulu, HI.

[12] G. Peyre and S. Mallat. Discrete bandelets with geometric orthogonal filters. In IEEE International Conference on Image Processing, Sept. 2005, vol. 1, pp. I- 65-8.

[13] X. Delaunay, M. Chabert, V. Charvillat, G. Morin and R. Ruiloba. Satellite image compression by directional decorrelation of wavelet coefficients. To Appear in Proc. of ICASSP'08, IEEE, April 2008, Las Vegas, Nevada, USA.

[14] R. Camarero, C. Thiebaut, Ph. Dejean, A. Speciel. CNES studies for on –board implementation via HLS tools of a cloud–detection module for selective compression. In Satellite Data Compression, Communication, and Processing VI, Vol. 7810, 781004, SPIE, San Diego, CA, USA, 24 August 2010.

[15] C. Latry, C. Panem, P. Dejean. Cloud Detection with SVM Technique. In Proc. Of IGARSS'07, Barcelone, Spain, 13-27 Jul. 2007.

第3章　低复杂度的无损及近无损高光谱图像压缩方法

摘要　近来,低复杂度高光谱图像压缩受到了较强的关注,这也是受到了该领域的标准化和新高光谱任务部署的驱动。本章概述了最先进的高光谱图像无损及近无损压缩方法,尤其关注了在低复杂度和内存使用、容错和硬件可实现性等方面满足典型实际任务需求的方法,特别描述了一个基于逐块预测和自适应 Golomb 编码的非常简单的无损压缩算法。该算法能够利用最佳波段排序而且能够扩展至近无损压缩。本章还描述了该算法硬件实现的结果。该算法压缩性能接近最先进的方法,具有低复杂度和内存使用的特点以及并行压缩的潜能,使其非常适用于星上高光谱图像压缩。

3.1　引　　言

高光谱图像压缩成为重要和活跃的研究课题已有很长的时间。所有的光谱成像仪,例如多光谱的、高光谱的以及超光谱的,都会产生日益增长的数据量,所以需要在传输到地面之前先进行图像压缩以减少数据量。不同光谱成像仪获得的空间维和光谱间维可用的数据是不一样的,所以需要不同的压缩技术。例如,多光谱图像具有好的空间分辨率和粗的光谱分辨率,所以压缩主要利用空间相关性。相反地,高光谱和超光谱成像仪则是光谱相关性比较强。由于不可能物理地卸载或读取存储获取数据的大规模存储设备,例如在测量的终端,所以压缩对星载传感器来说是最有用的。然而,如果传感器分辨率很高或者任务时间较长,机载平台也可能需要压缩。

图像压缩技术能够在相同时间或者更多压缩应用时,传送更多的数据。多种压缩方式是可能的。在无损压缩中,重建图像与源图像是相同的。在近无损压缩中,重建图像和源图像之间的最大绝对误差不超过使用者定义的值。在有损压缩中,重建图像平均地尽可能和源图像相似,典型的是在给定目标比特率的均方误差意义下。无损压缩是非常需要的,因为其能够保持图像里的所有信息;但是,最好的算法也只能提供有限的压缩比,对于 3D 数据,通常在 $2:1 \sim 3:1$。近无损以及有损方法能够较大地减少数据,但是要以信息损失为代价。尽管这些压缩因为质量损失以及评价信息损失对应用影响的困难而很少被关注,但是当需要较大压缩比时它们就非常重要。比如,从文献[1]可以看出,0.5 bpp 和 0.1 bpp 的比特率对分类性能的影响较小或者没有影响。

本章概述了高光谱图像无损压缩的需求和最先进的压缩方法,特别关注了适合星载实现的低复杂度方法。可以注意到,大多数近无损压缩算法都可以视为预测方法的扩展,其中预测误差在 DPCM 循环里量化。因此,近无损压缩可以作为预测方法的副产物而获得,为此,(我们)在此不详细回顾已经存在的近无损压缩算法。但是在本章 3.4 节会说明提出的算法可以被扩展至近无损压缩以及可以获得的性能。

本章结构如下,3.2 节回顾了在这个领域里已有的进展,包括存在的和星载压缩有关的无损压缩标准。3.3 节概述了机载压缩主要的需求并论述有关的方法。3.4 节描述了一种基于块预测器的低复杂度方法。3.5 节展示了压缩结果并讨论了该算法的复杂度。3.6 节介绍了硬件实现。3.7 节进行总结并强调了重要开放的问题。

3.2 背 景

3.2.1 压缩技术

高光谱图像无损压缩通常采用基于预测编码方式,每一个像素是从之前的像素预测,并且对预测误差熵编码[2,3]。文献[4]介绍了模糊预测,用模糊逻辑规则转换预定集合中的预测器。文献[5]采用了边缘分析来改进预测方法。文献[6]介绍了用于近无损压缩的分类预测。文献[7]进一步发展了用于无损和近无损压缩的预测分类。文献[8]采用了自适应滤波器实现光谱预测。文献[9]采用了矢量量化实现无损压缩。文献[10]提出了群微分脉冲编码调制(C-DPCM)的概念。先把图像的光谱分群,然后对每个群计算最佳的预测器并用其进行光谱去相关;然后利用区间编码器编码预测误差。文献[11]提出了基于前两个波段的光谱预测器。在文献[12]中,由光谱相关性驱动,使用了上下文匹配方法来利用光谱冗余。文献[13,14]利用了分布式信源编码实现了具有非常简单编码器的无损压缩。文献[15]提出了一个简单的算法独立地编码每一个图像块。文献[16]提出了基于光谱域线性预测的低复杂度算法。文献[17]对 JPEG 2000[18]在 AVIRIS 图像上的无损压缩性能进行了评价,其基于渐进有损-无损压缩框架,文献[1]介绍了其有损压缩的结果。同样重要的是,CCCDS 图像数据压缩[19]建议利用小波变换技术实现无损压缩,如文献[20]中的算法。文献[21]提出利用前波段的像素预测,这些像素值等于要编码的像素值;文献[22]进一步地精炼了该算法。文献[23]通过上下文匹配利用了光谱相关性。最新的工作也借鉴了分布式信源编码的思想建构一个非常简单并且具有容错能力的算法[13,14]。

波段重排也被用来得到更好的性能[24-26];具体地,在波段重排中图像的光谱通道被重新排列以取邻通道最大的相关性,优化随后压缩过程的性能。文献[27]表明源数据和校正的数据有着非常明显的区别,并提出了一个算法,能够利用校正引入的伪影。

最后,应该强调指出,有损压缩可以通过使用可逆变换的变换编码来实现。JPEG 2000 遵循这样的方法,可以实现渐进的有损至无损压缩,尽管其性能通常不如最好的预测方法。

3.2.2　国际标准

数据和图像压缩对空间应用非常重要,因而有关的国际标准已经制定出来并得到认可。下面讨论一下有效的无损压缩标准以及它们在星载图像压缩中的应用。

1. CCSDS 101：无损数据压缩

第一个空间应用压缩标准是由空间数据系统咨询委员会(CCSDS)研究而成的。这个标准被命名为"无损数据压缩",意味着其开发是为了通用数据压缩,包括图像压缩但不是专为图像压缩。该标准定义了一个无损压缩算法能够联合用户定义或者默认预测器,使用户能够使用对目标数据已研究好的预测器,而且能够联合标准的低复杂度熵编码。熵编码包括一个映射器然后是熵编码,后者在映射样本的小块上操作。倘若其他可用的选择(零块、无压缩)不能产生更小的比特率,将使用具有使比特率最小化的参数的"Golomb power-of-two"编码[28]对每块所有的样本进行编码。一个低熵选择也是可用的(第二版扩展),虽然它被专利保护。

该熵编码器和相似的基于 Golomb 码,以及基于一个以前样本的窗来为每个样本选择不同编码参数的专用于图像的编码器相比,在某种程度上是次优的。性能损失通常不超过 0.2 bpp。该算法具有很低的复杂度,并且已经有了 ASIC 的实现[30]。

2. CCSDS 122：图像数据压缩

最近,CCSDS 为了图像压缩开发了一个新的标准[19]。该算法和 JPEG

2000 类似,因为其也用 2D 离散小波变换再加上一个简单的基于位平面的熵编码器。这个标准虽然本来是一个有损压缩标准,但是其也有基于可逆小波变换的无损模式。但是,该标准不适合三维数据压缩,因为其只捕获二维相关性。重复对 3D 数据的 2D 分片应用该算法尽管可行,但性能一定欠佳。此外,本算法的复杂度很明显大于无损压缩建议的复杂度。

3. JPEG-LS

JPEG-LS 标准涉及无损和近无损 2D 图像压缩。它基于一个简单的非线性预测,后接一个基于上下文的熵编码器,而且对于近无损压缩在预测循环中采用量化器[29]。虽然这个标准还没有被开发成为专门为空间应用,但是其低复杂度和良好的性能使其适合光谱图像压缩。在一些文献中,"差分"JPEG-LS 算法用于 3D 图像压缩,只需要相邻波段做差并用 JPEG-LS 编码。为了使编码效率最大化,同样原则可以应用到空间光谱分片,只需要再处理剩下的空间维度的差。

3.3　星上压缩要求

对于星上压缩来说,虽然压缩性能是个必定的关键因素,但是其他重要的要求也是要考虑的。这些要求刻画的场景和典型的图像压缩不同,通常需要低复杂度和硬件友好压缩算法的设计。

1. 低编码器的复杂度

既然光谱成像仪能产生很高的数据率,那么重要的是编码器要具有低复杂度以使其能够实时操作。值得一提的是,通常压缩可用的计算能力是有限的,远不及工作站应用处理器的能力。一个典型的设计包括压缩算法在 FPGA 上的实现,尽管某些任务将提供特定应用集成电路(ASIC)的特别设计,然而其他任务可能只用一个数字信号处理器。典型的时钟频率是 100 MHz 的倍数。

低复杂度通常由于其复杂性而要求不采用变换编码方法。虽然这些方法适合于 2D 图像,但是 3D 图像需要在第三维变换之后反复应用 2D 变换编码,这很可能需要很大的计算资源。

预测加熵编码的结构是符合低复杂度的。尽管存在非常复杂的预测,也可用比较简单的方式(如 JPEG-LS 中的方式)得到足够的性能。传统上,星上的压缩算法避免使用算术编码,主要因其是比较复杂的编码方案,特别是对大字符集。而二次幂 Golomb 编码是个优先的选择,因为在性能和复杂性之间它能达到一个很好的平衡。对于空间应用简化低复杂度的算术编码还没有广泛地评价过,这种编码在 JPEG 2000 和 H.264/AVC 压缩标准中用过。

2. 容错能力

算法应该能够应对比特翻转或者压缩文件中丢包的现象,这些误码发生往往是由于通信通道上存在的噪声。被压缩的数据对误码是很敏感的,甚至单个比特误码就可以导致剩余数据无法解码。这个问题可以通过很多方式缓解,例如可以利用可逆变长编码的容错熵编码[20]、陪集码[14]或者容错算术编码[31]。另外的方式是把数据分割为多个单元单独编码,这样某一个单元中的误码不会影响其他单元的解码。后面的这种解决方式是经常使用的,因为它非常简单并且能够保证误码限定于某一分割中。

由于分割将导致压缩性能的损失,因此分割单元不应该太小;最佳的大小基本上是依据预计的通信通道上误差或者丢包情况而定的。例如,典型的地球观测任务经常损失较少,而深空任务误码率较高。分割的形状也很重要,比如说,应该分割为较大的空间大小和较小的光谱大小,或者相反,这个也要根据应用而定。在一些应用里,空间信息很重要需要尽可能地保存,而可以损失一些光谱信息,反之亦然。

3. 硬件友好

由于星上压缩算法通常是在 FPGA 或者 ASIC 上实现,所以算法设计要使其硬件实现简单,也就是它必须用整数算法操作,这种算法适合比较小的FPGA,能有效地利用可用资源,不需要用外部存储器。此外,该算法最好能够并行化以加速高数据率传感器的压缩过程。

在本章中,我们将描述一个压缩解决方案,旨在实现上述要求。该算法以低复杂度实现无损和近无损压缩。预测部分是基于文献[15]的设计。该预测器具有低复杂度,因为它对输入样本的每个 16×16 块计算一个最优预测器。在 16×16 块上,预测器执行数据分割,这样解码 16×16 块时,算法可以不参考在其他波段上不同空间位置上的 16×16 块。这样,虽然基于逐块的方式会有性能的损失,但是和基于像素的预测器[8]来比这个损失是很小的;联合使用基于块的预测器和陪集编码实现提高容错能力[14]是可行的,其代价就是其他性能的损失。对于无损和近无损压缩,使用波段重排可以使算法的性能提高。由于还需要额外的计算以得到最佳的排序,星上的压缩从来不更多地关注波段重排。但是,我们发现,在实际应用环境中,波段重排可以在地面站执行而不需要星上的计算法,就能够获得最佳波段重排的大部分性能增益。

3.4　基于块的编码方法

我们用 $x_{m,n,i}$ 表示高光谱图像 X 第 i 个波段上第 m 行的第 n 个像素，$m = 0,\cdots,M-1; n = 0,\cdots,N-1; i = 0,\cdots,B-1$。该算法单独地压缩不重叠的 $N \times N$ 空间块，N 一般等于 16；每一块单独地处理。这个方法会有小的性能损失，因为所有预测和熵编码操作要在每个块尾重置。然而，它有两个重要的优势：

①它能够并行化，因为每一个空间块（所有波段上）作为独立的数据单元被编码。

②它提供了容错性能，因为某一块错误的解码不会影响在不同空间位置上其他块的解码。

此外，可以通过周期性地编码一个波段而不采用光谱预测（即波段内模式）得到更多的光谱容错能力和光谱并行化。在两个波段内编码的波段间的一组波段，包括第一个波段而不包括最后一个波段，将独立地编码和解码并产生独立包含误差的部分。

3.4.1　预测

对于第一波段（$i = 0$）执行 2D 压缩，这是因为不存在前面可利用的波段。2D 预测器的选择不是紧要的问题，有不少相当好的预测器都可以用。我们所用的预测器定义为

$$x'_{m,n,0} = (x_{m-1,n,0} + x_{m,n-1,0}) > > 1$$

其中 $> >$ 表示向右位移，该式表示取被预测像素上边和左边像素的平均。

除了块中的第一个样本以外，所有预测误差样本都利用下面的公式映射为非负值：

$$S = \begin{cases} 2|e| - 1 & (\text{如果 } e > 0) \\ 2|e| & (\text{如果 } e \leq 0) \end{cases}$$

其中，e 表示预测误差值；S 是对应的映射的值。这个映射函数同样地用于所有其他波段。对所有其他的波段，一个在波段 i 里的 $N \times N$ 块按如下方式处理。属于块的样本 $x_{m,n,i}(m,n = 0,\cdots,N-1)$，是用其他已被编码波段的样本 $x_{m,n,l}$ 预测的（也就是空间相同位置的块，其索引 l 是与 i 不同的）。在下文中，假设 $l = i - 1$，也就是在前波段 $i - 1$ 相同位置的块被用作参考波段以预测当前波段 i 里的块。在 3.4.4 节中，我们将要显示怎么设置 l 的值，一般跟 $i - 1$ 是

不同的。

为使 $x_{m,n,i-1}$ 尽可能整体上与 $x_{m,n,i}$ 在最小均方误差意义下相似,可以对块计算最小二乘估计,利用公式 $\alpha = \alpha_N/\alpha_D$[15],其中 $\alpha_N = \sum_{m,n \in A} (x_{m,n,l} - m_l)(x_{m,n,i} - m_i)$,并且 $\alpha_D = \sum_{m,n \in A} (x_{m,n,l} - m_l)(x_{m,n,l} - m_l)$,$m_l$ 与 m_i 是块的平均值。

注意,原预测器[15]在计算 α_N 和 α_D 时不去除平均值。但是我们发现去除平均值能够提高性能,即使将 m_i 写进压缩文件里。假如 α_D 等于零,那么它被设为 1 来避免除以 0。

在上面方程式里总和是在指数集合 A 上计算的。而在文献[15]里 A 包括所有的指数 $m \in [0,\cdots,N-1]$ 和 $n \in [0,\cdots,N-1]$,但是我们没选择那么做。实际上,一方面因为 α 要被量化,足以使用足够的样本以使其精确度小于量化误差。在另一方面,使用更少的样本可以大大减少所需计算 α 的计算量。特别地,发现四分之一的样本已经足够计算具有足够精度的 α。所以,我们在块中均匀地随机选取 64 个位置集合为 A,这是因为随机位置比规则间距位置能获得略好的性能。对于所有的空间块和所有波段来说,位置是一样的,而且不需要传送给解码器。m_i 与 m_l 是在波段 i 和 l 里的同位置块的平均值。它们也是由缩减的样本集 A 计算而来的。注意,不需要计算 m_l,因为它已经在编码波段 l 时计算过,只有 m_i 需要计算。

在 $[0,2]$ 范围使用 256 级均匀量化器产生对 α 量化。特别是,量化产生 $\alpha' = \text{floor}(128\alpha)$,$\alpha'$ 在 0 和 255 之间。反量化增益系数是 $\alpha'' = \alpha'/128$。

这个预测器的原始版本的缺点是计算 $\alpha = \alpha_N/\alpha_D$ 时需要浮点除法,这对于硬件来说是不方便的。事实上,可以避免除法。这是基于如下事实,计算 α 之后,得到的值可以使用 8 bit 被量化至 α''。也就是,在所有可能的值中,只有 256 个值能被实际采用。因此,可以不用计算除法,作为替代地,编码器可以简单地在所有 256 个值中选取在平方误差意义下最接近 α 的那个值。特别是,为了加速寻找过程,编码器可以在 α'' 的 256 个可能值中执行二分搜索,寻找使 $|\alpha''\alpha_D/\alpha_N|$ 最小化的值,也是相当于最小化 $|\alpha''\alpha_D - 128\alpha_N|$。

一旦计算了 α'',计算块内的预测值(对所有的 $m = 0,\cdots,N$ 和 $n = 0,\cdots,N$)是用公式 $x'_{m,n,i} = \text{round}[m_i + \alpha''(x_{m,n,l} - m_l)]$。在每一块里的预测误差向量计算(对所有的 $m = 0,\cdots,N$ 和 $n = 0,\cdots,N$)是用公式 $e_{m,n,i} = x_{m,n,i} - x'_{m,n,i}$。然后,预测误差样本被映射为非负整数。

3.4.2　近无损压缩

注意预测方案适合于近无损压缩,因为量化在 DPCM 反馈环路里[32]每个像素上产生同样的最大绝对误差,其等于量化器步长的一半。因此近无损压缩可以通过步长$2\delta + 1$的均匀标量量化器以及中点重建来实现,这样,令$e_{m,n,i}$表示预测误差,其重建值$e'_{m,n,i}$由下面的公式给出:

$$e'_{m,n,i} = \text{sign}(e_{m,n,i})(2\delta + 1)\text{floor}\left(\frac{|e_{m,n,i}| + \delta}{2\delta + 1}\right)$$

3.4.3 熵编码

提出的算法有两个编码选择,也就是 Golomb 编码与 Golomb power – of – two 编码;同样上下文用于上述任一种编码。

1. Golomb 编码

$N \times N$的映射后的块预测残差按照光栅顺序使用 Golomb 码[28]进行编码,除了块的第一个样本使用 0 阶的 exp – Golomb 码[33]。

块的第j样本的 Golomb 码参数k_j是从块的最后 32 个映射值总和的运行数$\sum_j$计算出来的;对于索引小于 32 的样本,只用了可用的映射值。特别是使用了下面的公式[34]:$k_j = \text{floor}\left[(0.693/J)\sum_j + 1\right]$,公式中$\sum_j = \sum_{k=j-32, k\geqslant 0}^{j-1}|S_k|$,0.693 近似$\log(2)$,$J \leqslant 32$是运行数$\sum_j$中的可用样本,$S_j$是映射值。

注意,计算k_j时只需要更新$\sum_{j-1}$为$\sum_j = \sum_{j-1} - |S_{j-33}| + |S_{j-1}|$,至多需要每样本两次运算。

2. Golomb Power – of – two 编码

对于 Golomb power – of – two(GPO2)码,编码参数也是用相似的方法计算。上下文的定义和 Golomb 码是完全一样的,除了运行数使用非映射预测误差残差的幅值,而不是映射值。参数k_j的计算使用如下有名的 C 语言单行方式[29],d 表示预测残差幅值和的运行数。

```
for ( kj = 0; ( j < < kj ) < d; kj + + );
```

3. 预测参数编码

由于预测器没有因果关系,必须写进压缩文件两个参数,称为α'和m_i,没必要写m_l,因为它能够在解码器里被计算得到。对于α'可以使用 8 bit 来指定它的二进制表示。对于m_i使用更复杂的方法。第一个波段用索引$i = 0$表示,对第二个波段($i = 1$),用 16 bit 写m_i。对其他的波段($i > 1$),使用$m_i - m_l$的差;就是说利用波段相关性预测编码m_i。差的符号位写在压缩文件里,接着是幅值的 exp – Golomb 编码。

4. 文件格式

对于每一个块,下面信息写在压缩文件里。对于所有的波段除了第一个之外,参数 α' 以及 m_i 的编码值写在文件里,然后块的所有样本的编码值按光栅顺序写入压缩文件。

3.4.4 波段重排序

波段重排的动因[24]是前一个波段不一定最适合于预测当前的波段。这就引起了寻找最佳的参考波段 l 以预测波段 i 的问题。参考波段在已经被编码波段中寻找。波段重排在星上的应用是令人感兴趣的,也就是,如果排序是给定的,当所有波段给定的像素或者行已经缓存的情况下,取出一个参考波段而不是前一个波段不会增加额外的运算或者更多的硬件复杂度。

解决波段重排问题需要定义相似度量 $r_{l,i}$ 用以描述波段 l 和波段 i 是多么相似,并且使用波段 l 作为参考波段预测波段 i 会多好。在文献[24]中,这个度量是从波段 l 编码波段 i 所需要的比特数;可是这需要执行实际的编码,并且是为特定的压缩算法而特设的。在文献[25]里,$r_{l,i}$ 是波段 l 和波段 i 之间的相关性系数。在文献[26]里,相关性系数也被使用但是引入了波段分组以限制复杂度。

很值得注意的是,波段重排是个额外的选择,用户可以用或者不用,不会影响算法的设计以及实现。在 3.5 节里将提到,波段重排不是对所有的数据都有利。在一些情况下可以忽略增益但是有些情况是不能的,由用户决定计算最佳重排是否对性能增益来说是值得的。

对上面所描述的算法,我们使用了基于文献[25]的波段重排方法,并在一些方面进行了改进。相关性系数作为相似度量。利用度量构造加权无向图,也就是每个波段用顶点表示,$r_{l,i}$ 是波段 l 和波段 i 连接弧的加权。为了使弧的数目有限,每个波段 i 用最大数目 M 个前面波段和后面波段(从 $i-M$ 至 $i+M$)相连接,并考虑到 $r_{l,i} = r_{i,l}$。通过求解图的最大加权树(相当于最小生成树)问题来获得最佳重排。使用文献[25]里的 Prim 算法就能得到结果。

为了获得最佳波段重排,需要计算专门排序并且用于每个图像,有可能增加复杂性。所以,我们还研究其他的方法。方法中,一个"好的"波段排序是在地面基于样本数据计算的,然后上载到卫星用于随后所有图像的压缩。其初衷是最佳重排序依靠传感器和场景,但前者决定了排序。如果场景对最佳重排序的贡献很小,那么每个传感器的重排序几乎和每个图像的最佳重排序一样好。在 3.5 节里,我们将给出实例。这样,该方法可以获得双重好处,使用近最优排序提高性能,并且不用增加算法的复杂度来实现,这是由于解决波段重排问题所需的计算可以在地面利用样本数据完成。

3.4.5 复杂度

为了计算需要编码一个输入数据样本的所需的平均运算数,我们分析了上述算法。预测阶段大概每个样本需要九次运算。

3.5 压缩性能

3.5.1 数据集描述

本章给出了针对两种不同传感器的压缩结果。

第一个是众所周知的机载可见光/红外成像光谱仪(Airborne Visible/Infrared Imaging Spectrometer,AVIRIS),是能够采集波长从 400 ~ 2 500 nm、224 个连续光谱波段光谱辐射的机载高光谱系统。大多数在高光谱图像压缩领域里的学术文章给出的结果是基于 1997 任务的五个场景,即 Cuprite,Jasper Ridge,Moffett Field,Lunar Lake 和 Low Altitude。然而,这些图像都是校正过的。文献[27,35]指出校正的数据具有特殊的直方图,能够有助于某些类型的算法,但是原始数据不会这样。因此,本章采用 NASA 最近提供的新的原始 AVIRIS 图像集。它们是在 2006 年获取的五幅黄石公园图像(称为 sc0,sc3,sc10,sc11,sc18),可以从 http://compression.jpl.nasa.gov/hyperspectral/获得。每幅图像是 512 行包括 224 个光谱波段和每行 680 像素。

第二个是 Aqua 卫星上的 AIRS(大气红外探测仪,Atmospheric Infrared Sounder)仪器。AIRS 用于生成空气和表面温度、水蒸气、云属性的 3D 图。由于具有 2 378 个光谱通道,AIRS 有资格作为超光谱传感器。为了压缩的研究,从 NASA AIRS 观测获得的 10 块数据用于仿真。数据删除了 270 个通道,转化辐射值到亮度温度并且规划为无符号的 16 bit 整数。这些数据可以从 ftp://ftp.ssec.wisc.edu/pub/bormin/HES 获得。对于本研究,我们只考虑了 1 501个通道,删除了不稳定的通道。

这些 AVIRIS 和 AIRS 数据是 CCSDS 用于评估多光谱和高光谱压缩算法性能所用数据的一部分。

3.5.2 AVIRIS

表3.1给出了AVIRIS图像的结果。我们比较了提出的使用Golomb码和GPO2码的算法,但是没有波段重排,以及LUT算法[10]和FL算法[27],还有基于BSQ顺序的3D-CALIC算法[36]。LUT算法的结果也是在文献[27]里获取的。可以看出该算法明显比LUT好,几乎跟LF一样好,而且复杂度较低。这个是一个很好的结果,因为FL具有非常有竞争力的性能。LAIS-LUT[22]能够达到平均6.50 bpp的比特率,明显大于提出的算法。而使用GPO2码没有明显地降低性能。

表3.1　AVIRIS黄石公园图像压缩性能　　　　　　　　　　bpp

	提出的算法 (Golomb)	提出的算法 (GPO2)	LUT	FL	3D-CALIC (BSQ)
Sc0	6.44	6.45	7.14	6.23	6.41
Sc3	6.29	6.30	6.91	6.10	6.23
Sc10	5.61	5.62	6.26	5.65	5.62
Sc11	6.02	6.04	6.69	5.86	n. a.
Sc18	6.38	6.39	7.20	6.32	n. a.
平均	6.15	6.16	6.84	6.03	n. a.

下面,我们分析最佳和每传感器模式下波段重排的性能。在后一种情况中,在sc0图像上计算最佳重排序,然后用于五幅图像。波段重排计算使用$M=7$,得到的结果是用了Golomb编码。表3.2给出了结果。可以看出,波段重排获得的提高很小(大约1%)。而从视觉观测上看,对于AVIRIS场景,最佳重排与连续排序几乎相同。所以,对AVIRIS数据集,波段重排是没用的。有趣的是,用优化每传感器排序代替每图像排序没有性能的损失。

表3.2　AVIRIS黄石公园图像波段重排后压缩性能　　　　　　bpp

	提出的算法(Golomb)	BR(最优的)	BR(每传感器)
Sc0	6.44	6.37	6.37
Sc3	6.29	6.21	6.22
Sc10	5.61	5.57	5.57
Sc11	6.02	6.00	5.97
Sc18	6.38	6.31	6.31
平均	6.15	6.09	6.09

3.5.3 AIRS

表 3.3 给出了 AIRS 的压缩结果。我们比较了提出的使用 Golomb 编码和 GPO2 编码的算法(但是都没有波段重排)、LUT 算法以及基于 BSQ 顺序的 3D-CALIC 算法。LUT 算法生成结果是用文献[10]提供的软件。

在本例中 GPO2 编码跟 Golomb 编码相比也显示出了更小的性能损失。3D-CALIC 比提出算法的性能更好,但是其复杂度很高。LUT 算法对这些数据表现出性能不好。

表 3.3　AIRS 数据压缩性能　　　　　　　　　　　　bpp

	提出的算法 (Golomb)	提出的算法 (GPO2)	LUT	3D-CALIC(BSQ)
Gran9	4.58	4.59	5.32	4.34
Gran16	4.52	4.53	5.26	4.34
Gran60	4.80	4.81	5.65	4.52
Gran82	4.36	4.38	5.03	4.24
Gran120	4.65	4.66	5.40	4.40
Gran126	4.78	4.79	5.64	4.51
Gran129	4.44	4.45	5.17	4.24
Gran151	4.80	4.82	5.73	4.51
Gran182	4.89	4.90	5.94	4.54
Gran193	4.83	4.84	5.62	4.53
平均	4.66	4.68	5.48	4.42

在表格 3.4 中,我们分析了在最优和每传感器模式下波段重排的性能。在后面这种情况,最优是基于块 120 计算的,并用于其他的块。波段重排计算采用 $M=25$。利用 Golomb 编码得到结果。

表 3.4　AIRS 数据波段重排后的压缩性能　　　　　　　　bpp

	Proposed(Golomb)	BR(optimal)	BR(per-sensor)
Gran9	4.58	4.25	4.27
Gran16	4.52	4.21	4.24
Gran60	4.80	4.38	4.46

续表 3.4

	Proposed(Golomb)	BR(optimal)	BR(per-sensor)
Gran82	4.36	4.13	4.16
Gran120	4.65	4.32	4.32
Gran126	4.78	4.39	4.45
Gran129	4.44	4.15	4.19
Gran151	4.80	4.44	4.48
Gran182	4.89	4.48	4.53
Gran193	4.83	4.42	4.48
平均	4.66	4.32	4.36

看得出来,给 AIRS 数据应用波段重排时,性能有了明显提高(大约 6%),平均也超过了 0.3 bpp。更有趣的是,在地面站进行最优重排所引起性能损失是很小的(大约 0.04 bpp),显示出波段重排提供了很好的性能增益同时没给星载压缩算法增加任何复杂度。因此,对于 AIRS 数据集,波段重排是一个可行的选择。

3.5.4 近无损压缩

对于近无损压缩,我们给出 AVIRIS sc0 场景的性能结果。图 3.1 显示了提出的算法(没用波段重排)和 JPEG 2000[37] 率失真的曲线。后者是标准的第二部分,在光谱维使用光谱的离散小波变换随后是空间小波变换,还有 3D 压缩后率失真优化,并没有基于线的变换。可以看出,近无损压缩算法的率失真曲线显示出在高码率下具有非常好的性能。Golomb 编码(就像 Huffman 编码)无法产生少于 1 bit 的码字,也就是这个原因,率失真曲线在 1 bpp 处具有垂直的渐近线。要实现低比特率,有必要使用不同的熵编码,例如算术编码。算法仍然在比特率大于 1.8 bpp 时优于 JPEG 2000,并具有非常低的复杂度、缓存和局部内存要求。

应当指出的是,不像其他基于块的有损压缩算法,例如 JPEG,在低比特率时解码的图像不受块效应影响。实际上,JPEG 块效应是因为 DCT 域的量化,它作为小块上的矢量量化,能在不同块的边界产生不连续。相反的是,在提出的方法里,预测误差在块内以及不同块之间是独立的量化,这就产生独立的重构误差。这个如图 3.2 sc0 图像的第 63 波段所示。(a)图是原图像 64×64 的分割,(b)图是提出的算法在非常低的比特率下的解码图,(c)图是 JPEG 的重

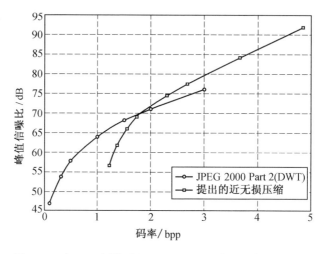

图 3.1　对于 sc0 图像采用 JPEG 2000 进行近无损压缩的结果

建。可以看出,JPEG 保存结构很好,但是模糊了纹理并引入了明显的块效应。提出的算法保存一些纹理但是没有显现任何块效,即使结构受到了部分破坏。

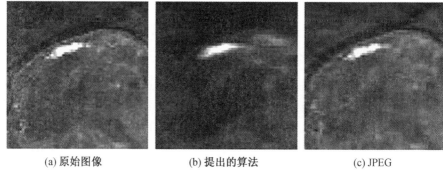

(a) 原始图像　　　　(b) 提出的算法　　　　(c) JPEG

图 3.2　极低比特率下的视觉质量

3.6　硬件实现

　　我们在硬件上实现了无损压缩算法的快速原型。算法的设计和模型阶段是由 Matlab/Simulink Xilinx 系统生成器工具所支持的,在 FPGA 中设计和实现快速原型环境。该算法已被分解为与乒乓缓存通信的多个基本功能模块。每一个功能模块都负责执行巨大的计算像,如在 3.4 节定义的,在 FPGA 中应用了功能模块的并行执行,在算法的样本率处理方面获得了非常好的效果。

　　系统生成器是个 Xilinx 的 DSP 设计工具,能够使 Mathworks 基于模型的设计环境 Matlab-Simulink 用于 FPGA 设计。以下关键特征被利用到了：

①在 Simulink 里包含信号处理功能的 Xilinx 模块集构建并调试高性能数字信号处理以及通用算法。

②从 Xilinx 模块集中，为特定 Xilinx IP 芯核从 Simulink 里自动代码生成。

③代码生成选项允许验证硬件以及加速 Simulink 和 Matlab 里的仿真。

④Xilinx 系统生成器兼容板（也就是 ADM-XRC-II）可用于回路中硬件的快速原型设计和试验。

特别是，ADM-XRC-II 是高性能 PCI 夹层卡格式设备，是为支持应用开发而设计的（使用 Xilinx Virtex-II 系列 FPGA）。驱动和软件包，包括 Xilinx 系统生成器模块集，对板与 Matlab / Simulink / Sys 生成器主机通过 PCI 总线的接口是有效的。

VHDL 已经自动产生了，从两个 Xilinx FPGA 组件的快速原型工具开始。被选的 FPGA 组件也有对应的耐辐射芯片，它们对空间应用很有用。另外，第二个实施步骤通过高级 C 至 VHDL 转化器工具应用建模阶段同样的方法已经执行了。VHDL 代码已生成并且 FPGA 算法源也已被计算。表 3.5 收集了在 FPGA 中算法实施所需要的数据。

表 3.5   Xilinx FPGA 上的算法实现

设备	xqr4vlx200	xq2v3000
使用的 LUT	10 306 (5%)	10 248 (35%)
Ram16s	21 of 336 (6%)	21 of 96 (22%)
乘法器 18×18s		9 of 96 (9%)
DSP48	9 of 96 (9%)	
最大频率/MHz	81	79
吞吐量/(Msample·s^{-1})	70	69

算法可以在单个 FPGA 上实现，只需要较低的总资源。该算法的两个实例包含在同一个 FPGA 中，能够实现两个 16×16 块的并行处理。

在空间应用中，另外重要的约束是功率消耗。用于 Xilinx FPGA 功耗准确的估计可以根据下列公式：

$$P = 250 \text{ mW} + 20 \text{ mW} \times \text{Msample/s}$$

功率消耗还可以通过使用 Xilinx xq2v3000x 系列的 Xpower Xilinx 工具来评估。工具得出了在 xq2v3000 设备上 80 Msample/s 吞吐量时需要 1.1 W 动态功率消耗的估计。在表中，静态功耗典型时小于 250 mW，最大时小于

1.5 W。可以看出,提出的算法产生了一个极低功耗的、很有效的实现。

3.7 结 论

本章回顾了目前低复杂度高光谱图像无损压缩方法。讨论了需求和可能的解决方案,并描述了一个基于块压缩和最佳波段重排方法的具体的解决方案。针对 AVIRIS 与 AIRS 数据的实验结果表明该算法具有良好的性能,与先进的方法相比,有少量性能损失,但有较低的复杂度。此外,可以看出,波段重排在地面站利用训练数据能够有效地实现,最佳的波段重排有较小的性能损失。这就能够避免增加星上的操作数量,同时最大限度地获得波段重排的优势。

参 考 文 献

［1］ B. Penna, T. Tillo, E. Magli, and G. Olmo. Transform coding techniques for lossy hyperspectral data compression. IEEE Transactions on Geoscience and Remote Sensing, vol. 45, no. 5, pp. 1408-1421, May 2007.

［2］ R. E. Roger and M. C. Cavenor. Lossless compression of AVIRIS images. IEEE Transactions on Image Processing, vol. 5, no. 5, pp. 713-719, May 1996.

［3］ J. Mielikainen, A. Kaarna, and P. Toivanen. Lossless hyperspectral image compression via linear prediction. Proc. SPIE, vol. 4725, 2002.

［4］ B. Aiazzi, P. Alba, L. Alparone, and S. Baronti. Lossless compression of multi/hyperspectral imagery based on a 3-D fuzzy prediction. IEEE Transactions on Geoscience and Remote Sensing, vol. 37, no. 5, pp. 2287-2294, Sept. 1999.

［5］ S. K. Jain and D. A. Adjeroh. Edge-based prediction for lossless compression of hyperspectral images. Proc. IEEE Data Compression Conference, 2007.

［6］ B. Aiazzi, L. Alparone, and S. Baronti. Near-lossless compression of 3-D optical data. IEEE Transactions on Geoscience and Remote Sensing, vol. 39, no. 11, pp. 2547-2557, Nov. 2001.

［7］ B. Aiazzi, L. Alparone, S. Baronti, and C. Lastri. Crisp and fuzzy adaptive spectral predictions for lossless and near-lossless compression of hyperspectral imagery. IEEE Geoscience and Remote Sensing Letters, vol. 4, no. 4, pp. 532-536, Oct. 2007.

[8] M. Klimesh. Low−complexity lossless compression of hyperspectral imagery via adaptive filtering. in The Interplanetary Network Progress Report, 2005.

[9] M. J. Ryan and J. F. Arnold. The lossless compression of AVIRIS images by vector quantization. IEEE Transactions on Geoscience and Remote Sensing, vol. 35, no. 3, pp. 546-550, May 1997.

[10] J. Mielikainen and P. Toivanen. Clustered DPCM for the lossless compression of hyperspectral images. IEEE Transactions on Geoscience and Remote Sensing, vol. 41, no. 12, pp. 2943-2946, Dec. 2003.

[11] E Magli, G Olmo, and E. Quacchio. Optimized onboard lossless and near−lossless compression of hyperspectral data using CALIC. IEEE Geoscience and Remote Sensing Letters, vol. 1, no. 1, pp. 21-25, Jan. 2004

[12] H. Wang, S. D. Babacan, and K. Sayood. Lossless hyperspectral image compression using context−based conditional averages. Proc. of IEEE Data Compression Conference, 2005.

[13] E. Magli, M. Barni, A. Abrardo, and M. Grangetto. Distributed source coding techniques for lossless compression of hyperspectral images. EUR-ASIP Journal on Advances in Signal Processing, vol. 2007, 2007.

[14] A. Abrardo, M. Barni, E. Magli, and F. Nencini. Error−resilient and low−complexity onboard lossless compression of hyperspectral images by means of distributed source coding. IEEE Transactions on Geoscience and Remote Sensing, Vol. 48, No. 4, pp. 1892-1904, Apr. 2010.

[15] M. Slyz and L. Zhang. A block−based inter−band lossless hyperspectral image compressor. Proc. of IEEE Data Compression Conference, 2005, pp. 427-436.

[16] F. Rizzo, B. Carpentieri, G. Motta, and J. A. Storer. Low−complexity lossless compression of hyperspectral imagery via linear prediction. IEEE Signal Processing Letters, vol. 12, no. 2, pp. 138-141, Feb. 2005.

[17] B. Penna, T. Tillo, E. Magli, and G. Olmo. Progressive 3D coding of hyperspectral images based on JPEG 2000. IEEE Geoscience and Remote Sensing Letters, vol. 3, no. 1, pp. 125-129, Jan. 2006.

[18] D. S. Taubman and M. W. Marcellin. JPEG2000: Image Compression Fundamentals, Standards, and Practice. Kluwer, 2001.

[19] CCSDS – 122. 0 – B – 1 Blue Book, Image Data Compression, November 2005.

[20] B. Huang, A. Ahuja, H. –L. Huang, and M. D. Goldberg. Real–time DSP implementation of 3D wavelet reversible variable–length coding for hyperspectral sounder data compression. Proc. of IEEE IGARSS, 2006.

[21] J. Mielikainen. Lossless compression of hyperspectral images using lookup tables. IEEE Signal Processing Letters, vol. 13, no. 3, pp. 157-160, Mar. 2006.

[22] B. Huang and Y. Sriraja. Lossless compression of hyperspectral imagery via lookup tables with predictor selection. Proc. SPIE, vol. 6365, 2006.

[23] H. Wang, S. D. Babacan, and K. Sayood. Lossless hyperspectral–image compression using context–based conditional average. IEEE Transactions on Geoscience and Remote Sensing, vol. 45, no. 12, pp. 4187-4193, Dec. 2007.

[24] S. R. Tate. Band ordering in lossless compression of multispectral images. IEEE Transactions on Computers, vol. 46, no. 4, pp. 477-483, 1997.

[25] P. Toivanen, O. Kubasova, and J. Mielikainen. Correlation–based band–ordering heuristic for lossless compression of hyperspectral sounder data. IEEE Geoscience and Remote Sensing Letters, vol. 2, no. 1, pp. 50-54, Jan. 2005.

[26] J. Zhang and G. Liu. An efficient reordering prediction–based lossless compression algorithm for hyperspectral images. IEEE Geoscience and Remote Sensing Letters, vol. 4, no. 2, pp. 283-287, Apr. 2007.

[27] A. B. Kiely and M. A. Klimesh. Exploiting calibration–induced artifacts in lossless compression of hyperspectral imagery. IEEE Transactions on Geoscience and Remote Sensing, vol. 47, n. 8, pp. 2672-2678, Aug. 2009.

[28] S. W. Golomb. Run–length encodings. IEEE Transactions on Information Theory, vol. IT–12, no. 3, pp. 399-401, July 1966.

[29] M. J. Weinberger, G. Seroussi, and G. Sapiro. The LOCO–I lossless image compression algorithm: Principles and standardization into JPEG–LS. IEEE Transactions on Image Processing, vol. 9, no. 8, pp. 1309-1324, Aug. 2000.

[30] R. Vitulli. PRDC: an ASIC device for lossless data compression implementing the Rice algorithm. Proc. of IEEE IGARSS, 2006.

[31] M. Grangetto, E. Magli, and G. Olmo. Robust video transmission over error -prone channels via error correcting arithmetic codes. IEEE Communications Letters, vol. 7, no. 12, pp. 596-598, 2003.

[32] N. S. Jayant and P. Noll. Digital Coding of Waveforms. Prentice – Hall, 1984.

[33] J. Teuhola. A compression method for clustered bit – vectors. Information Processing Letters, vol. 7, pp. 308-311, Oct. 1978.

[34] M. J. Slyz and D. L. Neuhoff. Some simple parametric lossless image compressors. Proc. of IEEE ICIP, 2000, pp. 124-127.

[35] E. Magli. Multiband lossless compression of hyperspectral images. IEEE Transactions on Geoscience and Remote Sensing, vol. 47, no. 4, pp. 1168-1178, Apr. 2009.

[36] X. Wu and N. Memon. Context-based lossless interband compression - extending CALIC. IEEE Transactions on Image Processing, vol. 9, no. 6, pp. 994-1001, June 2000.

[37] Document ISO/IEC 15444-2, JPEG 2000 Part 2 - Extensions.

第 4 章　星载图像压缩无链表 SPIHT 的 FPGA 设计

4.1　引　言

空间任务是为了离开地球大气层以及在外太空运行。卫星成像载荷通常运行在存储转发机制下,被捕获的图像暂时存储在星上,然后传输到地面上。随着空间分辨率的增加,空间任务必须要处理大量的成像数据。而且越来越多的图像数据给有限的带宽和星载存储设备带来了巨大的压力。图像压缩技术为现代航天器中带宽和数据量的冲突提供了一个解决方法。因此,具备压缩能力正成为卫星载荷上图像处理单元一个非常重要的特征[1]。

一幅图像中存在着几种冗余,包括空间冗余、统计冗余和人类视觉冗余。基本上,除去这些冗余就可以实现压缩。一个典型的图像压缩系统结构包括空间去相关、其后的量化和熵编码。根据不同的去相关方法,压缩系统可划分为基于预测、基于离散余弦变换(Discrete Cosine Transform,DCT)、基于小波的系统。以基于预测的压缩方法包括脉冲差分编码调制(Differential Pulse-Code Modulation,DPCM)[2,3]、自适应 DPCM[4] 和 JPEG-LS[5]。基于 DCT 的压缩方法包括基于 JPEG 基本方法[6] 和专门设计的 DCT 压缩方法。

由于小波变换提供的多分辨率分析和高能量紧致性,将小波变换引入图像编码已经在图像压缩领域中引发了伟大的革命。自从 20 世纪 90 年代,许多基于小波变换的图像压缩方法就已经发展起来了,使得在高压缩比下获得令人满意的重建图像成为可能。在这些基于小波变换的图像压缩方法中,凭借高压缩性能和独一无二的特性,例如渐进传输,比特流的随机访问和感兴趣区域(Region-Of-Interest,ROI),嵌入式图像编码已成为主流方法。

典型的嵌入式图像编码方法包括由 Shapiro 提出的嵌入式零树小波变换(Embedded Zerotree Wavelet,EZW)算法[7],由 Said 和 Pearlman 提出的分层树的集划分(Set Partition In Hierarchical Tree,SPIHT)算法和由 Taubman 提出的最优截断的嵌入式块编码(Embedded Block Coding with Optimized Truncation,EBCOT)算法[9]。EBCOT 算法最终被 2000 年 12 月发布的 JPEG 2000[10] 图像编码国际标准(ISO/IECJTC1/SC29/WG1)采用。空间数据系统咨询委员会

CCSDS 成立了一个图像压缩小组,主要研究遥感图像的压缩。CCSDS 分别在 2005 年 11 月和 2007 年 10 月提出了一种新的图像数据的压缩标准[11]及其实现。这个标准是对 SPIHT 的改善并且具有较低的复杂度。

由于逐渐增多的数据量和有限的数据传输容量的冲突,许多国家都致力于遥感图像压缩方法和星载图像压缩系统的研究和实现。犹他州立大学提出了一种统计学上的无损图像压缩方法,该方法结合了矢量量化和无损压缩的优点,并且在 1989 年研制出了相应的 CMOS VLSI 芯片。在压缩 NASA"DE-1"卫星图像时,它能实时地以 100 ns/pixel、有损压缩比为 5∶1 处理图像信息[12-14]。在 1999 年发射的 IKONOS2[15]卫星上的图像压缩系统采用的是自适应 DPCM(ADPCM)方法,它达到了接近 4∶1 的有损压缩比。由法国发射的 SPOT2-SPOT4[16]采用了 DPCM 方法,在 2002 年发射的 SPOT5[17]使用了基于 DCT 的编码方法,其有损压缩比接近 3∶1。火星探测器"SPIRIT"和"OP-PORTUNITY"通常被称为"MER-A"[18]和"MER-B"[19],它们在 2004 年登陆火星,采用了由 JPL 提出的高效的 ICER[20]压缩方法,它是 EBOCT 的简化。这个系统在 168 kB/s 的比特率下有损压缩比高达 12∶1。这可以看作是星载压缩系统采用了这些图像压缩理论的结果,这些图像压缩理论从 DPCM、矢量量化和 JPEG 演进到了高效的基于小波的图像压缩方法。

在这一章中,首先简介几种典型的嵌入式图像编码方法。接下来详述了提出的有较低内存需求的无链表 SPIHT[8]算法和其 FPGA 实现。提出的方法已经成功地应用于中国的探月工程中。最后,比较相关的方法并得出结论。

4.2 SPIHT

嵌入式编码在量化后产生两种结果:零值和非零值。非零值,被称为显著值,决定了重建图像的质量。零值用来重建原始数据结构,显著值的位置信息就是通过其来决定的。"显著图"这个术语是用来描述量化系数的显著性。对实际符号的编码的真实代价如下:

总代价=显著图的代价+非零值的代价

假设一个确定的目标比特率,如果一个较低的比特率被用来创造显著图,那么更多比特能用来描述显著值,而且可以得到较高质量的重建图像。因此,需要一种简单有效的模型来编码显著图。

Shapiro[7]提出的嵌入式零树小波(Embedded Zerotree Wavelet,EZW)算法包含了一种称为零树的新数据结构的定义。零树基于如下假设,如果一个小波系数在粗尺度下对于一个给定的门限 T 是不显著的,那么在较细尺度下相同空间位置的相同方向的所有小波系数可能是不显著的。零树编码减少了采用这种内在相似性并减少了显著图的编码损失。

Said 和 Pearlman[8] 提出了一种新的、快速有效的图像编码方法，即 SPIHT。SPIHT 算法提供了一种新的集分割方式，比以前应用的 EZW 编码更加有效。

4.2.1　渐进图像传输

首先应该传输较大幅度的小波系数，因为它比较小系数具有更多的信息。图 4.1 展现了按幅度大小排序系数序列的二进制表示图。图 4.1 中的任一列 k 包含了与单独一个系数相关的比特，最上面一行的比特表示系数的符号。一行从下到上编号，最下面的比特具有最小的重要性。

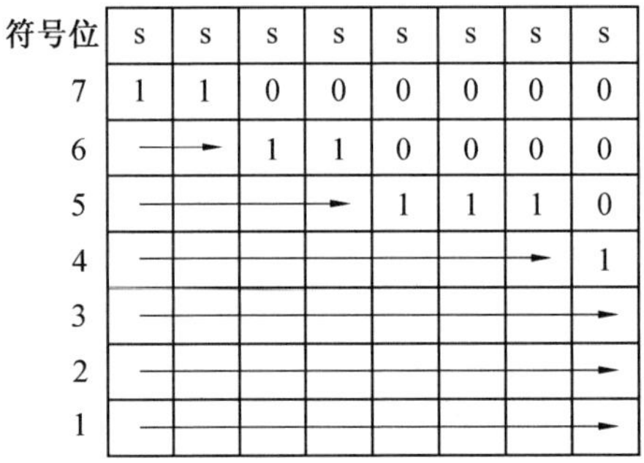

符号位	s	s	s	s	s	s	s	s
7	1	1	0	0	0	0	0	0
6		→	1	1	0	0	0	0
5			→	1	1	1	1	0
4					→			1
3								→
2								→
1								→

图 4.1　按幅度大小排序系数序列的二进制表示

按照这种方式，渐进传输系统能用两个思想描述：按幅度的大小排序系数，然后传输每一行最重要的比特，如图 4.1 中的箭头表示。

上面提到的渐进传输方法可以用下面的算法来实现。

① 初始化：输出 $n = \lfloor \log_2(\max_{(i,j)}\{|c_{i,j}|\}) \rfloor$ 到解码器。

② 分类过程：输出满足 $2^n \leqslant |c_{i,j}| \leqslant 2^{n+1}$ 条件的显著性系数的数目 m_n，然后是点坐标 $h(k)$ 和 m_n 个系数的符号。

③ 细化过程：输出所有满足 $c_{i,j} \geqslant 2^{n+1}$ 的系数的第 n 个最显著位（在上一步分类过程已经传送了其坐标）并且用同样的顺序传送这些坐标。

④ n 值减 1，然后转到第 ② 步。

该算法在达到希望的比特率或者失真时停止。

4.2.2　集分割排序算法

排序信息表示变换的图像中显著系数的空间位置并且用来恢复原始结

构。因此,排序算法的性能影响到整个编码算法过程的效率。

排序算法没有必要对所有的系数进行排序。事实上,所需的算法仅是在每个过程中 n 降序时选出那些满足 $2^n \leqslant |c_{i,j}| < 2^{n+1}$ 的系数。下式用来进行显著性测试:

$$S_n(\tau) = \begin{cases} 1 & (\max_{(i,j) \in \tau} \{|c_{(i,j)}|\} \geqslant 2^n) \\ 0 & (\text{其他}) \end{cases} \tag{4.1}$$

为了减少幅度比较(排序信息)的数量,定义了集分割的规则,即使用子带金字塔分级层次中预期的顺序。我们这样做的目的是为了创建新的分割,以使不显著子集包含多个元素,显著子集仅有一个元素。

树状结构,称为空间方向树,定义了金字塔分层体系中的空间关系。图 4.2 表明了在金字塔分层体系中空间方向树是如何定义的。树的每一个节点对应于一个像素,它的直接"子孙"对应于金字塔下一更细层相同空间方向的像素。空间树这样定义使每一个节点要么没有"子孙",要么总是一组 2×2 相邻像素的四个"子孙"。在图 4.2 中,箭头方向由母节点指向它的四个"子孙"。金字塔最高层的像素是空间树的根部,也是相邻像素点集合 2×2 的分组中。尽管这样,它们的"子孙"分支规则是不同的,在每一组里,它们中的任一个(图 4.2 中用星号标记)没有"子孙"。

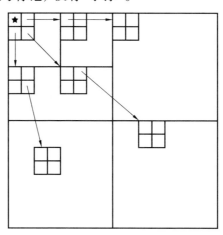

图 4.2　空间方向树中"父母"和"子孙"依赖关系的例子

在 SPIHT 编码算法中,如果一个集合测试为不显著,那么整个集合能用一个比特表示;这样,集分割表示就得以简化。因为空间树的内在相似性,集分割方法比 EZW 编码方法更加有效。

4.2.3 编码算法

下面的坐标集合和有序列表用来表示 SPIHT 编码方法。

①$O(i,j)$:节点(i,j)所有"儿女"的坐标集。

②$D(i,j)$:节点(i,j)所有"子孙"的坐标集。

③H:所有空间方向树根的坐标集(处于金字塔中最高层的节点)。

④$L(i,j) = D(i,j) - O(i,j)$。

⑤LIS:非显著集列表。LIS 中项如果代表集 $D(i,j)$ 就是 A 类型的,如果代表 $L(i,j)$ 就是 B 类型。

⑥LIP:非显著像素列表。

⑦LSP:显著像素列表。

(1)初始化

输出 $n = \lfloor \log_2(\max_{(i,j)}\{|c_{i,j}|\}) \rfloor$,令 LSP 为空列表,增添坐标$(i,j) \in H$ 到 LIP,并且仅增加那些有"子孙"的到 LIS 作为 A 类型项。

(2)排序过程

2.1. 对 LIP 中的每一项(i,j) 做如下操作:

  2.1.1. 输出 $S_n(i,j)$

  2.1.2. 若 $S_n(i,j) = 1$,将(i,j) 移到 LSP 中,输出 $c_{i,j}$ 的符号

2.2. 对 LIS 中的每一项做如下操作:

  2.2.1 若该项为 A 类,则

    ① 输出 $S_n(D(i,j))$

    ② 若 $S_n(D(i,j)) = 1$,则

      对每个$(k,l) \in O(i,j)$ 做如下操作:

      a. 输出 $S_n(k,l)$;

      b. 若 $S_n(k,l) = 1$,将(k,l) 加到 LSP 中,输出 $c_{k,l}$ 的符号;

      c. 若 $S_n(k,l) = 0$,把(k,l) 加到 LIP 最后面;

      d. 若 $L(k,l) \neq \varnothing$,将(i,j) 作为 B 类移到 LIS 的最后,然后到 2.2.2 步,否则将该项(i,j) 从 LIS 中移除。

  2.2.2 若该项是 B 类,则

    ① 输出 $S_n(L(i,j))$;

    ② 若 $S_n(L(i,j)) = 1$,则

      a. 将所有$(k,l) \in O(i,j)$ 作为 A 类项加在 LIS 结尾;

      b. 从 LIS 中移出(i,j)。

（3）细化过程

除了那些包含在最近一次排序过程（即同样的 n）中的项，对 LSP 中的每一项 (i,j)，输出 $|c_{i,j}|$ 的第 n 个最高显著位；

（4）量化步长更新

n 减 1，然后转到第（2）步。

4.3　无链表 SPIHT 及 FPGA 实现

正如上文阐述，SPIHT[22-24] 是用来对小波变换后的图像进行编码的非常简单且有效的方法。然而，SPIHT 需要三个链表来存储零树结构和显著信息。由于维持着三个链表需要大量的存储空间，所以这对硬件实现来说是一个很大的缺点。例如，对一幅 512×512 的灰色图像，链表中每一个项需要18 bit的存储空间来放置它的行坐标和列坐标。如果一幅图像的链表中项总数大约是系数总数的两倍，那么总共要求的存储空间是 18(bit)×512(pixel)×512(行)×2/8 bit/1K/1K = 1.125 MB，如果比特率提高，所需求的存储空间将会增加。大存储空间的要求意味着 SPIHT 对于 VLSI 实现来说不是一个经济有效的压缩算法。

为此，研究人员设计出了无链表 SPIHT 算法以降低对存储空间的要求。Lin 和 Burgess 提出了一种称为 LZC[21] 的零树编码算法，这种算法在编码和解码过程中不需要链表。基于 LZC 算法，本章提出了一种改进的无链表 SPIHT 算法及其 FPGA 实现结构。

4.3.1　LZC

LZC 算法[21] 的零树关系如图 4.3（a）所示。与 SPIHT 零树关系不同的是，LL 子带中任一系数在 LH，HL 和 HH 这些高频带上都有一个"子女"。高频子带中的任一系数在下一更细变换层的相同空间位置有四个"子女"。利用 LZC 的这种树关系，图像能被小波变换为若干不同的层，保留 LL 子带系数将能够保持较好的编码结果。因此，LZC 是一种比 SPIHT 更好的算法，具有较少的二小波变换层。而且，就树关系来说，LZC 也比 SPIHT 优越，这是因为LZC 不要求 LL 子带尺寸为偶数，而 SPIHT 要求 LL 子带尺寸是偶数。

用来描述 C 和 D 显著性的图分别称为 F_C 图和 F_D 图，如图 4.3（b）所示。F_C 图的大小和原图一样，然而 F_D 图仅为图像大小的 1/4，因为在层 1 中的系数没有任何的"子孙"。因此，对于 512×512 的灰度图像，对于所有的比特率，

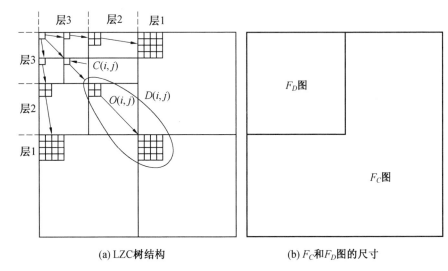

(a) LZC 树结构   (b) F_C 和 F_D 图的尺寸

图 4.3   LZC 算法的零树关系

需要用来存储零树结构的总存储量仅有 $512 \times 512(F_C) + 256 \times 256(F_D)/8$ bit/ 1 K = 40 K。相比于需要 1.125 MB 存储空间的 SPIHT 而言,LZC 要求的存储需求极大地减少了。

4.3.2   提出的无链表 SPIHT

为了改善压缩效果并且进一步降低存储要求,提出了一种无链表 SPIHT (L-SPIHT)编码方法。在 L-SPIHT 方法中,从根系数开始的每一个独立的空间方向树,从整个小波变换的图像中提取出来并且独立地进行编码,以减少存储需求。而且,L 集分割添加到 LZC 中可以更加高效地表示显著图并且更高效地利用不同尺度间的相关性。通过这种方式,L-SPIHT 方法能以较低的存储需求取得和 SPIHT 方法相媲美的性能。

如图 4.4 所示,F_L 图的大小只有空间方向树大小的 1/16,而且,空间方向树的大小由小波变换的层数决定。以 4 层小波变换为例,对一幅 512×512 的图像,总共存储零树结构仅需 $16 \times 16(F_C) + 8 \times 8(F_D) + 4 \times 4(F_L)/8$ bit/1K = 42 B。

三种在 L-SPIHT 零树中使用的符号:

①$C(i,j)$:坐标 (i,j) 位置的小波系数;

②$p(i,j)$:$C(i,j)$ 的父节点;

③$O(i,j)$:$C(i,j)$"子女"系数的集合;

④$D(i,j)$:$C(i,j)$"子孙"的系数集合,也就是 $C(i,j)$ 的所有"子孙";

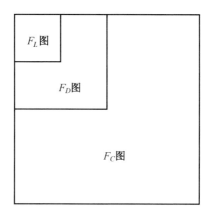

图 4.4 L–SPIHT 中 F_L, F_D, F_C 图大小

⑤$L(i,j) = D(i,j) - O(i,j)$;

⑥$F_C(i,j)$:集合 $C(i,j)$ 系数的显著图;

⑦$F_D(i,j)$:集合 $D(i,j)$ 的显著图;

⑧$F_L(i,j)$:集合 $L(i,j)$ 的显著图;

⑨$R(i,j)$:在 LL 子带中根系数的集合。

详细的 L – SPIHT 算法描述如下:

（1）初始化

输出 $n = \lfloor \log_2(\max_{(i,j)}\{|c_{i,j}|\}) \rfloor$,并令 F_C, F_D 和 F_L 图置零;

（2）LL 子带编码

对每个 $(i,j) \in R(i,j)$ 做如下操作:

- 若 $F_C(i,j) = 0$,则:
  - 输出 $S_n(C(i,j))$;
  - 若 $S_n(C(i,j)) = 1$,输出 $C(i,j)$ 的符号并将 $F_C(i,j)$ 置为 1;
- 若 $F_C(i,j) = 1$,输出 $C(i,j)$ 的第 n 个最显著位;
- 若 $F_D(i,j) = 0$,则
  - 输出 $S_n(D(i,j))$;
  - 若 $S_n(D(i,j)) = 1$,将 $F_D(i,j)$ 置为 1;
- 若 $F_L(i,j) = 0$ 且 $F_D(i,j) = 1$,则:
  - 输出 $S_n(L(i,j))$;
  - 如果 $S_n(L(i,j)) = 1$,将 $F_L(i,j)$ 置为 1;

（3）高频子带编码

对高频子带中的每个 (i,j):

- 若 $F_D(P(i,j)) = 1$,则
  - 若 $F_C(i,j) = 0$,则
    - 输出 $S_n(C(i,j))$;
    - 若 $S_n(C(i,j)) = 1$,输出 $C(i,j)$ 的符号并将 $F_C(i,j)$ 置为 1;
  - 若 $F_C(i,j) = 1$,则输出 $C(i,j)$ 的第 n 个最显著位;
- 若 $F_L(P(i,j)) = 1$,则
  - 若 $F_D(i,j) = 0$,则
    - 输出 $S_n(D(i,j))$;
    - 若 $S_n(D(i,j)) = 1$,则将 $F_D(i,j)$ 置为 1;
  - 若 $F_L(i,j) = 0$ 且 $F_D(i,j) = 1$,则
    - 输出 $S_n(L(i,j))$;
    - 若 $S_n(L(i,j)) = 1$,将 $F_L(i,j)$ 置为 1;

(4)量化步长更新

n 减 1,然后返回第(2)步。

4.3.3　性能分析

利用 AVIRIS 高光谱图像和可见光遥感图像对提出方法的性能进行了测试。AVIRS 是喷气推动实验室所使用的仪器,可采集从可见光到近红外(400~2 500 nm)的 224 个连续谱带(测试的图像在网站 http://aviris.jpl.nasa.gov 可以获得)。光谱分量用 12 bit 精度采样;经过辐射校正,数据以 16 bit的有符号整数的形式存储。一幅高光谱图像的分辨率是 512 行×614 列×224 谱带,用来测试的高光谱图像如图 4.5(a)、4.5(b)、4.5(c)、4.5(d)所示。出于方便的目的,我们将每一个谱带都剪切为 512×512。可见光遥感图像如图 4.5(e)、4.5(f)所示,是 1 024×1 024 大小的。图像数据以 8 bit 无符号的整数存储。

1. RD 性能比较

表 4.1 给出了与 SPIHT 的 RD 性能比较。在低比特率条件下,L-SPIHT 方法的峰值信噪比比 SPIHT 算法大约要低 0.5 dB,在高比特率条件下,信噪比要低约 1 dB。实际上,尽管在高比特率下 PSNR 差异要大一些,但是 MSE 差别不大。

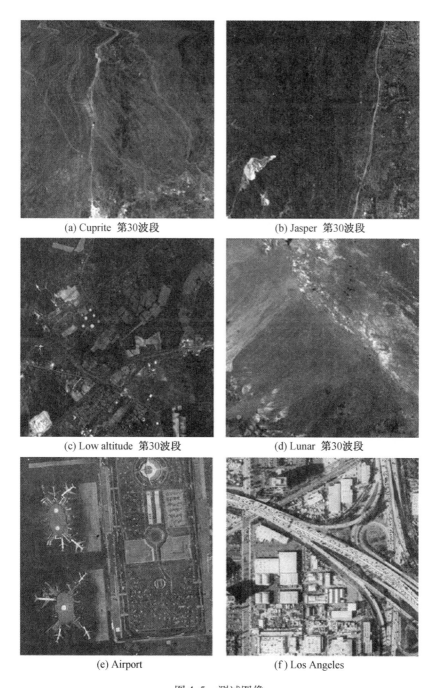

(a) Cuprite 第30波段

(b) Jasper 第30波段

(c) Low altitude 第30波段

(d) Lunar 第30波段

(e) Airport

(f) Los Angeles

图 4.5 测试图像

表 4.1　与 SPIHT 的 RD 性能比较

图像	压缩比	16	8	6	4	2
Cuprite	L-SPIHT/dB	71.068 84	75.876 16	79.110 98	86.436 92	122.386 1
	SPIHT/dB	71.439 6	76.315 45	79.700 18	87.279 64	123.724 2
Jasper	L-SPIHT/dB	66.749 82	71.925 4	75.401 52	82.655 13	128.021 9
	SPIHT/dB	66.203 26	72.455 4	75.915 09	83.512 81	130.266 2
Low altitude	L-SPIHT/dB	66.028 48	71.203 79	74.709 6	81.861 74	115.625 7
	SPIHT/dB	66.344 6	71.669 42	75.190 85	82.608 53	116.543
Lunar	L-SPIHT/dB	71.574 42	76.747 54	79.966 25	86.942 1	123.818 3
	SPIHT/dB	71.859 82	77.167 01	80.528 04	87.850 67	125.716 3
Airport	L-SPIHT/dB	29.55	32.46	33.64	37.03	46.29
	SPIHT/dB	29.83	32.57	34.01	37.09	47.59
Los Angeles	L-SPIHT/dB	31.97	36.05	38.66	41.56	51.06
	SPIHT/dB	32.42	36.57	38.7	42.3	52.14

2. 无损压缩性能比较

将 L-SPIHT 的无损压缩性能也与 SPIHT 进行了比较。在表 4.2 中列出了取得的无损压缩比。显然，提出的 L-SPIHT 算法的无损压缩比与 SPIHT 很接近。

表 4.2　和 SPIHT 的无损压缩比比较

算法	Cuprite	Jasper	Low-altitude	Lunar	Airport	Los Angeles
SPIHT	2.224	2.049	2.007	2.257	1.399	1.635
L-SPIHT	2.222	2.047	2.006	2.255	1.397	1.634

3. 存储预算比较

尽管 L-SPIHT 的 PSNR 要稍低于 SPIHT，但是其所需求的存储空间要比 SPIHT 小得多，这是因为用三个比特图代替了三个链表并且每一个从根系数开始的空间方向树是独立编码的。对星载压缩来说，以轻微 PSNR 损失的代价来降低存储需求是可以接受的。每种算法用来存储一幅 512×512 图像显著图，存储预算见表 4.3。显而易见，L-SPIHT 所需求的存储空间比 SPIHT 或 LZC 要少得多，因此，L-SPIHT 优先用于星载压缩。

表 4.3　存储一个位平面显著图的存储预算

算法	存储预算
SPIHT	1.125 MB
LZC	40 KB
L-SPIHT	42 bytes

4.3.4　FPGA 实现

L-SPIHT 算法的硬件实现结构如图 4.6 所示,它包含四个部分:小波变换,单方向树提取,位平面编码,码流组织。首先,将输入的原始图像进行小波编码,再对获得的小波系数按照方向树结构进行重排。然后按照前文提到的位平面编码从位平面最显著位到最不显著位进行编码操作。最后,对每一个位平面的比特流进行分解和重新组织。

图 4.6　L-SPIHT 算法的硬件实现结构

1. 基于行的小波变换结构

基于行的小波变换[24]结构不仅能同时处理行和列数据,而且也能同时对不同的层进行处理。这种方法能完全满足实时数据处理的要求。我们以 9/7 浮点小波为例来分析提出的高速并行硬件实现结构。

图 4.7 显示了一行(或一列)数据的 9/7 浮点小波变换,行 s0(或 d0)包含一维输入,行 d1 和 s1 表示四个提升步骤,行 d 和行 s 包含这个一维小波变换最终的高频和低频系数输出。

由图 4.7 可看出,在一行的小波变换中,一旦进入第三个数据点,第一个提升步骤就能够执行了,当进入到第五个数据点,在第四个提升步骤后就可以获得最终的变换系数。这意味着一旦第一个三行数据变换完成,就能够进行第一个列变换提升步骤。当五行数据变换完成时,就能进行第一行数据第一层的行列变换。这样就能获得第一行的系数并能送到第二层小波变换模块。这样,小波变换的第三层和第四层就能同时开始工作了,这也意味着,多层的小波变换将能够和输入原始图像的过程并行进行而不需要占用额外的处理时间。这样,就能确保图像数据实时高速的小波变换。图 4.8 显示了小波变换系统的硬件结构。

如图 4.8 所示,小波变换可以行、列、层并行处理,并且每一列变换需要五

行0/列　行1/列　行2/列　行3/列　行4/列　行5/列　行6/列　行7/列　行8/列　行9/列

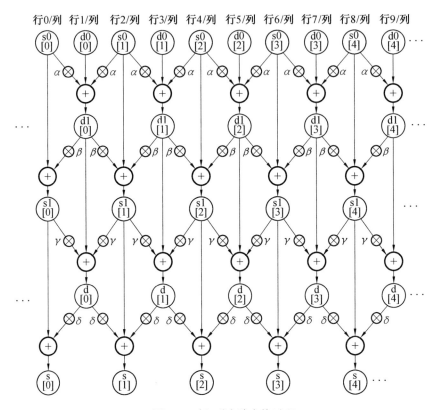

图 4.7　行/列小波变换过程

行或者六行的行宽度大小的缓存,通常用来缓存行变换所产生的中间结果。可以预计 LL 子带将传送到小波变换的下一层,其他的三个子带将传送到外部的存储空间。

2. L-SPIHT 位平面并行 VISI 架构

在位平面编码之前,每一个从 LL 子带中根系数开始的独立空间方向树按照深度优先搜索顺序[23]从完整的小波变换后的图像中抽取出来。

因为在编码当前位平面之前,必须要知道每一个被编码的位平面里的小波系数的显著性状态,所以在 L-SPIHT 编码中需要实现一种位平面并行处理算法。图 4.9 是其实现的硬件结构,图中使用了一种有两个外部 SRAM(静态存储器)模块的 PFGA。

每一个位平面的显著性扫描过程的框图和其量化编码的内部原理如图 4.10 所示。

位平面编码器包括一个显著性扫描模块和一个量化编码模块。前者是整

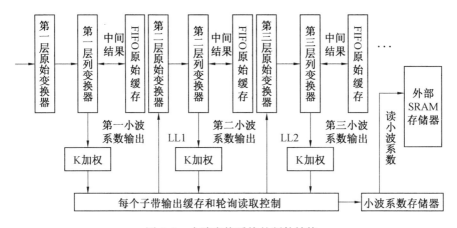

图 4.8 小波变换系统的硬件结构

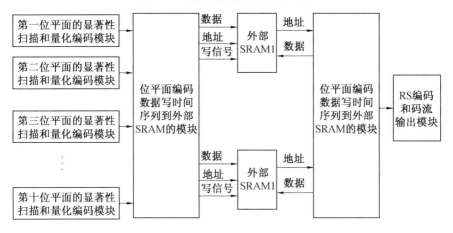

图 4.9 量化编码单元硬件实现的框图

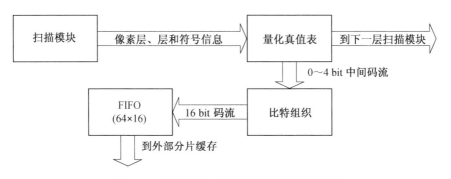

图 4.10 每个位平面显著性扫描过程的框图

个编码器的核心部分,负责从空间方向树中获得三个有符号位图 F_C,F_D 和 F_L 以及它们之间的"父子"关系。后者通过真值表搜索的方法从可用的显著性信息中形成最终的码流。

3. 硬件实现

L-SPIHT 的系统框图如图 4.11 所示。在图像压缩系统中,在 FPGA 中运行 SPIHT 的核心编码算法,外部的 SRAM1 和 SRAM2 交替缓存 DWT 系数,外部的 SRAM3 和 SRAM4 交替缓存码流。码流从位平面编码结果中产生。输入信号包括图像数据、时钟信号、帧和行同步信号,输出的信号包含时钟信号、数据同步信号和码流。L-SPIHT 的 FPGA 验证系统如图 4.12 所示。

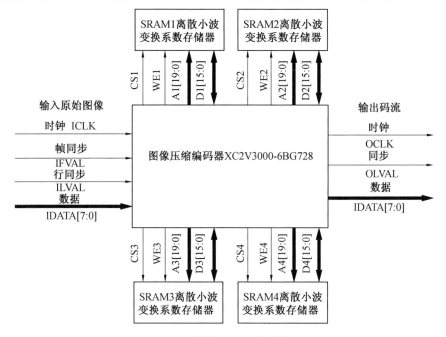

图 4.11　无链表 SPIHT 的系统框图

(1)小波变换硬件实现的仿真结果

利用 VHDL 在 FPGA(XC2V3000-6BG728)上实现小波变换。FPGA 中的块存储器(BRAM)用于存储和输出组织小波系数。支持输入图像的分辨率是 1 024×1 024,支持四层 9/7 浮点小波变换的高速运行。表 4.4 给出了小波变换硬件实现的仿真结果。

图 4.12 L-SPIHT 的 FPGA 验证系统

表 4.4 小波变换硬件实现的仿真结果

目标设备	XILINX XC2V3000-6BG728
编程语言	VHDL
综合工具	Synplify Pro
逻辑单元/片	6 249
BRAM	70
系统时钟	75. 236 MHz

（2）空间方向树提取和位平面编码硬件实现的仿真结果

使用 VHDL 在 FPGA（XC2V3000-6BG728）上实现了 L-SPIHT 硬件编码器的设计。支持的图像输入分辨率是 1 024×1 024，并使用四层 9/7 浮点小波变换。小波系数重建为分层树。最大为 13 的位平面能够在提出的硬件中并行编码。表 4.5 给出了 FPGA 硬件实现的仿真结果。

表 4.5 FPGA 硬件实现的仿真结果

目标设备	XILINX XC2V3000-6BG728
编程语言	VHDL
综合工具	Synplify Pro
逻辑单元/片	3 326
BRAM	13
系统时钟	80. 711 MHz

（3）总压缩系统硬件实现的仿真结果

使用 VHDL 的图像压缩编码系统已经在目标设备 XILINX（XC2V3000-6BG728）上实现了。支持的输入图像分辨率是 8 位，系统的吞吐率是 560 Mbit/s。图像压缩编码系统使用综合工具 Synplify Pro，并用了 10 181 个逻辑单元和 83 块 RAM，取得了高达 560 Mbit/s 的数据吞吐率。表 4.6 给出了压缩系统硬件实现的总体仿真结果。

表 4.6　压缩系统硬件实现的总体仿真结果

目标设备	XILINX XC2V3000-6BG728
编程语言	VHDL
综合工具	Synplify Pro
逻辑单元/片	10 181
BRAM	83
支持的图像像素精度	8 bits
数据吞吐率	560 Mbps
功耗	1.5 W

4.4　结　　论

在这一章里，首先简介了几种典型的嵌入式图像编码方法，接下来详细地阐述了提出的无链表 SPIHT 及其 FPGA 实现。

在提出的无链表 SPIHT 算法中，三个位图 F_C，F_D 和 F_L 代替三个链表以表示显著性集，极大地降低了存储的需求。而且，从每个根系数开始的彼此独立的空间方向树从整个的小波变换后的图像中提取出来并且独立编码来进一步降低对存储的需求。

至于硬件实现，提出了一种基于行的实时小波变换结构来同时进行水平和垂直的滤波。这种结构可以在输入图像数据的同时，并行完成二维小波变换。然后提出了无链表 SPIHT 的位平面并行 VISI 结构，可以同时得到每个位平面的编码信息。这些构造确保了无链表 SPIHT 图像压缩系统的实时实现。

实验结果表明，无链表 SPIHT 算法与原始的 SPIHT 算法相比，需要相对较小的存储空间并且只是 PSNR 稍低。提出的无链表 SPIHT 的 FPGA 显现能够实时压缩图像并且非常适合星载应用，已经成功地应用于中国的探月工程。

参 考 文 献

[1] Yu, G. , Vladimirova, T. , Sweeting, M. (2009). Image compression systems on board satellites. Acta Astronautica 64: 988-1005.

[2] Jayant, N. S. , Noll, P. (1984). Digital Coding of Waveforms: Principles and Applications to Speech and Video. Prentice-Hall, Englewood Cliffs NJ.

[3] Rabbani, M. , Jones, P. W. (1991). Digital Image Compression Techniques. SPIE Press, Bellingham WA.

[4] Brower, B. V. , Couwenhoven, D. , Gandhi, B. , Smith, C. (1993). ADPCM for advanced LANDSAT downlink applications. Conference Record of the 27th Asilomar Conference on Signals, System, and Computers, vol. 2, November 1-3, 1993: 1338-1341.

[5] Weinberger, M. J. , Seroussi, G. , Sapiro, G. (2000). The LOCO-I lossless image compression algorithm: principles and standardization into JPEG-LS. IEEE Transactions on Image Processing 9(8): 1309-1324.

[6] Pennebaker, W. B. , Mitchell, J. L. (1993). JPEG Still Image Data Compression Standard. Chapman & Hall, New York.

[7] Shapiro, J. M. (1993). Embedded image coding using zero trees of wavelet coefficients. IEEE Trans. on Signal Processing 41(12): 3445-3462.

[8] Said, A. , Pearlman, W. A. (1996). A new, fast, and efficient image codec based on set partitioning in hierarchical trees. IEEE Trans. on Circuits and Systems for Video Technology 6(3): 243-250.

[9] Taubman, D. (2000). High-performance scalable image compression with EBCOT. IEEE Trans. on Image Processing 9(7): 1158-1170.

[10] Information Technology—JPEG2000 Image Coding System—Part 1: Core Coding System. ISO/IEC 15444-1, 2000.

[11] CCSDS 120. 1-G-1, Image Data Compression. CCSDS Recommendation for Space Data System Standards, June 2007.

[12] Kremic, T. , Anderson, D. J. , Dankanich, J. W. (2008). NASA's in-space propulsion technology project overview and mission applicability. IEEE Conference on Aerospace, Big Sky, Montana, March 1-8: 1-10.

[13] Shapiro, A. A. (2005). An ultra-reliability project for NASA. IEEE Conference on Aerospace Big Sky, Montana, March 5-12: 99-110 .

［14］ NASA's footprints in space for 50 years. International Aviation（12），2008.

［15］ http://www. satimagingcrop. com/satellite-sensors/ikonos. html.

［16］ Baraldi, A. , Durieux, L. , Simonetti, D. , Conchedda, G. , Holecz, F. , Blonda, P. （2010）. Automatic spectral rule-based preliminary classification of radiometrically calibrated SPOT - 4/- 5/IRS, AVHRR/MSG, AATSR, IKONOS/QuickBird/OrbView/GeoEye, and DMC/SPOT - 1/- 2 imagery—Part II: classification accuracy assessment. IEEE Transactions on Geoscience and Remote Sensing,48（3）:1326-1354 .

［17］ http://www. satimagingcrop. com/satellite-sensors/spot-5. html.

［18］ Steltzner, A. , Kipp, D. , Chen, A. , Burkhart, D. ,Guernsey, C. , Mendeck, G. , Mitcheltree, R. , Powell, R. , Rivellini, T. , San Martin, M. , Way, D. （2006）. Mars Science Laboratory entry, descent, and landing system. IEEE Conference on Aerospace, Big Sky,Montana, March 3-10:1-19.

［19］ Hurd, W. J. , Estabrook, P. , Racho, C. S. , Satorius, E. H. （2002）. Critical spacecraft-to-Earth communications for Mars Exploration Rover （MER） entry, descent, and landing. IEEE Aerospace Conference Proceedings, vol. 3: 1283-1292.

［20］ Kiely, A. , Klimesh, M. （2003）. The ICER Progressive Wavelet Image Compressor. IPN Progress Report 42-155, November 15, 2003.

［21］ Lin, W. K. , Burgess, N. （1999）. Low memory color image zero-tree coding. Proceedings, Information, Decision, and Control （IDC 99） Conference,Adelaide, SA , Australia: 91-95.

［22］ Chen, J. , Li, Y. , Wu, C. （2001）. A listless minimum zero-tree coding algorithm for wavelet image compression. Chinese Journal of Electronics 10 （2）: 200-203.

［23］ Liu, K. , Wu, C. , Li, Y. , et al. （2004）. Bit-plane-parallel VLSI architecture for a modified SPIHT algorithm using depth-first search bit stream processing （in Chinese）. Journal of Xidian University 31（5）: 753-756.

［24］ Liu, K. , Wang, K. , Li, Y. , Wu, C. （2007）. A novel VLSI architecture for real-time line-based wavelet transform using lifting scheme. Journal of Computer Science and Technology 22（5）:661-672.

第5章 适应异常值的熵编码

摘要 很多数据压缩系统的最后阶段依赖于熵编码器,其对大概率符号生成短码字。图像、多光谱或高光谱只是这样的例子,而航天任务概念涉及许多其他领域。在一些情况下,尤其是当可用的星载处理能力非常有限时,一个具有非常简单预处理阶段的通用数据压缩系统是能够满足需要的。CCSDS在20世纪90年代初对无损数据压缩提出了建议,鉴于低计算代价和可接受的压缩比,迄今为止其已经被成功运用到多次任务。尽管如此,当出现大量的由噪声、瞬发粒子事件或数据和预处理阶段中异常所引起的数据异常时,建议中简单的熵编码器不能最佳地运行。这里,将讨论异常值对数据压缩率的影响,并且提出对该问题的有效解决方法。这些解决方法不仅可为CCSDS建议提供选择,还可以被用作更复杂系统的熵编码,例如图像或光谱压缩。

5.1 引　言

卫星负载的数据压缩系统在多方面有着严格的限制。首先,数据块应该很小,以避免当传输错误出现时大量数据丢失[1,2]。也就是说,数据应该在独立的小数据块中压缩,这与大多数自适应数据压缩系统只有当处理大量数据才能最佳运行的事实相矛盾[3]。其次,软件实现的处理能力(或在硬件实现情况下的电功率)在空间中被极大地限制。因此,压缩算法应该越简单越快越好。最后,随着新任务的构想和发射,需要的压缩比变得更大。当所有的这些限制结合无损压缩的需要时,设计这样一个数据压缩系统成为一个真正的挑战。

CCSDS提出了一个通用压缩解决方案[4,5],其基于两阶段方式(另一种典型的方法)。首先,一个简单的预处理阶段通过应用可逆方式(通常实现为一个数据预测器接着一个差分器)改变数据统计特征。其次,一个基于熵编码器的编码阶段,为每个在第一阶段计算出的符号输出可变数目的比特。然而建议中并没有包括具体的预处理方法,编码阶段主要是基于Rice-Golomb编码[6,7],其容易计算,因此能够快速实现,尤其是在硬件方面。这个CCSDS建议(代号121.0)用8或16样本的块进行操作,确定了为它们使用最好的Rice编码。总结一下,是快速算法产生好的压缩比,而且最重要的是,它快速适应了被压缩数据的统计变化。由此,这个建议被广泛地应用于科学有效载荷[8],并且由于其灵活性和速度,它仍然对空间任务通用数据压缩具有参考价值。尽管提高其性能的新技术已经出现,但是它们大部分集中于某类具体的数据,例如图像[9]或多/高光谱。然而,意识到这些新方法需要更多的计算资源是很重要的,而且本章最为重要的是,它们也需要最后阶段的熵编码。

CCSDS 121.0 建议不能免除问题。特别是,Rice 编码虽然对有几何概率分布的数据提供很好的压缩比,但是任何偏差将会降低压缩效率。对该问题的一个解决办法是使用不同种类的 Golomb 或前缀编码(对高值较平滑的增长),但是在与 CCSDS 121.0 相同的框架和自适应阶段内[10]。然而,另外一个解决办法是开发一套新编码,例如预测误差编码器(PEC)[11,12]。它是半自适应熵编码器,能从给定预配置的码字中为每个输入值选择最合适的。这个编码器也要求一个新的自适应阶段,其导致了全自适应 PEC,它能够对给定数据块自动确定近最优的编码集。

在本章中,首先讨论 Rice 编码器和 CCSDS 121.0 无损压缩标准的限制,这在 5.2 节完成,而 5.3 节给出了适应异常值熵编码的概念,描述了一些 Rice 编码和新 PEC 编码器启发的例子。5.4 节描述了分析这些编码的一些方法,包括用于产生代表性测试数据的模型和说明性的结果。这些编码的自适应编码阶段导致了近最优和自动数据压缩,将在 5.5 节中描述。最后,5.6 节展现一些结果,这些结果可以用之前提到的合成实验来得到,这样在可控环境下测试熵编码器。同时,也介绍了来源于许多仪器的数据集,用于用真实数据评估压缩器,并且也给出了一些之前提到方法的结果。本章结尾是简要的总结和一些从发展和测试中得到的结论。

5.2 Rice 和空间数据咨询委员会(CCSDS 121.0)的限制

Rice 编码对符合离散拉普拉斯(或双边几何)概率分布的数据是最优的[13],这样的数据预计在 CCSDS 121.0 预处理阶段[4]或任何合适的预处理阶段后产生。然而,这是假定预测器是正确操作的,当噪声样本和异常值改变预期分布的时候,这不能认为是理所当然的。对空间环境来说这尤其正确,瞬时粒子(例如宇宙射线、太阳质子)将影响星载仪器。任何预期数据统计特性的偏离会导致压缩比显著降低。

众所周知,Rice-Golomb 编码器基于 k 参数,必须仔细地选择以获得对给定数据集预期的压缩比。表 5.1 举例说明了一些小数值和低 k 配置的 Rice 编码。尽管低 k 值对小数值将导致最短的码,但是 k 最低值将导致输出码的长度快速增加。如果我们静态地用 Rice 编码(也就是利用仿真手工地校正 k 值),将出现不能接受的风险。也就是说,如下的情况可能发生:我们要编码一个数据集,这个数组集我们预计是小数值,然后我们选择低的 k,例如 1。然而用这种配置,当收到一个单独的大数值例如 20 000,将导致大约 10 000 bit 的输出编码。幸运的是,CCSDS 提出的自适应层自动为每个给定的数据块选择最佳配置。其使用从 1 到 13 的 k 值来确定编码块的总长度,然后选择产生最短总长度的 k 值。注意 $k=0$ 不被考虑,因为它与已经包括在 CCSDS 121.0 的基本序列选择同时发生。这个自动校正明显减小了数据中异常值的影响,即使数据统计特性快速改变的情况下也可以得到可以接受的压缩比。尽管如此,这种方法的代价是当异常值被发现的时候增加 k 值。例如,在都是小数值(甚至是 0)的数据块中,单个的大数值会使 CCSDS 121.0 选择了一个大的 k 值,这样将导致很小的压缩比。我们的目标是减少这种异常值的影响,即使是在一个数据块中,尽可能选择小的 k 值,用这种方法增加压缩比。

表 5.1　一些 Rice 和子指数码以及它们之间比特长度的差异

n	$k=0$			$k=1$		
	Rice	Subexp	Diff.	Rice	Subexp	Diff.
0	0|	0|	0	0|0	0|0	0
1	10|	10|	0	0|1	0|1	0
2	110|	110|0	+1	10|0	10|0	0
3	1110|	110|1	0	10|1	10|1	0
4	11110|	1110|00	+1	110|0	110|00	+1
5	111110|	1110|01	0	110|1	110|01	+1
6	1111110|	1110|10	−1	1110|0	110|10	0
7	11111110|	1110|11	−2	1110|1	110|11	0
8	111111110|	11110|000	−1	11110|0	1110|000	+1
9	1111111110|	11110|001	−2	11110|1	1110|001	+1
10	11111111110|	11110|010	−3	111110|0	1110|010	0
…	…			…		
31	1…(x31)…10|	111110|1111	−22	1…(x15)…10|1	11110|1111	−8

5.3　适应异常值码

通过熵编码的数据压缩基本上对最常出现的符号分配很短的码,同时对不常出现的符号产生长的码。如果不仔细地设计编码,不常出现的符号将导致特别长的码,从而影响了整体压缩比。这里,定义适应异常值熵编码为仔细设计的熵编码器,使低频率符号产生相对短的码,通常只是原来符号两倍大小的数量级或更少。

这里提出的编码的目的是能够适应数据异常值。强调这点很重要,因为这里我们不涉及误码容错或数据完整性。我们把异常值适应性作为取得高压缩效率的一种能力,尽管数据块中有大量的异常值,也就是,压缩的数据没有严格地服从预期的概率分布。同时,也应该强调的是,这里给出的进展需要适当的预处理阶段。这对数据压缩很关键,因为设计得好的预处理算法可以提升最终的压缩比,然而第二阶段为在第一阶段输出的熵级别所限制。除此之外,如果第二阶段受在预处理数据中异常值的影响很大,压缩比将受更大的限制。本章正是要将这个影响最小化。.

这里提出的编码器可以被用作精巧的数据压缩系统的编码阶段,例如那些被用在成像或高光谱中的。值得注意的是这些编码器特别适用于需要高压缩比而可用的处理资源很少的时候,这正是卫星数据压缩常见的情况。其他的熵编码器,例如自适应霍夫曼[14]或算数编码[15]能够提供更好的结果,但是代价是更多的处理资源。自适应霍夫曼甚至可能不适用,因为它为了获得最佳的结果要求大码块长度。最后,在整章中假设无损的操作,这是在熵编码器中最常见的前提。尽管熵编码器能够修改以在近无损模式下操作,例如从输入数据中忽略最不重要的比特,但有损压缩通常在预处理阶段实现。

5.3.1　子指数码

当噪声或异常值发生时,CCSDS 121.0 性能急剧下降的主要原因是 Rice 编码不是为噪声数据设计的。这个限制是由于对大的输入数值 Rice 编码的长度增长得过快,尤其是当指定 k 参数为小数值的时候。另一方面,在异常值的情况下,有一些 Golomb 编码的长度增长得很慢。一个例子是 Golomb 指数编码[16],对大的数值它提供了比 Rice 编码更短的长度。然而,由 Rice 编码提供的小数据值的平稳编码增长不存在了。对合成数据的仿真表明,编码大数值时获得的压缩增益不能补偿压缩小数值时的损失(引入不良影响产生的压缩比)。

子指数码是在渐进 FELICS 编码器中使用的一种前缀编码[3,17]。与 Golomb 码相似,子指数编码器取决于参数 k 配置,$k \geqslant 0$。事实上,子指数编码与 Rice 和指数 Golomb 码都相关。该编码器的设计应该提供更平滑增长的代码长度,以及从固有的 CCSDS121.0 策略(零块,二次扩展或基本序列)更平滑地过渡到前缀编码策略。尤其对小的离差,从这些策略移到子指数编码不意味着在输出编码长度方面显著增长,因此,我们避免了指数 Golomb 编码器在这个方面不好的性能。

本质上,子指数编码是 Rice 和指数 Golomb 编码的联合。这两个编码策略的使用取决于被编码的值和 k 值。当 $n < 2^{k+1}$ 时,编码长度的增长与 n 呈线性关系,而对于 $n \geqslant 2k+1$,编码长度呈对数增长。第一个线性部分与 Rice 编码策略类似,并且保持对小数值数缓慢的编码增长,第二部分与指数 Golomb 编码类似。表 5.1 给出了对一些 n 和 k 值的子指数码。这两种不同的编码策略相结合提供了 Rice 和指数 Golomb 编码的优势。尤其是,这个策略能够对小的输入值获得与 Rice 类似的编码长度,另外,在异常值或大值出现的情况下,由于在第二阶段的指数步骤,编码长度短于 Rice 编码的长度。这也在表 5.1 中展现,它包括 Rice 和子指数码长度的不同。当这第二次指数动作也在指数 Golomb 编码器中出现,平均编码长度估计更短,因为小值有更高的概率。具体地,在那些很少或没有异常值的情况下,编码器预计产生比指数 Golomb 编码器更高的压缩比,同时提供应对异常值的鲁棒性。

5.3.2 有限长度有符号 Rice 编码

在一些具体的情况中,由于处理资源非常严格的限制,例如 CCSDS 无损压缩标准这样的自适应数据压缩器甚至可能不适用。为此,我们举个合适的例子。欧洲航天局空间测量任务 Gaia[18] 的有效载荷,产生复杂的数据集,包括卫星观察到的大量的星体的小图像。最初为该任务提出的数据压缩解决方案[1],尽管在良好的方向发展,但考虑到任务实际飞行的限制,其并不适用。更具体地,星上可用的处理资源不足以压缩约 5 Mbit/s 或更多的数据流(这是任务要求的)。甚至像 CCSDS 121.0 无损压缩技术这样的快速算法也要稍微超出星载处理器的能力,而且这种情况下必须要软件实现,这使对 CCSDS 121.0 可用的有效硬件实现没用了。一个可能的解决办法是去掉自适应过程(可能是最耗时部分)。也就是,只用 Rice 编码器——CCSDS 建议的核心部分——对每个样本集具有一些固定的(预校正的)k 值。然而,这个办法并不可靠。众所周知,为了对给定数据集获得期望的压缩比,k 值必须被仔细地选取。此外,并且是最重要的,单个异常值可能导致大的扩展比,正如先前解释的。这是 Rice 编码器非常严重的限制,并且很明显是 CCSDS 引入自适应层的原因之一,其显著补偿了在数据码块中的任一异常值。

如果我们也去除映射阶段(在 CCSDS 建议中称为 PEM),独立的 Rice 编码器的限制就可以被解决。也就是,分别储存来自预处理阶段的符号比特。然后,Rice 编码只对样值模计算,而且符号比特简单地插入在码的开始处。通过去掉 PEM 阶段节省了更多的处理资源,与此同时我们引入了一个有趣的方式。这就是,产生一个 -0(负零)码的可能性。这个特殊的 Rice 编码是在 GOCA 技术研究计划(Gaia 最佳压缩算法)框架内设计的,提出是为了在探测到会产生大 Rice 码的数值时生成这个特殊的码。这个码其后是其原始编码中的值,这样,用 -0 码作为一个"转义字符序列"。JPEG-LS 编码过程采用类似的方式[3]。这个非常简单的方法被称为有限长度有符号 Rice 编码(或带有转义字符序列的有符号 Rice 编码),并且它使 Rice 编码面对噪声和异常值适应性更强,因此当只有 Rice 编码被使用时,极力建议应用这种方式。

表 5.2 演示了在 $k=0$(最"危险"情况)和 16 bit 数据值情况下,有限长度有符号 Rice 码的一个例子。这里,来自预处理阶段的符号比特用 S 表示。正如我们看到的,当编码达到很大时,-0 这个特殊的编码产生了(假设 $S=1$ 作为负的符号),其后是按它的 16 bit(正符号)原始格式的有符号值。在这种情况下,限制了总的编码长度为 19 bit,或者通常到 $19+k$ 比特。两者择一,没有符号比特的原始值(在预处理之前)可以在 -0 码后输出,这样,就为异常值储存了额外一个的比特——假设这个原始值对编码器来说是可用的。

表 5.2　$k=0$ 和 16 bit 值情况下,有限长度有符号 Rice 码的一个例子

n	$k=0$
0	$S\|0\|$
1	$S\|10\|$
2	$S\|110\|$
3	$S\|1110\|$
…	…
17	$S\|11\ 1111\ 1111\ 1111\ 1110\|$
≥18	$1\|0\|S\|xxxx\ xxxx\ xxxx\ xxxx$

5.3.3　预测误差编码器(PEC)

当待压缩的数据符合几何统计分布时(这种情况经常出现在一个适当的

预处理阶段后[13]），Rice 编码是合适的解决方法。然而,任何偏离这种统计特性都会导致最后压缩率的明显降低。不算自适应阶段,CCSDS 建议也遭受这个限制。另外,最重要的,即使有这个自适应阶段,当在数据中发现实际异常值时,我们发现压缩效率显著降低,正如将下面 5.6 节所展示的。在 5.3.1 和 5.3.2 中描述的编码的改进能够缓解,但是更具灵活性和鲁棒性的解决方法更好。

预测误差编码器[11,12]已经发展用来解决这个类 Rice 编码的缺点。正如它的名字所表明的,PEC 重点在预测误差的压缩,因此要求预处理阶段输出有符号的值,例如一个数据预测器加一个差分器。与有限长度有符号 Rice 编码相似,PEC 在欧洲宇航局 GOCA 科学研究规划的框架内设计和研究。大量努力已经投入为实现快速鲁棒压缩算法的发展,PEC 即为成果——一个基于分割策略的部分自适应熵编码器。

PEC 包括三个编码选项:Low Entropy(LE),Double Smoothed(DS)和 Large Coding(LC)。它们都是分段变长编码(VLC)。LC 也利用了一元前缀编码[3],而 LE 和 DS 依赖有符号预测误差的"负零"方式,类似于之前所描述的有限长度有符号 Rice 编码。图 5.1 给出了 PEC 的示意图,每一个选项和分段的编码策略都展现了出来。每一部分(h,i,j,k)的比特数是独立的参数,这些参数确定了输入值每个分段部分能取得的压缩率。在第一个范围(或部分),PEC 输出 $X[h]$,也就是,X 值的 h 个最不显著比特。这显然意味着第一部分只对小于 2^h 的值适用(或在 DS 选项中小于 2^{h-1})。对其他范围(也就是更大的值),如果用 LE 或 DS 选项,输出了充足数量的 0 和 1 值,然后减掉一个适当的值到 X,最后输出结果的 i,j 或 k 个最不显著比特。值的符号比特在图中用"±"表示,而确定的负值用"−"表示。

正如看到的,PEC 编码体系不同于 Rice 编码器。三种编码选项有着相同的原则:待编码数据的动态范围分成四个更小的范围(或部分)。每一部分的大小由相应的编码参数(h,i,j 或 k)决定,其表明了用于编码那部分数值的比特数。这一套参数值被称为编码表。然后,对于每个待编码值,选择适当分段和用于编码被选数值的比特数,图 5.1 给出了流程。PEC 遵循了大部分待编码数值接近 0 的假设,尽管这个假设对于成功的 PEC 操作不是强制的。而当这是真的时候,编码参数一定要以某种方式固定以使第一部分要明显地小于原始符号大小,而最后一部分要略大。这明显导致了压缩的输出,而压缩率将由结合了选中的编码表的数据概率密度函数(PDF)所确定。除此之外,PEC 的一个主要优点是它足够灵活以适应具有远离零点概率峰值的数据分布。利用适当的参数选择,这种分布依然能够取得好的压缩率。

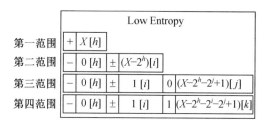

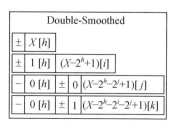

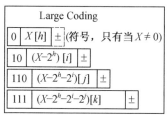

图 5.1　三种 PEC 编码策略的示意图：对应具有低、中、高熵等级的数据

　　值得强调的是，当使用 PEC 时需要预处理阶段，并且分开的符号比特要用到结果中，也就是避免了任何映射阶段。尽管由于+0 和-0 编码的存在增加了一些冗余，它们在 LE 和 DS 选项中也作为关键方式。某一部分（每个比特都置为 1）的最后一个值在这两个选项中被用作转义字符值。这样，我们用这些序列来间接地表明被用到的编码部分。另一方面，LC 选项仅用一元编码来表明用到的部分，并且当编码零时避免了符号比特输出。如果需要，只利用 LC 选项而不输出任何符号比特，PEC 也能够用于编码无符号的值。

　　一个合适的编码表和编码选项必须被选择用于运行 PEC。为了对每种情况易于决定最好的配置，一个自动 PEC 校准器可以被用到，这正好要求一个待编码数值代表性的直方图。校准器详尽分析这个直方图并且确定 PEC 的最优配置。这通过在样值直方图测试每个可能的 PEC 配置以及选择一个可以提供最高压缩率的配置来实现，也就是一个试错过程。尽管这个校准过程比看起来要快很多（对 16 bit 直方图在低档电脑上少于 1 s），但对于星载编码器来说计算方面代价太大。在空间任务情况下，在发射前校准器一定要在地面上用模拟数据运行。虽然数据的统计特性不同，但 PEC 具有足够的鲁棒性来提供理想的压缩率。尽管如此，在任务期间校准过程应该周期性重复，为了保证最好的结果，用接收到的数据重新配置 PEC。

　　PEC 可以被认为是一个部分自适应算法。也就是说，对于每个值，合适的部分（以及由此的编码大小）被选择。这相对于 Rice 编码器具有明显的优势，至少在给定的编码块内，Rice 编码器对所有的值采用了固定的参数，CCSDS 就是这种情况。另一个相对于 Rice 的优势是，通过构建，最坏的情况下（取决于编码表)，PEC 限制了最大编码长度为两倍的符号大小。尽管如此，即使有这些特点，为了得到最好的压缩率，PEC 一定要在每种情况下训练。因此，如果真实数据的统计特性明显不同于训练用的数据，压缩率将会减小。

5.4　分析编码

在本节，我们介绍需要的公式和度量来评估熵编码器的表现，是在可控条件下(用合成数据)并利用真实数据。我们也在这展示一些从先前描述的编码器中得到的结果。

5.4.1　输入数据建模

众所周知，预压缩(或者预处理)阶段的输出通常能够通过几何分布来近似。指数分布(连续相当于几何分布)在一些过程很常见，因为它们与齐次泊松过程相关。在有符号的预测情况下(例如，正如 PEC 要求的)，相应的分布将为离散拉普拉斯分布。当减去两个符合几何分布的随机样本实现时，该分布会自然地出现。因此，这个结果预期是当处理指数分布的数据时出现的，取样然后通过预测误差过滤器。

连续拉普拉斯分布可以被看作双边指数，也就是一个指数结合一个逆指数。当分布的均值是 0 时，其遵循如下方程：

$$f(x \mid b) = \frac{1}{2b}\exp\left(-\frac{|x|}{b}\right) \tag{5.1}$$

这个分布可以和指数分布(如下式) 比较：

$$f(x \mid \lambda) = \begin{cases} \lambda e^{-\lambda x} & (x \geq 0) \\ 0 & (x < 0) \end{cases} \tag{5.2}$$

相当明显，它证明了 b 和 λ 之间有联系，$\lambda = 1/b$。此外，有一个 $1/2$ 因子，是对应于双边拉普拉斯和指数的尺度因子。因此，在指数分布中正值的频率是拉普拉斯分布的两倍。然而，需要意识到，我们的编码器处理离散分布时会有例外。这个例外是 0 的频率，这对两种分布是一样的，这是由于 − 0 是不存在的。在图 5.2 右图中进行了展示。左图展现了仿真的拉普拉斯分布与真实拉普拉斯分布(式(5.3)) 模的对比。另一方面，右图给出了相同的仿真的拉普拉斯与实际指数分布(式(5.2)) 的对比，其中取 $\lambda = 1/b = 0.1$。我们可以清楚地看到在 0 值概率处的差异。

利用真实数据实验评估，熵编码器通常会在预处理的数据得到这种分布。因此，用它们在可控条件下评估压缩效率是很合理的。在一些情况下，尤

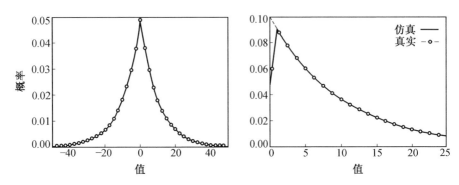

图 5.2 仿真的拉普拉斯分布 $b = 10$(左图) 和它的模(右图)

其是当用太简单的预处理阶段时,或当处理特定的数据源时,利用高斯分布数据可能会更好地建模,因此它应该被包含在熵编码器的测试平台上。最后,我们也应该为异常值包括一个模型。这更难建模,因为它们能够出现作为类似高斯的样本(分布广泛) 加上有原始数据,或者作为饱和的样本,或者作为在整个动态范围内分布相当均匀的值。作为第一种方法,我们这里将对异常值建模为一个简单的均匀分布叠加到原来的分布函数上。下面的公式总结了我们初始测试中的模型,分别针对拉普拉斯和高斯分布:

$$l[i] = (1 - P)\left(\frac{1}{2b}\exp\left(-\frac{|i|}{b}\right)\right) + P\left(\frac{1}{A}\right) \tag{5.3}$$

$$g[i] = (1 - P)\left(\frac{1}{\sqrt{2\pi\sigma^2}}\exp\left(\frac{-i^2}{2\sigma^2}\right)\right) + P\left(\frac{1}{A}\right) \tag{5.4}$$

其中,P 是噪声分量;A 是标准化因子。经验告诉我们,太空的典型条件使噪声分量在0.1% ~ 10% 之间。例如,在 Gaia 任务中,估计2% 的像素受异常值影响,而在其他任务中会高达 10%。我们强调均匀分布的噪声只是在众多空间设备中能够找到的不同噪声源的一个。例如,快速粒子事件(PPEs),由宇宙射线和太阳能质子引起,增加了在 CCDs 中像素的累积电荷,将导致高或甚至饱和读出值。尽管如此,导致的影响很大程度上取决于仪器真实的响应。对饱和异常值的实验已经完成,实验揭示的结果非常接近于用白噪声获得的结果。

最后,关于数据分布宽度(就是 b 或 σ),整个重要参数的范围应被探索,范围从很小到很大的熵。另外,将参数 b 或 σ 参数转换为一个熵级对结果给出了更好的解释。作为一个说明的例子,此后用 2 ~ 12 bit 熵级的 16 bit 样本测试我们的编码器 —— 分别转化为 8.0 ~ 1.3 的最大理论比率。

5.4.2 性能度量

最常见和容易理解的对数据压缩器性能的评价是基于一些给定测试数据取得的压缩率。然而,正如前面所提到的,它主要取决于数据类型和使用的预处理阶段。我们应该客观地评价熵编码器的性能,因此应该使用一个适当的度量。如果我们固定输入数据和预处理阶段,我们得到待编码值的熵值。换句话说,我们能够获得香农理论压缩限制 —— 原始符号大小(S_s)除以熵(H)。我们定义了压缩效率为熵编码器获得的压缩率除以预处理数据块的香农限制。目标很明显是要压缩效率为100% —— 即达到由信息理论[20]确定的压缩极限。这个结果一定要在不同条件下进行评估,例如不同的熵级和不同的异常值(或噪声)的水平。另外,我们还可以使用相对编码冗余(h),其给出了用给定编码器香农极限和实际获得压缩率的差异,显然目标为到0%的结果:

$$h_\lambda^C = \frac{\overline{L_\lambda^C} - H_\lambda}{H_\lambda} = \frac{\overline{L_\lambda^C}}{-\sum_{i=-2^{S_s}+1}^{2^{S_s}-1} P[i] \cdot \log_2(P[i])} - 1 \tag{5.5}$$

其中,$\overline{L_\lambda^C}$ 是对一个给定的编码器(C)和分布(λ)的平均编码长度;H_λ 是预处理数据的熵;S_s 是符号按比特的大小。编码冗余和压缩效率可以为真实或合成数据评估(例如,利用前面描述的模型生成)。如果使用合成数据,考虑到它的随机特性,强烈推荐多次实现(对于每个熵和噪声级)结果求平均,以获得一个更可靠的度量。在以下所示的结果这个过程一直遵循。当我们想要评估熵编码器的计算性能(或处理需求)时,有些类似的情况会发生:一些重复工作应被完成,但在这种情况下,我们应该只考虑最短的执行时间。原因是典型的家用和研究用计算机通常运行非实时操作系统以及许多其他程序和例程(如图形环境)。仅考虑最短时间使我们能够得到在卫星载荷上优化实现的好方法。

5.4.3 Rice-Golomb 编码

图5.3给出了对遵循拉普拉斯(或双边几何)分布的合成数据由Rice-Golomb编码获得的压缩效率,使用5.4.1节中给出的基于16 bit样本的模型。粗实线指出了能够获得的最好结果,而细虚线显示了每个给定配置的效率。图5.3(b)的特点是附加0.1%均匀分布噪声的建模了的异常值。如我们所见图5.3(a),当数据完全遵守一个拉普拉斯分布没有任何异常值时,编码器

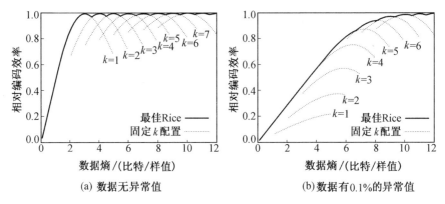

图 5.3　拉普拉斯数据 Rice 编码器预计的压缩效率

几乎最优。只对高度可压缩的数据(熵低于 2 bit)效率下降到 90% 以下,这种情况下 CCSDS 121.0 建议选择更"积极"压缩选项,如基本序列、第二扩展或甚至零块[4]。另一方面,当只添加 0.1% 的异常值时(图 5.3(b)),Rice 编码器不能达到理想的 90% 的效率,除了高熵(如 7 bit 及以上),并且低 k 配置导致非常低的效率(通常低于 50%)。这是由于在 5.2 节指出的对异常值的高灵敏度。

5.4.4　子指数码

当待压缩数据遵循拉普拉斯分布时,子指数码相当于 Rice 码。这在图 5.4(a)中得到了演示,说明了对子指数和 Rice 编码,最好的压缩效率都可以实现。这里对 Rice 编码我们令 $k=0$,这相当于 CCSDS 121.0 建议的基本序列。另一方面,图 5.4(b)揭示了子指数编码处理异常值的适应性。在这里,我们已经提高异常值到 1%,从而更好地观测适应性。Rice 编码甚至提供了比图 5.3(b)更差的效率,几乎对任何熵都无法达到 90%。另一方面,子指数编码依然优于 90% 甚至对熵低到 1.5 bit 也可以。

5.4.5　有限长度有符号 Rice 编码

如图 5.5(a)所示,当被应用到纯拉普拉斯数据时,包含符号位的有限长度有符号 Rice 编码具有比标准 Rice 更差的压缩效率。这种减少只会出现在熵低于 6 bit 的情况,但是对熵低为 1 bit 时的可以达到 -25%。但当包括 1% 的异常值时(图 5.5(b)),这种改进的 Rice 编码器在整个数据熵范围内提供了一个几乎相同的效率。实际上,在某些情况下效率略优于在无异常值的情况。这是由于编码器对大量异常值的数据的出色的适应性。然而,尽管它们

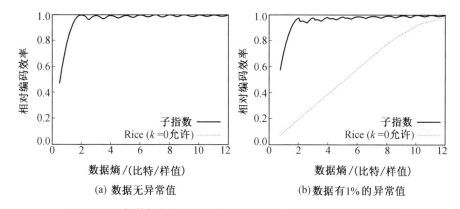

(a) 数据无异常值　　　　　(b) 数据有1%的异常值

图 5.4　对拉普拉斯数据子指数编码和 Rice 编码预计的编码效率

的自适应版本的实验将揭示我们对它们预计的最终的效率,这个熵编码器的总体效率仍小于子指数编码器。

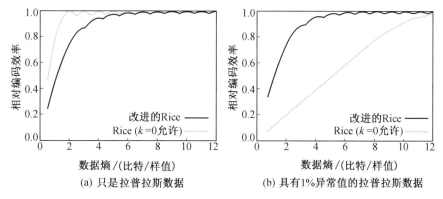

(a) 只是拉普拉斯数据　　　　　(b) 具有1%异常值的拉普拉斯数据

图 5.5　具有转义字符序列有符号 Rice 编码的预计压缩效果

5.4.6　PEC 编码

我们再次对 PEC 做与前面的小节相同的实验。即对纯数据和有噪数据评估不同熵级的压缩效率。在这种情况下,区别就是我们直接用有 10% 的异常值而不是在 Rice 试验中不大的 0.1% 或在改进的 Rice-based 编码器中使用的 1%。图 5.6 显示了结果,最好的结果由粗实线表示,而细虚线显示每个给定配置的效率,如在 5.4.3 节中。在图 5.6(a) 中我们可以看到,尽管结果很好,当处理理想的数据分布时,PEC 不是和 Rice 系列编码器一样有效率。对大多数通常的范围获得了 90% ～ 95% 的效率——也就是,熵级高于 2 bit。图中还强调了每个 PEC 选项的最优范围。另一方面,当分析有 10% 异常值的 PEC 结果时(图 5.6(b)),我们可以清楚地看到,PEC 是一个适应异常值的熵

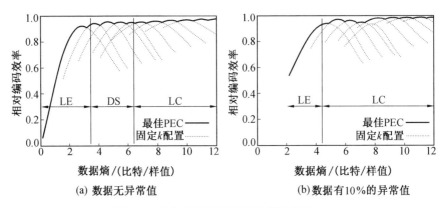

(a) 数据无异常值　　　　　　　　(b) 数据有10%的异常值

图5.6　对拉普拉斯数据 PEC 预计的效率

编码器。即使只有很少异常值 Rice 也几乎无法取得高效率,而 PEC 对大部分典型的离散值甚至大量异常值,效率依然可以达到80%以上,原因在于 PEC 的分割策略。图5.7更好地解释了关于其他前缀码 PEC 的这个优点。Rice 的结果包含在图中以更好地比较。在这个测试中,Rice 和 PEC 已经被校准(或配置)到只有三个熵级(3 bit、5 bit 和 11 bit),展示了在整个熵范围每个配置的结果。图5.7揭示了给定的 Rice 配置最优的较窄范围。可以看出,当熵级突然地增加4 bit 时,Rice 效率迅速下降甚至低于30%。另一方面,PEC 总是提供超过40%的效率——除了非常低的熵级。值得一提的是,对很高熵值的明显"恢复"并不意味着 PEC 能够压缩更好。相反,它只表明扩张比率受构建(通常低于2)的限制,而 Rice 可以达到巨大的如前面所显示的扩展比。总之,尽管 PEC 不能达到类 Rice 编码器在无异常值数据完美的压缩效率,但它显著地缓解了异常值对最后压缩率的影响,甚至是在非常不利的条件下。

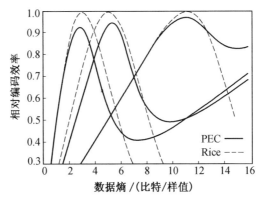

图5.7　Rice 和 PEC 在三种固定校正下的编码性能

5.5 自适应编码器

5.4 节中介绍了熵编码的一些基础码,每个都有不同的异常值适应水平。即使最鲁棒的解决方案(即 PEC),也极力推荐为每个数据块自动选择最佳配置的一种自适应层。这里我们简要描述对每种情况最合适的实现方法。

5.5.1 自适应子指数

子指数编码的情况是最简单的:它们可以直接集成在 CCSDS 121.0 框架内,代替 Rice 编码器。建议其他部分可以保持不变,也包括预测误差映射器(PEM)。唯一需要改变的是 $k=0$ 选项必须是被允许的,以使基本序列选项和子指数编码平稳过渡。另一方面,$k=13$ 选项不再要求(至少对 16 bit 的样本),所以在每个数据块的开始,配置头的输出可以大小相同。图 5.8 说明了 CCSDS 121.0 框架内子指数编码器的集成。

推荐的另一个改变是为了进一步提高压缩效率。CCSDS 121.0 最初用非常小的数据块(8 位或 16 样本)来工作。由于子指数应对异常值具有更好适应性,32 样本块可以被使用,稍微降低了配置头引入的开销。

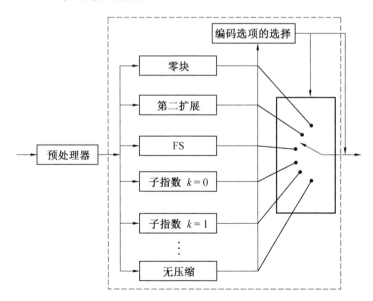

图 5.8　在 CCSDS 121.0 框架下实现的自适应亚指数编码

5.5.2 自适应有限长度有符号 Rice 编码器

对有转义符号序列的有符号 Rice 编码器,121.0 建议 PEM 阶段必须去除,以便生成有符号的预测误差。建议的其他部分可以保持一致,包括对于每个数据块自动选择适当的配置 k 或选择一个低熵的选项。如果需要额外的改进,原始数据应该可用于编码器,这样当发现异常值时,它就可以直接输出而没有符号位,正如 5.3.2 节所描述的那样。最后,块大小也能略微增加,以减少头开销。

5.5.3 完全自适应 PEC(FAPEC)

PEC 自适应算法已经设计并实现,解决了以前评论的编码器局限性。这个解决方案受专利保护,被称为完全自适应预测误差编码(FAPEC)[12]。类似于 CCSDS 建议,自适应阶段选择对于一个给定的数据块最合适的 k 值,FAPEC 对 PEC 添加了一个自适应层,以根据每个数据块的统计数据配置其编码表和编码选项。通过这种方式,可以得到接近最优的压缩结果,而不需要任何 PEC 预先配置,也没有要求任何关于待压缩数据的统计特性的信息。块长度是可配置的,没有限制成 2 的幂,用典型的(推荐的)250~500 个样本。设计 FAPEC 的一个最主要的前提是最快的操作,即使以 PEC 配置最优的轻微下降——并且因此以压缩比略有下降为代价。PEC 内在的鲁棒性保证这样的下降是可以忽略的。

FAPEC 积累待编码的值,与此同时,实时计算它们的模直方图。这是一个类似对数的直方图,更高的样本值(不频繁出现)被分组和映射到较少的样值,并且接近零的值映射到独立的样值。这减少了直方图所需的内存,最重要的是减少分析它所需要的时间。这个统计数据中类对数的分辨率对我们的情况来说足够了。一旦所需数量的值被加载,根据对每个值的累积概率和概率阈值集,由一种算法来分析直方图并确定最佳编码选项(LE,DS 或 LC)和编码表。一个默认阈值的配置在算法中固定后,决定了使用含有异常值的双边几何分布的仿真,来寻找最高的可能比率。尽管有这一特定的训练集,当我们移向更高的值时,这种默认配置为几乎所有概率密度函数呈下降趋势的数据集提供了很好比率,例如上文提到的双边的几何、Bigamma[21] 或高斯。后面展示的结果证实了这一主张。然而,如果需要,这样的阈值能够被修改。通过这种方式,如果真的需要,FAPEC 可以微调以更好地适应其他统计分布。这是 CCSDS 建议没有的一个有趣的特征。最后,一旦编码选项和相应的参数已经被确定,它们输出作为一个小头,随后是块所有值的 PEC 编码。明确表明

PEC 配置可能改变 FAPEC 决策算法,而不需要在接收端进行任何修改。图 5.9 展示了整个 FAPEC 的操作。

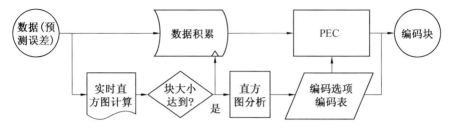

图 5.9 完全自适应预测误差编码器(FAPEC)的操作

5.6 测试编码器

在这一节中,我们展示由先前描述的编码器的软件实现获得的压缩结果。压缩器和解压缩器都已经实现,由此我们也能够评估它们的无损操作。

5.6.1 合成测试

第一个建议的步骤是通过合成数据(即给定概率密度函数的随机数据)测试熵编码器。在 5.4.1 节中描述的模型可使在最典型的场景测试编码器,这个场景是对星载仪器期望的场景。也可使客观地比较不同的熵编码器成为可能,如前文提到的编码器。这里我们说明这个测试过程,使用拉普拉斯(或双边几何)和高斯分布,异常值级为 0.1%、1% 和 10%。图 5.10 显示了由 CCSDS 121.0、自适应有限长度有符号 Rice(在图中表示为"C-ImRi")和 FAPEC 获得的结果。为了可读性,自适应子指数不包含在这里,但是其结果与自适应改进的 Rice 是非常相似的,除了在高熵值下效率更好。为了完整性,我们也包括"最佳 PEC"的结果,即由 PEC 取得的最好的比率(当充分校准到每个熵级别)。虽然我们先前数据显示了压缩效率,这里我们展示的结果为编码冗余。

图 5.10 表明 CCSDS 121.0 建议对于数据中的异常值太敏感,尽管自适应阶段添加到了 Rice 上。不仅如此,对不是拉普拉斯分布的敏感性也进行了评估。即使数据中只有 0.1% 的异常值,在低熵值的情况下,CCSDS 121.0 还是能够被 PEC 和 FAPEC 击败。因此,目前的标准只对只含有 0.1% 异常值的拉普拉斯数据是最优的。当只有 1% 的数据均匀地分布于整个动态范围中时,CCSDS 121.0 通常保持至少 10% 的原始数据冗余,也就是说,它实现了不

到 90% 的香农极限。最后,当 10% 的数据是异常值时,当前的无损标准几乎不能从数据中去除任何冗余——除了熵非常高的情况。这意味着对于含有大量异常值的数据,CCSDS 121.0 无法达到高于 2 的比率。

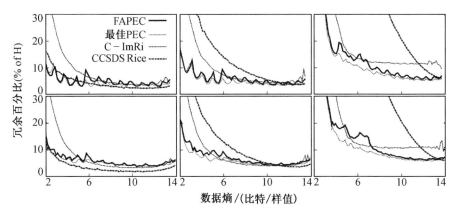

图 5.10　几种编码器对于高斯(上图)和拉普拉斯(下图)分布的编码残差从左到右异常值分别为 0.1%、1% 和 10%

对于在这里介绍的适应异常值编码器,基于 Rice 的改进提供了典型的高于 90% 的香农极限的效率,即通常剩下小于 10% 的冗余。对于大量的异常值,自适应子指数编码器比自适应有限长度有符号 Rice 编码器执行得要好,Rice 编码器不能去除最后 10% 的冗余。

最后,PEC 和 FAPEC 都作为优秀的适应异常值编码器。当有 0.1% ~ 1% 的异常值时,它们的效率几乎相同,总是表现为 90% ~ 95% 的香农极限——即使对高斯分布。只有面对大量的异常值时,它们下降了一点效率(特别是在低熵情况),但保持 3 bit 熵的适度的 15% 冗余比其他编码器获得的结果好——特别是当与 CCSDS 121.0 相比时。FAPEC 自适应算法的正确运行也是值得一提的,因为 FAPEC 表现总是非常接近由 PEC 获得的最佳结果。实际上,在某些情况下,FAPEC 可以超越一个优化配置的 PEC。这可以发生在具有不同统计特性的真实数据中,在那里 FAPEC 适合每个数据块,而PEC 为整个数据集配置。此外,在熵非常低的情况,FAPEC 具有一些低熵的改进,类似于那些存在于 CCSDS 121.0 中的,如处理具有大量 0 的序列。

5.6.2　数据压缩集

在利用合成数据评价了熵编码器后,我们应该决定在实际情况下如何执行,以评估开始的结果。为了做到这一点,代表性的星载数据应该被使用,如天文成像、行星成像、光谱学等。在这里我们提供一个从真实和仿真数据集中汇集而成,适合测试星载熵编码器的数据压缩库。测试数据集包括天文图像、Gaia 仪器[22]的逼真模拟、GPS 测量数据、光度和光谱数据、丽莎探路者(LPF)任务中一些仪器的数据。为了获得更完整的仪器类型范围,震动图数据也包括在内。数据集由作者汇集,也可根据要求提供。

值得一提的是为了执行这些测试,如前所述,一个预处理阶段显然是需要的。非常简单的阶段已经在这里使用,通常只使用一个差分器——也就是说,每个样本的预测与前一个样本相同。换句话说,熵编码器只收到待压缩的连续值之间的差。在一些情况下,我们仍有多达三阶的过滤(在预测回路内),从而平滑了数据快速的变化或数据中可能存在的噪声。导致最好比率的预处理阶段被用于每个数据文件,但这显然与我们能为成像、光谱或 GPS 找到的最好阶段相距甚远。因此,这里显示的比率可以看作是我们对给定文件能得到的最坏结果。

在某些情况下,大符号尺寸在数据文件中应用,比如每个样本 32 bit 甚至 64 bit。这里描述的用于测试熵编码器的实现可处理至每样本 28 bit,这种样本拆分过程已经被应用。也就是,32 bit 的样本已经被拆分成两个,交替着压缩最显著和最不显著的 16 bit 字的预测误差。与此相似的,在 64 bit 样本的情况下,四个 16 bit 字已经被使用。对编码器的影响是压缩器收到不同统计特性的值。样本最重要的部分显示为非常低熵的值,而最不重要的部分类似于均匀分布的噪声,从而出现了异常值。换句话说,大量的异常值出现在数据中。正如我们将看到的,这个操作对结果有令人感兴趣的影响,因为 PEC 和 FAPEC 能够处理这种情况而且没有显著地影响总体性能。

从成像数据开始,数据集包括 FOCAS 数据[23],它是一个标准化的天文学数据数据集,通常用于测试校正方法,这些方法必须能够处理非常不同的天文图像。GIBIS[22]模拟的图像也包括在内,它是一个非常详细的对 Gaia[18]观测图像的模拟器。由模拟器产生的 FIFS 图像在此处使用。最后,一个多种数据文件组也包含在内,覆盖了广泛的来源,如星系、恒星、吸积盘、星云,或者地面样品的显微相片。表 5.3 总结了每个编码器最相关的结果,也表明了香农极限(S_L)和字长度或样本的比特大小(W_L)。每个文件最好的结果用黑体突出,其相应的压缩效率在最后一列给出。对其余部分图像数据的进一步测试可以在文献[24]中找到。

表 5.3　对于真实成像数据采用不同熵编码器取得的压缩比

文件	CCSDS 121.0	Adaptive Subsex	ALLSR	PEC	FAPEC	S_L	W_L/bit	最佳效率/%
FOCAS								
tuc0004	**3.18**	3.01	3.08	3.00	3.07	3.22	16	99
com0001	**2.00**	1.95	**2.00**	1.98	**2.00**	2.07	16	97
ngc0001	1.79	**1.84**	1.81	1.81	1.83	1.92	16	96
for0001	**3.13**	2.99	3.08	3.04	**3.13**	3.22	16	97
gal0003	3.59	3.74	3.51	**4.25**	4.09	4.98	32	85
sgp0002	4.16	4.27	4.14	**4.54**	4.41	5.44	32	83
GIBIS								
7135_SM1_6	3.48	3.39	3.40	**3.62**	3.59	3.77	16	96
5291_AF1_5	2.12	2.22	2.20	2.51	**2.62**	2.83	32	93
5291_RP1_2	2.29	2.37	2.38	2.63	**2.89**	3.04	32	95
5291_RVS1_5	1.94	2.02	2.05	2.39	**2.61**	2.69	32	97
Miscellaneous								
stellar_field	1.12	2.14	2.49	**2.87**	2.63	5.14	64	56
noisy_source	1.01	1.03	1.00	1.12	**1.15**	1.19	32	97
Galaxy	1.14	2.17	2.39	**2.85**	2.58	4.84	64	59
nebula_stellar	1.02	1.19	1.59	**1.75**	1.64	3.78	64	46
ground_2	**1.92**	1.86	1.81	1.70	1.83	1.81	8	106

　　正如我们所见,每个编码器的优化取决于数据的种类,但一般来说在这章中介绍的适应异常值熵编码器优于 CCSDS 121.0 标准。最精细的解决方案,即 PEC 和 FAPEC,用来提供最好的结果。提醒一下,PEC 已经为每个数据文件进行了最优校正。如果我们希望只专注自适应系统,FAPEC 可能是最好的选择。在最糟糕的情况下,它提供了比 CCSDS 121.0 小 5% 的比率,而在最好的情况下可以得到两倍于这样系统获得的比率。这种极好的结果是由于前面所提到的样本拆分过程,该过程在当样本大小对当前的实现来说太大时被用到,导致的情况相当于有甚至超过 50% 的异常值。在这种情况下,最好的效率大约是 50% ,这是对于这样大量的异常值另外的预期结果。最差的效率是

香农极限的 46%（由 PEC 获得），而在那种情况下 CCSDS 121.0 只能提供 27% 的效率。

我们还可以看到，FAPEC 确实对其 PEC 核取得了近最优校正，甚至提供更好的结果——由于前面解释的原因。在最坏的情况下，FAPEC 性能大约比 PEC 差 5%，但让我们提醒一下，这是利用完全自适应操作获得的。对于 CCSDS 121.0 的修改（自适应子指数和自适应有限长度有符号 Rice），尽管改进结果小于 PEC 或 FAPEC，它们也超越现有标准。最后，值得一提的是 8 bit 文件的结果，我们可以看到，所有的自适应压缩器都能够超越香农理论上极限。这是通过使用包括 CCSDS 121.0 框架和 FAPEC 的低熵扩展特别是零块扩展获得的。

数据库继续利用 GIBIS 遥感数据[22]，其对应于 Gais[18] 的高度逼真模拟，大致遵循和星载视频处理单元任务期间传输同样的数据格式。表 5.4 显示了一些结果，在这里我们可以看到，FAPEC 表现再次优于 CCSDS 121.0，尽管这次只有略微的优势。最好的改善是对低分辨率图像（Sky Mapper, SM）的 7%。我们必须提到，具有异常值适应性改进的基于 Rice 的编码器也提供了非常好的结果，尤其是提到的 SM 数据和光谱数据（径向速度光谱仪，RVS），尽管就 FAPEC 而言这差异是不大的 1%。最后，在本例中，由于低熵编码的改进，对红光度计数据我们再次达到了香农极限。

表 5.4 对模拟遥测数据采用不同熵编码器的压缩比

文件	CCSDS 121.0	Adaptive Subsex	ALLSR	PEC	FAPEC	S_L	W_L/bit	最佳效率/%
SM_L90b40	2.21	2.39	2.31	2.34	2.38	2.53	16	94
AF_L10b70	1.68	1.69	1.68	1.61	1.69	1.73	16	98
BP_L170b60	3.56	3.52	3.47	3.38	3.58	3.68	16	97
RP_L10b70	3.29	3.24	3.23	3.10	3.30	3.30	16	100
RVS_L1b1	2.15	2.19	2.24	2.20	2.21	2.35	16	95

在数据集中也包括了 GPS 数据，因为对这个信号模型和生成数据类型适合本研究。一个用于地球物理应用 GPS 数据的更复杂的数据压缩系统（具体地说就是一个更好的预处理阶段）可以在文献[25]中找到。数据集中有两个分组的 GPS 数据，即 GPS 观测文件原始数据和已经从 GPS 系统处理过的数据。表 5.5 显示了一些结果，其中我们可以再次看到在大多数情况下 PEC 和 FAPEC 优于其他系统（尤其是 CCSDS 121.0）。

表 5.5　对于实际 GPS 数据采用不同熵编码器取得的压缩比

文件	CCSDS 121.0	Adaptive Subsex	ALLSR	PEC	FAPEC	S_L	W_L/bit	最佳效率/%
Raw GPS data								
global_S1	2.30	2.25	2.29	2.22	2.29	2.35	16	98
global_L1	1.57	1.64	1.65	1.68	1.67	1.76	24	95
global_C1	1.74	1.82	1.84	1.85	1.84	1.93	24	96
Treated GPS data								
is07_lat	3.61	3.56	3.47	3.79	3.68	4.40	16	86
nun2_height	2.99	2.92	2.96	3.04	3.06	3.22	16	95
nun2_lon	4.45	4.45	4.48	4.61	4.64	4.93	24	94

　　LPF 空间任务是技术的论证,特别用来测试与评估将用于丽莎(LISA)任务的关键技术。表 5.6 显示了一些由 IEEC LPF 团队提供的数据获得的结果,由精确温度测量仪器和一个航天器标称加速度测试块仿真产生。这里几个编码器的差异通常较小,除了熵非常低的情况,这种情况架构的低熵扩展起了主要作用。尽管 CCSDS 121.0 框架结合子指数编码提供最好的结果,然而 FAPEC 很好地处理了这样低的情况。我们还可以看到,最后的文件不能被完全压缩,可能是由于过高的噪音水平或者太简单的预处理阶段。这是一个适合于每种数据的预处理算法的重要性的明显验证。

表 5.6　对于实际和仿真的 LPF 数据采用不同熵编码器取得的压缩比

文件	CCSDS 121.0	Adaptive Subsex	ALLSR	PEC	FAPEC	S_L	W_L/bit	最佳效率/%
kp30_row2	3.86	3.85	3.91	3.88	4.00	4.12	24	97
kp30_row5	1.76	1.74	1.76	1.74	1.76	1.80	24	98
kp30_row10	12.83	15.34	11.07	11.85	13.76	20.35	24	75
acc_intrf	1.02	1.00	1.02	1.01	1.02	1.21	24	84

　　为了简洁起见,震动图数据结果表没有给出,这是由于所有的编码器提供了非常相似的结果,获得比率在 1.85 ~ 2.87 之间,这取决于地震事件或条件。最后,表 5.7 给出了从光谱数据中获得的一些结果,包括太阳光谱集和恒星库,都有高和低的光谱分辨率。这里 FAPEC 不再是最佳解决方案,尽管它总是低于 CCSDS 121.0 不到 3%。实际上,所有的编码器提供了非常相似的结果——例如地震数据最多只有 2.5% 的差异。这最有可能是由于使用的预处理阶段造成的。值得一提的是,一些测试表明更多精巧的算法对 FAPEC 的好

处要多于 CCSDS 建议。再次强调,这是由于 FAPEC 减少异常值影响的能力造成的。更精巧的预处理阶段可能会导致更陡峭的统计结果,但可能会在数据中保持类似的一部分异常值。正如我们在合成测试中所看到的,FAPEC 容易利用陡峭的统计结果(就是低熵)而不被异常值严重影响。

表 5.7　对于实际光谱数据采用不同熵编码器取得的压缩比

文件	CCSDS 121.0	Adaptive Subsex	ALLSR	PEC	FAPEC	S_L	W_L/bit	最佳效率/%
observ_irrad	2.79	2.75	2.77	2.50	2.72	2.68	16	104
er_spec	1.62	1.61	1.62	1.56	1.61	1.63	24	99
all_relative_stars	2.09	2.06	2.08	2.00	2.05	2.12	16	98
bkg-1o0235_freq_lin	1.30	1.31	1.31	1.26	1.29	2.63	24	50
ganimedes_freq_log	1.05	1.06	1.06	1.06	1.05	2.41	24	44

5.7　结　　论

在这一章中,为了建立一个高效的数据压缩解决方案,针对简单通用的压缩器或是专门精细的系统,例如成像、高光谱或各种仪器数据,我们已经讨论了适当的熵编码的重要性。为评估熵编码器,适合模型和指标已经提出并应用于多个系统,包括目前为空间应用的无损压缩标准(CCSDS 121.0)和一个具有有前景的结果的全新解决方案(FAPEC)。表 5.8 总结了在这里讨论的熵编码的主要特点。

表 5.8　对本章讨论的主要的熵编码器特点总结

熵编码方案	典型效率	优点	缺点
Rice-Golomb	~0% to ~100%	非常快 对 Laplacian 分布和无异常值数据优化	隔离中使用不安全(强制自适应阶段)
CCSDS 121.0	~50% to ~99%	快 自适应 很多情况下很好 可用的有效的硬件实现	对数据中的异常值(效率能够降至 50% 以下)以及非 Laplacian 分布数据太敏感

续表 5.8

熵编码方案	典型效率	优点	缺点
子指数码	~70% to ~98%	非常快 可取得很高的效率 对异常值降低扩展率 在 CCSDS 121.0 框架下很好地集成	非常建议自适应过程 对非 Laplacian 分布数据敏感
有限长度符号 有符号 Rice 码	~80% to ~95%	非常快 扩展率<2 如果需要在隔离下可以运行 在 CCSDS 121.0 框架下很好地集成	效率受限于额外符号比特 高度建议自适应过程
PEC	~85% to ~95%	非常快 半自适应 对隔离使用足够鲁棒 对大多数典型分布足够	效率在低熵使受限于符号比特 推荐自适应过程 四种配置参数
FAPEC	~85% to ~97%	快速 自适应 任何情况结果都好 对大样本规模表现优秀 地上拓展 可能的微调 可用的硬件原型	效率微受限于符号比特 完全不同于 CCSDS 121.0

可用的数据压缩库使在真实条件下评估不同的编码器成为可能。这些实验中得到的压缩比表明,新的 FAPEC 算法是一个替代 CCSDS121.0 建议的可靠选择。它的软件实现已经进行了评估,表明与 CCSDS 121.0 有类似的处理需求。此外,在 FPGA 上实现的硬件原型是可用的,它评估了 FAPEC 在空间

任务中的适用性。

或者,CCSDS 121.0 建议可以通过用适应异常值编码代替 Rice-GOLOMB 编码来改善,如子指数或有限长度有符号 Rice 编码器。尽管这样系统的结果通常比 FAPEC 稍差,它们足够适应数据异常值,从而表现为另一个可靠的选择。

一般来说,当数据在星载仪器待压缩时,强烈建议使用适应异常值熵编码器。保证在任何情况下几乎与目前标准具有同样压缩率的同时,当大量的异常值出现时——比如那些由快速粒子事件在数据或在仪器中干扰引起的,它们可以更好地利用数据冗余。

参 考 文 献

[1] J. Portell, E. García-Berro, X. Luri, and A. G. Villafranca. Tailored data compression using stream partitioning and prediction: application to Gaia. Experimental Astronomy 21, 125-149(2006).

[2] CCSDS-101.0-B-5 Blue Book, Telemetry channel coding, 2001.

[3] D. Solomon. Data Compression. The complete reference, Springer, 2004.

[4] CCSDS-121.0-B-1 Blue Book, Lossless data compression, 1993.

[5] CCSDS-120.0-G-2 Informational Report, Lossless data compression, 2006.

[6] R. F. Rice. Some practical universal noiseless codin g techniques. JPL Technical Report, 79-22 (1979).

[7] S. W. Golomb. Run-lengths encodings. IEEE Transactions on Information Theory 12,399-401 (1966).

[8] P.-S. Yeh. Implementation of CCSDS lossless data compression for space and data archive, applications. Proc. CCSDS Space Operations Conf., 60-69, 2002.

[9] P.-S. Yeh, P. Armbruster, A. Kiely, B. Masschelein, G. Moury, C. Schaefer, and C. Thiebaut. The new CCSDS image compression recommendation. IEEE Aerospace Conf., 4138-4145,2005.

[10] M. Clotet, J. Portell, A. G. Villafranca, and E. García-Berro. Simple resiliency improvement, of the CCSDS standard for lossless data compression. Proc. SPIE 7810, 2010.

[11] J. Portell, A. G. Villafranca, and E. García-Berro. Designing optimum solutions for lossless, data compression in space. Proc. ESA On-Board Pay-

load Data Compression Workshop, 35-44, 2008.

[12] J. Portell, A. G. Villafranca, andE. García-Berro. A resilient and quick data compression, method of prediction errors for space missions. Proc. SPIE 7455 , 2009.

[13] P. -S. Yeh, R. Rice, and W. Miller. On the optimality of code options for a universal noiseless, coder. JPL Technical Report 91-2 (1991).

[14] D. Huffman. A method for the construction of minimum redundancy codes. Proc. IRE40, 1098-1101 (1952).

[15] I. H. Witten, R. M. Neal, and J. G. Cleary. Arithmetic coding for data compression. Communicat. ACM 30, 520-540 (1987).

[16] Teuhola, J. A compression method for clustered bit-vectors. Information Processing Letters, 7(6), 308-311 (1978).

[17] Howard, P. and Vitter, J. Fast progressive lossless image compression. in-Image and Video. Compression Conference, SPIE, 98-109 (1994).

[18] M. A. C. Perryman, K. S. de Boer, G. Gilmore, E. Hoeg, M. G. Lattanzi, L. Lindegren, X. Luri, F. Mignard, O. Pace, and P. T. Zeeuw. Gaia: Composition, formation and evolution of the Galaxy. Astronomy & Astrophy sics 369, 339-363 (2001).

[19] Nieto-Santisteban, M. A. , Fixsen, D. J. , Offenberg, J. D. , Hanisch, R. J. & Stockman, H. S. Data Compression for NGST. in Astronomical Data Analysis Software and Systems VIII , vol. 172 of Astronomical Society of the Pacific Conference Series, 137-140 (1999).

[20] C. E. Shannon. A mathematical theory of communication. Bell system technical journal, vol. 27, 1948.

[21] A. Kiely and M. Klimesh. Generalized Golomb codes and adaptive coding of wavelet transformed image subbands. JPL Technical Report , IPN 42-154 (2003).

[22] C. Babusiaux. The Gaia Instrument and Basic Image Simulator. in The Three-Dimensional Universe with Gaia , ESA SP-576, 125-149 (2005).

[23] F. Murtagh and R. H. Warmels. Test image descriptions. In Proc. 1st ESO/ST-ECF Data Analysis Workshop , 17(6), 8-19 (1989).

[24] Portell, J. , Villafranca, A. G. , and García-Berro, E. Quick outlier-resilient entropy coder for space missions. Journal of Applied Remote Sensing 4 (2010).

[25] A. G. Villafranca, I. Mora, P. Ruiz–Rodríguez, J. Portell, and E. García–Berro. Optimizing GPS data transmission using entropy coding compression. Proc. SPIE 7810 , 2010.

第6章　通过频谱自适应 DPCM 高光谱
图像压缩的质量问题

摘要　为了满足高光谱成像的质量问题,差分脉冲编码调制(DPCM)通常用于无损或近无损数据压缩,也就是说,解压后的数据具有用户定义的最大绝对误差,在无损的情况下是零。无损压缩全部保留了数据的信息,但能使传输比特率适当降低。即使利用最先进的技术无损压缩比也不会很高,通常低于 4。如果不采用严格的无损技术,一定量的信息数据将会丢失。然而,这一部分数据信息的丢失原因可能是因为仪器噪声的随机波动。由压缩引起的失真是可以容忍的,即损害较小,在噪声较高的频段是这样,反之亦然,构成了几乎无损的情况。

6.1　引　　言

成像光谱技术进步使得数据采集具有极高的空间、光谱和辐射分辨率。为了解决高光谱成像的质量问题,通常采用差分脉冲编码调制(DPCM)用于无损或近无损数据压缩,即解压缩后的数据具有用户定义的最大绝对误差,而在无损的情况下为零。预测方案中具有若干不变的情况,最典型的是自适应方式[2,6,42]。

当高光谱成像仪在卫星平台星载时,数据压缩是至关重要的。无损压缩完全保留了数据的信息,同时允许使传输比特率适当地降低。就原始数据的直接 PCM 编码[10,11,27]而言,利用最先进的方案所取得的压缩比低于 4。这样,下行至地面站的瓶颈可能会严重妨碍现代卫星仪器广泛的覆盖能力。如果不采用严格的无损压缩技术,将丢失一定量的数据信息。而这样的统计信息部分可能原因是由仪器噪声的随机波动引起的。由压缩引起的失真是可以容忍的,也就是说损害较小,在噪声较高的频段是这样,反之亦然,构成了几乎无损情况[29]。

在文献中,存在着一些失真测量,其中有一些适用于解压缩高光谱数据的质量评估。均方误差(MSE),最大绝对偏差(MAD)即峰值误差,平均和最大光谱角,通常用来测量有损压缩的高光谱数据的失真。而问题是,它们测量的是数据中引入的失真,但不能测量这种失真产生的结果,也就是信息丢失将如何影响对数据分析的结果。

在这方面,材料辨别是最具挑战性的任务,其中高光谱数据揭示了其全部的潜力。事实上,如果分析遥感影像的目标是识别大范围土地覆盖物类别,如植被、裸露的土壤、城市、冰雪等,对于这些多光谱仪器获得的数据也是起作用的。如果是更具体的任务,如矿物鉴定或地质检查,特别是在沿海水域确定是否存在叶绿素、浮游植物或溶解的有机材料,高光谱仪器捕获的高光谱分辨率是有益的。

6.2 无损/近无损图像压缩算法

最近,大量的研究已经投入到无损图像压缩技术的发展上。第一个专门的标准是 JPEG[36,39] 无损版,它可以使用 Huffman 或算术编码。JPEG–LS[49] 是一个更吸引人的标准,它也提供了近无损压缩能力。它基于自适应非线性预测,并利用了上下文模型以及 Golomb–Rice 熵编码。类似的基于上下文的算法即 CALIC 也被相继提出[52]。JPEG–LS 和 CALIC 使用了简单的自适应预测,然而,中值自适应预测器(MAP)和梯度调整预测器(GAP)都是凭经验的。深入比较更先进的方法后,发现它们的性能是有限的并且离熵边界甚远。值得关注的是,不同于局部最小均方误差线性预测、非线性预测,像 CALIC 的 GAP 和 JPEG–LS 的 MAP,可以最小化平均绝对误差(MAE),并不能保证局部熵最小化[31]。因此,只有线性预测而且是自适应的,着重于适于多/高光谱数据的 3D 扩展。

一些整数到整数的转换,例如[1,5,40,44],能够确保一个完美的整数算术的重建。如果初步执行光谱去相关,它们推广到多波段数据是简单的。然而,所有临界采样多分辨率变换的缺点是,它们只适用于 L_2–约束压缩。由 Parceval 定理,如果变换是正交的,MSE 或它的平方根(RMSE),即原始数据和解码数据之间的 L_2 失真,是由用户控制的,通过采取前述整数到整数的转换最高可得到无损压缩。问题是 L_∞–约束(即近无损)压缩是重要的,而且只要可行[14],L_∞–约束压缩在 DPCM 就 L_∞–比特率的曲线是不值得的。实际上,DPCM 方案,无论是因果(基于预测)还是非因果的(即基于插值或者分层的[12]),都适于 L_∞–约束压缩(无损或近无损)。后者推荐用于较低质量压缩(即更高的 CR),前者适于更高质量,这是遥感应用的主要关注问题。

最后值得一提的是,JPEG 2000 图像编码标准第 I 部分[46]采用了无损模式,基于可逆整数小波,并能提供一个可伸缩的比特流,解码可以从有损(非近无损)到无损的水平。然而,图像编码标准不适用于三维数据集压缩:不论它们的复杂性,它们不能利用 3D 信号特殊的冗余,例如,多/高光谱图像。

6.2.1 基于预测的 DPCM

基于预测的 DPCM 主要包括去相关然后对产生的预测误差熵编码,如图 6.1 所示编码器(其中还包括熵编码上下文模型)和解码器的流程图。编码器的量化噪声反馈回路使 L_∞ 误差受到约束,通过使编码器中的预测从同样失真的样值(在解码器可用)上执行。

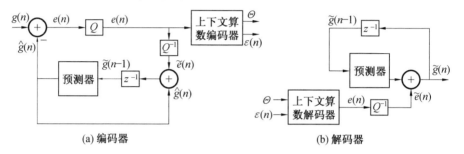

(a) 编码器   (b) 解码器

图 6.1   编码器上具有量化噪声反馈回路的 DPCM 的流程图,适用于近无损压缩

一旦一个因果邻域设定,设计一个预测器最简单的方法是将这样的邻域内区像素值进行线性组合,特别是用系数优化在整个图像产生最小均方误差(MMSE)。而这样的预测只对平稳信号是最优的。为了克服这个缺点,提出了自适应 DPCM(ADPCM)[39],其中的预测系数根据在每个像素位置输入的新数据连续重新计算。另一个重要的方法是分类 DPCM[22],其中一些统计类别被预先辨别出,而且每类计算出一个优化的预测器(MMSE 意义上的),并且利用其编码那个类中的像素[9]。另外,预测器可以自适应地组合[21](也是基于模糊逻辑概念[8])以实现 MMSE 空间变化预测。这两种分类预测策略被称为自适应预测的自适应选择/组合(ASAP/ ACAP)。在 ACAP 情况下,预测的线性使表达这个问题为在每个像素上最优随空间变化的线性预测(通过其投影到一组能够体现数据的统计特性的非正交原型预测器)成为可能。以 ASAP/ACAP 策略为特征的两种算法,分别在[9,8]中被研究并命名为松弛标记预测(RLP)和模糊匹配追踪(FMP)。

为了提高熵编码性能,跟随着算术编码,RLP 和 FMP 方案可使用预测误差的上下文建模(见 6.2.2 节)。值得注意的是,原始的 2D FMP[8] 取得的无损压缩比平均比 CALIC 高 5%,比 JPEG-LS 高 10%。虽然 2D RLP 编码器[9] 比 2D FMP 表现略微欠佳,它实时解码的特点在应用情况下是非常有价值的,因为一个图像通常是编码只有一次但解码多次。

6.2.2 基于上下文模型的熵编码

所有先进的图像压缩方法[19]的一个显著特点是为熵编码统计上下文建模,依据的理由是预测误差应该是与平稳白噪声尽可能相似。事实上,它们仍然在小范围内空间相关,特别当它们是非平稳的,这意味着它们具有空间变化的方差。更好的预测则将会产生更类似噪声的预测误差。

在文献中有一种趋势,首先在医疗领域[37],然后是对通用的无损编码[44,49,52],还有对于最近的近无损编码[7,51],对预测误差进行熵编码,通过熵编码器的分类实现一般是算数[50]或 Golomb-Rice[41] 编码。为了这个目的,它们被整理为一个基于它们空间上下文的统计均匀的预定义数量。如果这样的类统计可区分,那么预测误差的上下文约束模型的熵将低于来自一个去相关源的固定无记忆模型[48]的熵。

6.3 基于 DPCM 的高光谱数据压缩

当多波段图像待压缩时,用数据光谱谱相关性的优势设计能够从因果邻域像素处理空间和光谱的预测器[43,47]。因果意味着只有在目前和以前编码的波段上以前扫描过的像素要用于预测当前像素值。在高光谱数据的情况下,当数据光谱相关性更高时,此策略更有效。当波段间数据的相关性较弱时(它通常发生在具有少而稀疏光谱波段的数据),一个 3D 预测可能导致可以忽略不计的编码的好处,除非可用的波段按照两个连续波段平均相关性最大的方式被重新排列[45]。而在这种情况下,优势可能是来自于双向的光谱预测[38],其中第 $(k-1)$ 波段是可用的,第 k 波段跳过,第 $(k+1)$ 波段从第 $(k-1)$ 波段预测得到;然后,这两个波段按照空间因果但光谱非因果方式预测第 k 个波段。实际中,双向与预测是通过应用因果预测到一个波段序列的排列上实现的。但这一策略对高光谱数据进行压缩时是无益的[6]。

就高光谱数据而言,数据空间和光谱域的非平稳特性以及计算的约束,使从数量大于 2 以前的波段进行联合空间和光谱预测仅取得微不足道的优势。在这种情况下,不同的和更有效的方法是考虑一个纯粹的频谱的预测。初步的尝试已经在文献[33,34]中介绍了,并提供了文献资料中最好的压缩比。此方法将原始光谱像素分类成空间均匀的类,它们的映射必须作为边信息传输,然后通过大量的跨越多达 20 个波段的线性光谱预测对每类的像素光谱进行纯粹的频谱预测。但是,这样做的缺点表现在为预分类数据时的计算,以及如类别数量和预测器长度(每个类别的每个波长都对应一个)这样的参数的重要调整上(会产生一个很大的编码开销)。最后,因为成本的开销(分类映射和光谱预测集)和目标压缩比无关,这个方法看起来不应推荐为近无损压缩,尽管有时候它在原则上可以达到要求。

不同的情况涉及 FMP 和 RLP 算法,通过简单改变预测因果邻域,它们能够很容易地适应空间/光谱或者纯光谱模式。这种情况下,近无损和几乎无损工作方式的功能被完整地保持了。在空间/频谱的情况下,通过简单地将 2D 邻域变为 3D(跨越三个以前的波段),FPM 编码器扩展到 3D 数据[13],和 RLP 编码器一样[6],得到的算法将分别被称为 3D-FMP 和 3D-RLP。相似地,正如文献[33,34]中情况,通过考虑跨越了 20 个以前的波段的 1D 光谱因果邻域,可以得到纯光谱预测。这两种算法将被称为 S-FMP 和 S-RLP[11]。FMP 和 RLP 高光谱版本将在 6.4 节中提到。最后,我们想要说明的是 ACAP 方式的前身已在模糊的 3D DPCM 方法[2]中提到,其中构成字典的原型 MMSE 空间/光谱线性预测由聚集数据计算而得,类似于文献[33]。

另一个针对高光谱图像的令人感兴趣的方法是 3D CALIC 的扩展[53],最初为彩色图像考虑,只具有几个光谱波段,一直到具有大量的高相关性波段的图像数据。新颖的 M-CALIC 算法[30]明显优于 3D CALIC,有适度增加的计算复杂性且缺乏对性能至关重要的参数的设置。

最后,需要说明的是卫星上的压缩计算能力是有限的,编码增益必须与计算复杂度折中[30,42]。在这个框架中,研究人员提出了快速和简单的差分脉码调制(DPCM)方法,用到传感器发展中[27,28]。

6.4 明确/模糊分类 3D/光谱预测

图 6.2 描述了在高光谱压缩情况下的分类 DPCM 编码器(ACAP/ASAP 方式)。在初始阶段,离散和模糊的方法是相同的,而在精化和预测阶段这两种方法的差异是明显的。从空域/频谱方法(3D-FMP 和 3D-RLP)到纯频谱方法(S-FMP 和 S-RLP)的转化是通过考虑光谱邻域代替 3D 邻域计算预测值实现的。S-FMP 和 S-RLP 是最有效的方法,在此章节中描述了这两个方法,而详细的描述能够分别在文献[6,13]中找到。

6.4.1 S-FMP 和 S-RLP 基本定义

令 $g(x,y,z)(0 \leqslant g(x,y,z) < g_{fs})$ 表示 x 行($1 \leqslant x \leqslant N_x$),$y$ 列($1 \leqslant y \leqslant$

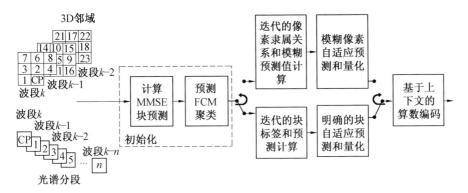

图 6.2　分类 DPCM 编码器的流程图

预测在 3D 邻域(占联合空间和光谱)和一维邻域(纯光谱)均已实现,其像素通过增加从当前像素(CP)的 Euclidean 距离被标记。编码器在模糊预测(上分支)和离散预测(下分支)间切换

N_y),z 波段($1 \leqslant z \leqslant N_z$) 序列的亮度级。对一个固定波长 z,离散灰度图像 $\{g(x,y)\}$ 从左到右、从上到下被逐行扫描,得到一维坐标集$\{n\}$。在 n 位置的固定像素,一个纯光谱因果邻域可以通过从以前传输的固定数量的光谱波段上在相同位置 n 的像素坐标被定义,即 W,从而得到了一个长度 W 的向量。让我们将这个向量表示为 $N^W(n)$。

　　坐标位于 $N^W(n)$ 的像素的线性组合作为预测。我们定义当前像素 n 的预测支持大小 S,而且定义包含了这些坐标的 $N^W(n)$ 的子集 $P_S(n)$。令 $\Psi(n)$ 表示 $P_S(n)$ 中包含了 S 样本的灰度级的向量,按离像素 n 的光谱距离排序。令 $\varphi = \{\varphi_k \in \mathbf{R}, k = 1, \cdots, S\}^T$ 表示包含对 P_S 操作的线性预测器 S 系数的向量。因此,对 $g(n)$ 的线性预测被定义为 $\hat{g}(n) = \sum_{k=1}^{S} \varphi_k \cdot \psi_k(n)$,其中 $< , >$ 表明标量(内) 积。

6.4.2　初始化

　　编码过程成功的关键是确定预测的初始字典。它从观察像素值的模式开始,发生在 $P_S(n)$,$n = 1, \cdots, N - 1(P_S(0) = \varnothing)$ 内,反映了局部的光谱特性,这种模式是空间相关的,是由于场景特征例如均匀区域、边缘和纹理。适当的预测能够反映尽可能多的这种特征。一个有效的算法包括预先将输入的图像分割成方块,比如 16×16,然后通过最小平方(LS)算法计算每个块的 MMSE 线性预测的 S 系数。具体地,如果 B 表示了一块分割,LS 算法通过输入 $\{(\psi(n), g(n)) \mid n \in B\}$ 对以得到相关的预测 φ_B。

上述过程产生了大量的预测,每个为一个区优化。每个预测器的 S 系数被排成 S 维空间。可以看出,统计相似的块的预测类似。因此,当表达在超平面时,之前发现的预测倾向于分群,而不是均匀的扩散。

图 6.3 展示了在 $S = 3$ 时,预测器如何从真正在多维空间倾向于分群的高光谱图像进行计算。一组 M 个代表性预测的缩减集,四个在这种情况下而且标绘成星,M 由用户定义或者由经验性调整,通过用聚类算法到最优块预测得到。这种“显性”预测被计算作为预测空间大量集群的中心,根据一个矢量 Euclidean 度量。尽管各种各样的模糊聚类算法存在[16],广泛应用的 Bezdek 模糊 C – 均值聚类(FCM)算法被应用,因为它产生中心,加速逐步求精和训练过程的收敛,正如实验观察到的。因此,将会产生包含 M 预测的 $S \times M$ 矩阵 $\boldsymbol{\Phi}^{(0)} = \{\phi_m^{(0)}, m = 1, \cdots, M\}$。上标(0) 强调了这种预测是迭代细化过程的初始值,将会得到最终预测的“字典”。

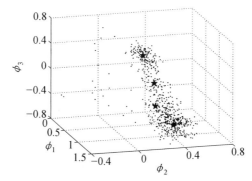

图 6.3　通过模糊 C – 均值聚类得到的长度为三(点)、四个分群(星)的块预测例子

6.4.3　预测的迭代细化

通过 FCM 程序获得的初始预测被用作迭代细化过程的输入。此过程对 S – RLP 算法将是明确的,或对 S – FMP 方法是模糊的。在前一种情况下,通过考虑每个预测如何在图像块像素上执行,每个图像块被分配给 M 类的其中之一。反之,在后者情况下,预测是模糊的,通过考虑所有预测之和的累积预测,每个预测由其与待预测像素的关系加权。

1. S – FMP 隶属关系函数与预测训练

对于 S – FMP 方法,通过模糊聚类找到的 M 预测用于初始化训练过程,其中首先给出了像素对预测的隶属关系程度,然后每个预测只基于隶属关系超过用户预定义门限 μ 的像素重新计算。

模糊隶属函数的选择对优化性能来说是至关重要的。它必须由因果子集的像素计算,而不一定与预测支持一样。一个合适的模糊隶属函数(从第 n 个像素到第 m 个预测),由像素 n 的因果邻域上的第 m 个预测所产生,提升经验性的指数 γ,并且加 1 以避免除以 0。

采用的因果邻域是 2D 空间块,唯一地它的边带 R 定义为 $N_\infty^R(n)$,由 R 用户定义。$M_R \overset{\triangle}{=} N_\infty^R$ 在下面将作为隶属关系支持。

加权平方预测误差由第 n 个像素的第 m 个预测产生,定义为

$$\bar{d}_m^2(n) = \frac{\sum_{k \in M_R(n)} \delta_k^{-1} \cdot [g(k) - <\phi_m, \psi(k)>]^2}{\sum_{k \in M_R} \delta_k^{-1}} \tag{6.1}$$

每个平方预测误差加权和到当前像素 n 的距离 δ_k 成反比,因此较近的比较远的贡献大。加权的平方误差标准化其加权和。因此,其幅度大致和邻域大小无关。

第 n 个像素对第 m 个预测的关系是

$$U_m(n) = \frac{1}{1 + [\bar{d}_m^2(n)]^\gamma} \tag{6.2}$$

事实上,式(6.2)衡量了 ϕ_m 预测当前像素 n 的最近因果邻域的性能。通过一个模糊推论,它也体现了 ϕ_m 预测 $g(n)$ 值的能力。如果第 m 个预测的结果符合像素 n 的隶属关系支持内的灰度级,则 $\bar{d}_m^2(n)$ 将为 0,因此,$U_m(n) = 1$。关系指数 γ 决定了隶属函数模糊度,这是经验性的调整。

因为模糊隶属度会被用来衡量投影追捕,和标量积一样,由式(6.2)给出的绝对隶属被标准化产生一个相对隶属

$$\tilde{U}_m(n) = \frac{U_m(n)}{\sum_{m=1}^M U_m(n)} \tag{6.3}$$

适用于一个概率聚类。

参照图 6.2 中的流程图,迭代过程主要分为下面几步:

第 0 步:对于每个像素 $n, n = 1, \cdots, N - 1$,计算初始隶属关系数组,$\tilde{U}_m^{(0)}(n), m = 1, \cdots, M$,从初始预测 $\Phi^{(0)} = \{\phi_m^{(0)}, m = 1, \cdots, M\}$ 通过式(6.1) ~ (6.3);设置迭代步骤 $h = 0$ 及隶属关系阈值 μ。

第 1 步:重新计算隶属关系 $\tilde{U}_m^{(h)}(n)$ 超过 μ 的像素的预测值 $\{\phi_m^{(h+1)}, m = 1, \cdots, M\}$;由 $\tilde{U}_m^{(h)}(n)$ 按 $(\Psi(n), g(n))$ 对在 LS 算法里对 $\phi_m^{(h+1)}$ 的贡献加权

$\tilde{U}_m^{(h)}(n)$。

第 2 步:重新计算新组预测因子的参数 $\tilde{U}_m^{(h)}(n)$,$m = 1,\cdots,M$,$n = 1,\cdots,$ $N - 1$。

第 3 步:检查收敛,如果收敛,结束;反之,h 增加 1 并且返回第 1 步。

当前迭代是否收敛可以通过阈值递减累积平方预测误差(MSPE)来检测。如果这个值超过了预先设定的阈值,则执行另一次迭代。这样的一个开放的循环检测阈值的方法由阈值来控制,能够通过闭环过程计算,图 6.2 表明编码器能够在每次迭代产生编码比特。

注意,标准 LS 算法已经被修改成可以解释在前面的迭代中像素对预测的隶属关系。像素对预测的隶属度越大,比具有较小隶属度的像素更有助于确定预测。此外,按照模糊逻辑的思想,根据阈值 μ,虽然程度不同,但一个像素可以贡献于多个预测。隶属关系阈值 μ 并不是决定编码性能的关键因素。

最终,一个 $S \times M$ 矩阵 $\boldsymbol{\Phi} = \{\phi_m, m = 1,\cdots,M\}$ 包含了最后的迭代后的 M 预测系数,这个系数产生并存储在文件头中。

2. S - RLP 松弛块标签和预测细化

分类预测的初始推测被传送到一个迭代标注过程,其对图像块分类,同时细化相关的预测。所有预测和每个块的标签一起传送。

图像块被分配到 M 类,每类的优化的预测根据下面的过程获得。

第 0 步:根据其 MSPE 分类图像块。对一个块最小化 MSPE 的预测的标签指定给块本身。此操作具有分割块集到由之前发现的预测的最佳匹配的 M 类的效果。

第 1 步:重计算来自每个类的块的数据里的 M 个预测中的每一个,从而新的预测被设计为将当前块分割成 M 类最小化 MSPE。

第 2 步:重分类块,将一个块的 MSPE 最小化的新预测标签分配给那个块本身。此操作具有从一个类移动一些块到另一个类,这样重新分割块集为和由当前预测最佳匹配的 M 个新类。

第 3 步:检查收敛;如果找到,停止操作;否则,转到第 1 步。

收敛性以对 S - FMP 同样的方式进行检查。

与 S - FMP 相反,只考虑预测代表到该像素所属的类,预测现在是明确的。最终细化的预测集,每波长一个,作为边信息和块标签集一起发送。

3. 预测

尽管相对于分类或是明确预测,模糊预测的概念不新颖,但利用线性预测使表述模糊预测为匹配追踪(MP)问题成为可能(除了 LS 预测调整)。

事实上,由预测的线性,预测输出的加权和与具有同样权重的相同预测的线性组合输出相等,这是为了计算每个像素的自适应预测:

$$\phi(n) \stackrel{\triangle}{=} \sum_{m=1}^{M} \tilde{U}_m(n) \cdot \phi_m \tag{6.4}$$

其中,权重仍然由 $\tilde{U}_m(n)$ 提供,也就是式(6.3),及式(6.1)在最后的迭代过程后从预测 $\{\phi_m, m=1,\cdots,M\}$ 计算得到。预测(6.4)将会产生自适应线性预测为 $\hat{g}(n) = \langle \phi(n), \Psi(n) \rangle$。

等效地,每个像素值 $g(n)$ 能够作为一个所有预测输出的模糊切换(即过渡)被预测,其定义为

$$\hat{g}_m(n) = \langle \phi_m, \Psi(n) \rangle \tag{6.5}$$

与模糊预测 $\hat{g}(n)$,由下式给出

$$\hat{g}(n) = \text{round}\Big[\sum_{m=1}^{M} \tilde{U}_m(n) \cdot \hat{g}_m(n) \Big] \tag{6.6}$$

式(6.6)右边的项四舍五入到整数以获得整数预测误差,也就是 $e(n) = g(n) - \hat{g}(n)$,这被发送到熵编码部分。

对于 S - RLP 来说,一旦块连同其附属的优化预测被分类和标记了,那么每个波段被光栅扫描并且预测被基于交叉块的类所激活。因此,每个像素属于原始分割的一块 $g(x,y)$,通过 M 预测中的一个把 $g(x,y)$ 预测成 $\hat{g}(x,y)$,其被发现在 MMSE 意义上更好地匹配数据块类的统计特性。整型值预测误差,也就是 $e(x,y) = g(x,y) - \text{round}[\hat{g}(x,y)]$,被传送到上下文编码部分,与 FMP 对应部分相同。

6.4.4 基于上下文的算术编码

图 6.2 中所证明的,如果残差上下文类别放在算术编码块前,可以得到更有效的预测误差的编码。上下文函数可以在因果邻近地区内的预测误差上定义和测量,可能大于预测支持,作为预测误差的 RMS 值(RMSPE)。上下文函数应该捕捉非平稳性的预测误差,而不管它们的空间相关性。同样,为了使相同的信息在编码器和解码器都可用,邻近因果关系是必要的。在前者中,RMSPE 的概率密度函数(PDF)被计算和划分成若干个同样的间隔,因此,上下文是等概率。这种选择动机是为每类误差编码使用自适应算术编码。通常,自适应熵编码不需要以前的信源统计数据信息,但是得益于足够大训练的数据,其和编码同时产生。每类信源被进一步分成符号位和幅度。前者是以严格随机并且被编码为它,后者则体现出每类的方差减少;因此,它可能会比

原来残差用较少的比特编码。值得注意的是,这样的上下文编码过程是独立于用于数据去相关的特定方法。不像其他的方案,例如 CALIC[52],在去相关过程中嵌入上下文建模,该方法[7]可以被应用到任何 DPCM 方案中,是无损或近无损的,在近无损情况下没有调整,正如它发生在其他方法[51]。

6.5　基于 LUTs 的无损高光谱图像压缩

在最近发表的论文[32]中,Mielikainen 介绍了一个非常简单的预测方法,称为 LUT – NN,通过取最近邻(NN)的值预测当前像素值,其中最近邻定义为在当前波段以前传送的像素,具有以下两个属性:① 在前面的波段与 NN 像素相同的位置上的像素与以前波段对应当前像素同样位置的像素具有相同的值;② 在满足前一属性的所有像素中,NN 像素沿着扫描路径空间上最接近当前像素。这种算法能够利用动态更新的查找表(LUT)有效地实现。取自 LUT 的预测值是由在之前波段当前像素位置的像素值索引的单元的预测值而且对应于 NN 像素的值,其被插入之前更新通道的单元中[32]。令人惊讶的是,这样简单的方法,尽管只考虑一个以前的波段,针对 1997AVIRIS 数据集(16 bit 辐射格式)执行效果比得上最先进的 DPCM 方法。然而,这种改善只发生在考虑一些特殊的校正的序列时。其实,针对 1997AVIRIS 数据集,为非常不平衡(即一些值比其他值出现更频繁)的每个波段辐射直方图进行校正。所以,LUT – NN 方法预测使波段中最频繁的值被压缩,这与传统的预测策略不同。

在任何情况下,这种人造的效率建议探索 LUT – NN 更复杂的版本。第一次尝试是由 Huang 等人提出的方法,被命名为 LAIS – LUT[23]。该算法利用两个 LUT,分别包含与当前像素值最接近的两个 NN。通过选择与参考预测更相似的值,获得当前像素的预测,其考虑了当前和之前波段的波段间增益,用其局部平均波段间缩放(缩写为 LAIS)表示。LAIS – LUT 算法以适度的额外代价产生比 LUT – NN 显著的编码增益,由于其更好考虑空间相关性,即使光谱相关性利用仍然只限制于先前的波段。

LUT – NN 和 LAIS – LUT 的思想可以进一步地用考虑更先进的参考预测和也利用序列的光谱相关性来概述。采用 S – RLP 和 S – FMP 方法作为参考预测器带来[10]中提出的两种方法,表示为 S – RLP – LUT 和 S – FMP – LUT。

这两个算法特色是完全地利用空间和光谱相关性,因为通过考虑波段的两个以上的 LUT 获得预测值,如 M,其中 M 是通常选择等于 4 的,以及任意数量的以前的波段,如 N,其中 N 可能达到 20。$M \cdot N$ 可能的预测值基于 S – FMP

或 S－RLP 参考预测的候选预测值的闭合,其能够跨越相同的 N 个之前波段。考虑大数量 LUT 的优点是严格地与 S－FMP 和 S－RLP 作为参考预测器的利用相关。事实上,通过采用较简单的 LAIS 预测器作为参考,基于 LUT 预测超过一个波段和每个波段超过两个 LUT 的优点随着 M 和 N 的增加快速消失。

图 6.4 显示了 S－FMP－LUT 和 S－RLP－LUT 是如何工作的,即基于多 LUT 的算法如何能够联合 S－RLP 和 S－FMP 先进的 DPCM 预测器。使用与 6.4.3 节相同的符号,令 $g(x,y,z)(0 \leq g(x,y,z) < g_{fs})$ 表示 x 行($1 \leq x \leq N_x$),y 列($1 \leq y \leq N_y$),z 波段($1 \leq z \leq N_z$)序列的强度等级。令 $L_{m,n,z}[\cdot]$, $m = 1,\cdots,M, n = 1,\cdots,N$ 表示用来预测 z 波段的 $N \cdot M$ LUT 集。所有 LUT 长度是 g_{fs}。最后,令 $\hat{g}_r(x,y,z)$ 为在 z 波段上的像素 (x,y) 的参考预测,利用 S－RLP 或者 S－FMP 方法获得。多波段 LUT 的多波段预测由下式给出:

$$\hat{g}(x,y,z) = \hat{g}_{\hat{m},\hat{n}}(x,y,z) \tag{6.7}$$

其中

$$\{\hat{m},\hat{n}\} = \arg \min_{\substack{m = 1,\cdots,M \\ n = 1,\cdots,N}} \{|\ \hat{g}_{m,n}(x,y,z) - \hat{g}_r(x,y,z)\ |\} \tag{6.8}$$

以及

$$\hat{g}_{m,n}(x,y,z) = L_{m,n,z}[g(x,y,z-n)] \quad (m = 1,\cdots,M; n = 1,\cdots,N) \tag{6.9}$$

是 $N \cdot M$ 可能的预测值,在其中选出了最终的预测 $\hat{g}(x,y,z)$。$\hat{g}_{m,n}(x,y,z)$ 值属于当前波段而且在以前的更新步骤中已经被储存在了多波段 LUT 集中。

根据式(6.7)产生最终的预测值后,多 LUT 集进行了更新,与[23,32]如下述方法类似:

$$\begin{cases} L_{m,n,z}[g(x,y,z-n)] = L_{m-1,n,z}[g(x,y,z-n)] \quad (m = M,M-1,\cdots,2; n = 1,\cdots,N) \\ L_{1,n,z}[g(x,y,z-n)] = g(x,y,z) \quad (n = 1,\cdots,N) \end{cases} \tag{6.10}$$

所有的 LUT 的初始化为 g_{fs} 值,其超出了数据范围。每当该值由(6.7)返回,即没有像素满足两个 NN 属性,使用参考预测 $\hat{g}_r(x,y,z)$ 代替 $\hat{g}_{\hat{m},\hat{n}}(x,y,z)$。在解码器中,多波段 LUT 集和参考预测由先前解码的无损数据计算得到,通过遵循与在解码器中相同的过程。

对于 1997 AVIRIS 数据集,S－FMP－LUT 和 S－RLP－LUT 的性能是引人注目的,显示对 LAIS－LUT 算法的效果平均有 20% 以上的提高。然而,在同一篇文章[10] 中作者指出,基于 LUT 的方法对未处理的(即未校正的)图像

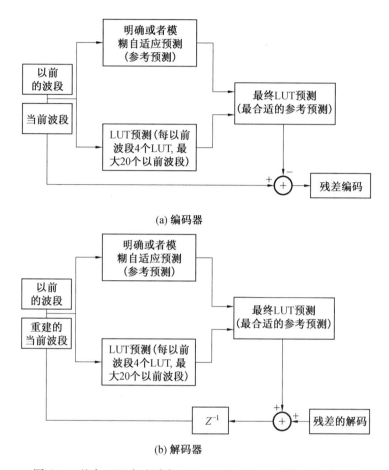

(a) 编码器

(b) 解码器

图 6.4 基本 LUT 方法适应 S – RLP 和 S – FMP 算法的总体方案

（即不包含校正引入的伪影）失去了效用。基于 LUT 算法的局限已经在文献［27］中强调了,其表明基于 LUT 的方法对 2006 AVIRIS 数据集是无效的。事实上,不同的校正程序被应用到新的数据中,展现出改进的辐射分辨率。而这样的过程不会在辐射直方图中产生周期性的像素值。最后,因为预测误差的量化平滑了数据的直方图(算法从其中取预测值),基于 LUT 的方法在有损压缩中也是无效的,特别是在近无损和几乎无损的情况下。

6.6　近无损压缩

到目前为止,FMP 和 RLP 方案中的量化还没有提及,也就是我们只描述了无损压缩。量化必然引入码率的减少[24],代价是解压缩数据的失真。虽然网格编码量化可以最佳地联合 DPCM 方案[25]，但其复杂度随着输出级别以及特别是预测的复杂度而增长。因此，在下面只有线性和对数量化将予以关注，后者用于产生相对误差有限制的压缩。

6.6.1 失真测量

在讨论 DPCM 方案量化之前，让我们回顾一下适用于单波段图像数据（2D）和多波段图像数据（3D）的最广泛使用的失真测量，多波段图像数据指多光谱或高光谱。

1. 辐射失真

令 $0 \leqslant g(x,y) \leqslant g_{fs}$ 表示一个 N 像素数字图像，$\tilde{g}(x,y)$ 为通过压缩 $g(x,y)$ 和解压缩产生的比特流得到的可能的失真版本。下面将阐述广泛使用的失真测量。

平均绝对误差（MAE），或 L_1 范数

$$\text{MAE} = \frac{1}{N} \sum_x \sum_y \left| g(x,y) - \tilde{g}(x,y) \right| \tag{6.11}$$

均方误差（MSE），或 L_2^2

$$\text{MSE} = \frac{1}{N} \sum_x \sum_y \left[g(x,y) - \tilde{g}(x,y) \right]^2 \tag{6.12}$$

均方根误差（RMSE），或 L_2

$$\text{RMSE} = \sqrt{\text{MSE}} \tag{6.13}$$

信噪比（SNR）

$$\text{SNR}_{(\text{dB})} = 10 \cdot \lg \frac{\bar{g}^2}{\text{MSE} + \frac{1}{12}} \tag{6.14}$$

峰值信噪比（PSNR）

$$\text{PSNR}_{(\text{dB})} = 10 \cdot \lg \frac{g_{fs}^2}{\text{MSE} + \frac{1}{12}} \tag{6.15}$$

最大绝对误差（MAD），或峰值误差，或 L_∞

$$\text{MAD} = \max_{x,y}\{ \left| g(x,y) - \tilde{g}(x,y) \right| \} \tag{6.16}$$

最大绝对误差百分比（PMAD）

$$\text{PMAD} = \max_{x,y}\left\{ \frac{\left| g(x,y) - \tilde{g}(x,y) \right|}{g(x,y)} \right\} \times 100 \tag{6.17}$$

在式（6.14）和式（6.15）中，MES（均方差）由整数的舍入误差的方差递

增,以处理有限的无损情况,当 MES = 0。因此,SNR 和 PSNR 将分别以 $10 \cdot$ $\lg(12 \cdot \bar{g}^2)$ 和 $10 \cdot \lg(12 \cdot g_{fs}{}^2)$ 为上限。

就多波段数据而言,令 $\nu_z \triangleq g_z(x,y)$,$z = 1, \cdots, N_z$,表示原始多光谱像素向量 ν 第 z 个成分,$\tilde{\nu}_z \triangleq \tilde{g}_z(x,y)$,$z = 1, \cdots, N_z$ 代表其失真的版本。一些辐射失真测量结果(6.11)~(6.17)可以延伸到矢量的数据。

平均矢量均方根误差(VRMSE)或者 $L_1(L_2)$(最里面的范数 L_2 是指向量空间(z),外侧的是指像素空间(x,y))

$$\text{VRMSE}_{\text{avg}} = \frac{1}{N} \sum_{x,y} \sqrt{\sum_z [g_z(x,y) - \tilde{g}_z(x,y)]^2} \qquad (6.18)$$

峰值 VRMSE 峰值,或 $L_\infty(L_2)$

$$\text{VRMSE}_{\text{max}} = \max_{x,y} \sqrt{\sum_z [g_z(x,y) - \tilde{g}_z(x,y)]^2} \qquad (6.19)$$

信噪比

$$\text{SNR} = 10 \cdot \lg \frac{\sum\limits_{x,y,z} g_z^2(x,y)}{\sum\limits_{x,y,z} [g_z(x,y) - \tilde{g}_z(x,y)]^2} \qquad (6.20)$$

峰值信噪比

$$\text{PSNR} = 10 \cdot \lg \frac{N \cdot N_z \cdot g_{fs}^2}{\sum\limits_{x,y,z} [g_z(x,y) - \tilde{g}_z(x,y)]^2} \qquad (6.21)$$

最大绝对误差(MAD),或 $L_\infty(L_\infty)$

$$\text{MAD} = \max_{x,y,z} \{ |g_z(x,y) - \tilde{g}_z(x,y)| \} \qquad (6.22)$$

最大绝对误差百分比(PMAD)

$$\text{PMAD} = \max_{x,y,z} \left\{ \frac{|g_z(x,y) - \tilde{g}_z(x,y)|}{g_z(x,y)} \right\} \times 100 \qquad (6.23)$$

在实践中,式(6.18)和式(6.19)分别是失真向量欧几里得范数的平均值和最大值。SNR(6.20)是(6.14)的 3D 数据立方体延伸。PSNR 是最大的 SNR 值,给定每个矢量分量的全尺度。MAD(6.22)是失真向量最大绝对值的像素集的最大值。PMAD(6.23)是数据立方体每个矢量分量的最大百分比误差。

2. 光谱失真

给定的两个光谱矢量 ν 和 $\tilde{\nu}$ 都具有 L 分量,令 $\nu = \{v_1, v_2, \cdots, v_L\}$ 为原始光谱像素矢量,$v_z = g_z(x,y)$,$\tilde{\nu} = \{\tilde{v}_1, \tilde{v}_2, \cdots, \tilde{v}_L\}$ 为其有损压缩和解压缩后的失真版本,即 $\tilde{v}_z = \tilde{g}_z(x,y)$。类似于辐射失真量的测量,光谱失真量的测量也可以

定义。

光谱角匹配(SAM)表示了一对矢量之间光谱角的绝对值:

$$\text{SAM}(\boldsymbol{v}, \tilde{\boldsymbol{v}}) \triangleq \arccos\left(\frac{\langle \boldsymbol{v}, \tilde{\boldsymbol{v}} \rangle}{\|\boldsymbol{v}\|_2 \cdot \|\tilde{\boldsymbol{v}}\|_2}\right) \tag{6.24}$$

其中,$\langle\ ,\ \rangle$表示标量积。SAM 可以按度数或弧度测量。另一个测量,特别适合高光谱数据(即大量分量的数据),是光谱信息散度(SID)[20] 来源于信息理论概念:

$$\text{SID}(\boldsymbol{v}, \tilde{\boldsymbol{v}}) = D(\boldsymbol{v} \| \tilde{\boldsymbol{v}}) + D(\tilde{\boldsymbol{v}} \| \boldsymbol{v}) \tag{6.25}$$

其中,$D(\boldsymbol{v} \| \tilde{\boldsymbol{v}})$是 Kullback – Leibler 距离(KLD),或者熵散度,或辨别[24],定义为

$$D(\boldsymbol{v} \| \tilde{\boldsymbol{v}}) \triangleq \sum_{z=1}^{L} p_z \log\left(\frac{p_z}{q_z}\right) \tag{6.26}$$

其中

$$p_z \triangleq \frac{v_z}{\|\boldsymbol{v}\|_1} \ \text{并且} \ q_z \triangleq \frac{\tilde{v}_z}{\|\tilde{\boldsymbol{v}}\|_1} \tag{6.27}$$

在实践中,SID 等于对称的 KLD,可以紧凑地写为

$$\text{SID}(\boldsymbol{v}, \tilde{\boldsymbol{v}}) = \sum_{z=1}^{L} (p_z - q_z) \log\left(\frac{p_z}{q_z}\right) \tag{6.28}$$

其证明是对称的,人们可以很容易地验证。同样可以证明,SID 总是非负,为零时当且仅当$p_z \equiv q_z, \forall z$,即如果$v$是与$\tilde{v}$平行。SID 的测量单位取决于对数基:自然对数的自然／向量和以 2 为基数对数的位／向量。

这两个 SAM(6.24)和 SID(6.28)可以是像素向量的平均值或者用其最大值代替,作为更具代表性的光谱质量。需要注意的是,辐射失真并不意味着光谱失真。相反的,光谱真实总是伴随着辐射失真,当一对矢量对 SAM 具有相同的欧几里得长度(L_2)或者对 SID 具有相同的城市块长度(L_1)时失真最小。

6.6.2　线性和对数量化

在本小节中,描述了线性和对数量化。量化的目的是减少传输速率。线性量化能够控制近无损编码,而对数量化是用来产生相对误差有限制压缩。

1. 线性量化

为了在近无损压缩的约束下减少比特率,对预测误差进行量化,同时量化噪声反馈回路嵌入编码器中,这样当前像素预测就从解码器可用的噪声数据产生,如图 6.1(a)、6.1(b)所示。预测误差$e(n) \triangleq g(n) - \hat{g}(n)$,可以按步

长 Δ 进行线性量化 $e_\Delta(n) = \text{round}[e(n)/\Delta]$，并且传送给上下文编码部分，如图6.1(a)所示。逆量化操作，$\tilde{e}(x,y) = e_\Delta(x,y) \cdot \Delta$ 引入了误差，其方差和最大模分别为 $\Delta^2/12$ 和 $\lfloor\Delta/2\rfloor$。由于 MSE 失真是关于 Δ 的二次函数，奇数值步长对给定的 L_2 产生比偶数步长产生的更低的 L_∞ 失真，所以近无损压缩倾向于选择奇数步长。目标峰值误差间的相关性即 $\varepsilon \in \mathbf{Z}^+$，而用到的步长为 $\Delta = 2\varepsilon + 1$。

2. 对数量化

对相对误差有限制压缩的情况，合理的预测误差必须设想。我们定义相对预测误差(RPE)为初始像素值与已预测像素值的比：

$$r(n) \triangleq \frac{g(n)}{\hat{g}(n)} \tag{6.29}$$

然而，RPE 的有理数本质使得线性量化无法保证严格的用户定义相对误差有限的性能。

给定一个步长 $\Delta \in \mathbf{R}(\Delta > 0, \Delta \neq 1)$，当 $t \in \mathbf{R}, t > 0$ 时，定义正向和逆对数量化(Log - Q)为

$$\begin{cases} Q_\Delta(t) \triangleq \text{round}[\log_\Delta(t)] = \text{round}[\log(t)/\log(\Delta)] \\ Q_\Delta^{-1}(l) = \Delta^l \end{cases} \tag{6.30}$$

将式(6.30)代入式(6.29)得到

$$Q_\Delta[r(n)] = \text{round}\left[\frac{\log(g(n)) - \log(\hat{g}(n))}{\log \Delta}\right] \tag{6.31}$$

因此，RPE 的 Log - Q 和步长为 $\log \Delta$ 的 $\log(g(n)) - \log(\hat{g}(n))$ 的 Lin - Q 相同。如果步长 Δ 的 Log - Q 被用来编码像素的 RPE(6.29)，可以证明初始像素值与已预测像素值比值的界限在 1 左右

$$\min\left\{\sqrt{\Delta}, \frac{1}{\sqrt{\Delta}}\right\} \leqslant \frac{g(n)}{\hat{g}(n)} \leqslant \max\left\{\sqrt{\Delta}, \frac{1}{\sqrt{\Delta}}\right\} \tag{6.32}$$

从式(6.32)和式(6.29)看出，像素失真百分比最大限度为

$$\text{PMAD} = \max\left\{\sqrt{\Delta} - 1, 1 - \frac{1}{\sqrt{\Delta}}\right\} \times 100 \tag{6.33}$$

取决于是否 $\Delta > 1$ 或者 $0 < \Delta < 1$。因此，目标峰值误差间的相关性 ρ，以及步长将会是 $\Delta = (1 + \rho/100)^2$，例如 $\Delta > 0$。

6.7　几乎无损压缩

几乎无损这个术语表示由压缩引入的失真表现为额外的噪声量，除了固

有的观测噪声,是与后者统计独立的,也是与基础信号统计独立的。其一阶分布应该是破坏了解压缩数据的噪声的总体概率密度函数(PDF),即固有噪声加上压缩所引起的噪声,紧密匹配原始数据的噪声 PDF。如果压缩是无损的,这些要求是可以充分满足的,但也可以保持如果未压缩与解压缩的数据之间的差异成像具有尖峰的和窄的 PDF 且没有拖尾,如对近无损技术的那样,无论何时用户定义的 MAD 都充分小于标准的背景噪声标准偏差 σ_n。MAD 和 σ_n 两者,都意在用已校准数据的物理单元或数字计数来表示。因此,噪声建模和未压缩数据估计成为完成几乎无损压缩的主要任务[6]。基本假设是信号与噪声的相关性为零或很小的。然而,对高光谱图像噪声与信号的独立性可能没法严格保持,特别是对新一代仪器来说。噪声模型的进一步不确定性或许可以通过对目标 MAD 和背景噪声 RMS 值施加限制而克服。

对于一个 DPCM 方案,MAD 和量化步长的关系为 $\Delta = 2\text{MAD} + 1$,而量化噪声方差(等于 MSE)与步长的关系为 $\varepsilon^2 = \Delta^2/12$。因此,几乎无损压缩的基本原理概述如下。首先,测量背景噪声 RMS,σ_n;如果 $\sigma_n < 1$,无损压缩是必须的;如果 $1 \leqslant \sigma_n < 3$,建议无损压缩,但近无损压缩(MAD = 1,$\Delta = 3$)是可行的;当 $3 \leqslant \sigma_n < 5$ 时,严格的几乎无损压缩需要 MAD = 1,诸如此类。

信号可能根据不同的要求而事先被量化处理,而之后检查噪声做出判定无损压缩是否真的是必要的,或者近无损压缩可以被用作代替方法而没有代价,从而实现真正的几乎无损。

实现遥感数据科学质量保存的压缩的关键由以下两方面建议表达:

(1)未压缩和解压缩的图像间误差的 PDF 拖尾不出现,以最大化 RMSE/MAD 比,即 ε/MAD,或者等价地对一个给定的 RMSE 最小化 MAD。

(2)MSE 比背景噪声 σ_n^2 的方差降低一个数量级(10 dB)。

只要量化步长 Δ 是奇数整数使得 $\Delta \approx \sigma_n$,近无损方法就可以满足这样的要求。更确切地说,MAD 和 σ_n 的关系(也包括了大约 1 dB 的限制)是

$$\text{MAD} = \lfloor \max\{0, (\sigma_n - 1)/2\} \rfloor \tag{6.34}$$

取决于应用的上下文和数据类型,关系式(6.34)可以放宽,例如,通过使比率 σ_n^2/ε^2 比大于 3 dB,而不是(6.34)给出的 11 dB。如果这些数据是固有的小噪声,该方式导致无损压缩的直接使用,即 $\Delta = 1$。

如果要求压缩比高于可逆情况的压缩比,低噪声波段用 MAD ≥ 1 的近无损压缩可能不能保证数据的科学质量,因为压缩引起的 MSE 不比 σ_n^2 低一个数量级,它将被推荐为几乎无损压缩。但是,提高压缩比使之高于严格几乎无损方式的典型值将成为必需的。为了调整压缩比,引入一个实值的正比例因

子 q,这样第 n 波段的量化步长由下式给出:

$$\Delta_n = \text{round}[q \cdot \sigma_n] \qquad (6.35)$$

其四舍五入到最近的奇整数。如果 $q \leqslant 1$,则达到了严格的几乎无损压缩,因为压缩引起的二次失真少于数据的固有噪声的十分之一。相反地,如果 $q > 1$,压缩是广义几乎无损压缩,即使失真适当分布在波段中。举一个例子,利用 S – RLP 算法对 1997 AVIRIS Cuprite Mine 测试序列近无损压缩,图 6.5 给出了三个不同 q 值的量化步长。通过考虑基于局部统计联合 2D PDF(在[4]中描述的),执行了测试序列背景噪声 RMS 估计。对全数据立方体,比较几乎无损压缩和唯一量化器,后者的步长(得到和前者相等的压缩比)至少对于小失真来说是(6.35)中步长的几何均值四舍五入后的奇整数,以使每个波段都有独立的量化器。

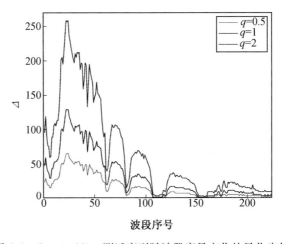

图 6.5 Cuprite Mine 测试序列随波段序号变化的量化步长

6.8　实验结果与比较

实验结果基于 1997 AVIRIS 和 2006 AVIRIS 两个数据集所提供。无损压缩首先在这两个数据集上考虑。之后给出了 1997 AVIRIS 数据集在特定的场景 Cuprite Mine 序列中的近无损与几乎无损压缩结果。最后,介绍了一些几乎无损压缩关于地物辨别的考虑。

6.8.1　无损压缩性能比较

执行无损压缩实验与文献中的常用方法比较,包括经典方法 FL[27],

SLSQ[42],M−CALIC[30],C−DPCM[33],S−RLP和S−FMP,以及基于LUT的算法LUT−NN[32],LAIS−LUT[23],S−RLP−LUT和S−FMP−LUT。最后,也给出了TSP[27]方法,该算法专门为处理校正引入的伪影。其中某些方法尚未用2006 AVIRIS数据集。

1. 1997 AVIRIS 数据集

表6.1列举了几个对标准1997 AVIRIS图像的无损压缩方法的比特率。比较的方法是FL[27],SLSQ[42],M−CALIC[30],C−DPCM[33],S−RLP,S−FMP,LUT−NN[32],LAIS−LUT[23],S−RLP−LUT,S−FMP−LUT以及TSP[27]。

表6.1　1997 AVIRIS 测试高光谱图像的无损压缩比特率　　bpppb

	Cuprite	Jasper	Lunar	Moffett	平均
FL	4.82	4.87	4.83	4.93	4.86
SLSQ	4.94	4.95	4.95	4.98	4.96
M−CALIC	4.89	4.97	4.80	4.65	4.83
C−DPCM	4.68	4.62	4.75	4.62	4.67
S−RLP	4.69	4.65	4.69	4.67	4.67
S−FMP	4.66	4.63	4.66	4.63	4.64
LUT−NN	4.66	4.95	4.71	5.05	4.84
LAIS−LUT	4.47	4.68	4.53	4.76	4.71
S−RLP−LUT	3.92	4.05	3.95	4.09	4.00
S−FMP−LUT	3.89	**4.03**	3.92	**4.05**	3.97
TSP	**3.77**	4.08	**3.81**	4.12	**3.95**

注:S−RLP−LUT和S−FMP−LUT使用 $N=20$ 以前的波段和每波段 $M=4$ LUT;最好的结果用黑体标出;bpppb是比特每像素每波段 bit per pixel per band 的缩写。

从表6.1的结果可以明显看出,通过TSP和基于LUT的算法可以得到最好的平均性能。它们即使在不是专门为某种数据设计的情况下也非常有效,因为它们可以利用图像直方图的人工规律。

关于S−RLP算法,利用改变预测因果邻域 $S(n)$ 中像素的数目 S,图6.6给出和3D−RLP的比较。

在这个实验中,实验图像1997 Cuprite的第四景通过S−RLP和3D−RLP的方法被可逆压缩。显示为比特每像素每波段的比特率包含了所有编码开销:预测变量系数、块标签以及算术码字。对于每一个 λ,考虑等于5、14和20

的预测长度和 16 个预测联合。RLP 的 3D 预测通常由几个之前的波段得出，除了第一波段（用帧内模式编码，即 2D DPCM）和第二波段（只用之前一个波段预测）。S–RLP 的纯光谱 1D 预测是通过可用的之前的波段上至所要求的预测长度所执行的。

由图 6.6 可以看出，S–RLP 优于 3D–RLP，尤其是在预测长度更低的时候，一个感兴趣的例子是定制的卫星星载实现。S–RLP 和 3D–RLP 两者的表现并不能通过增加数值和预测器的长度得到明显的提升，因为开销信息也增长了。

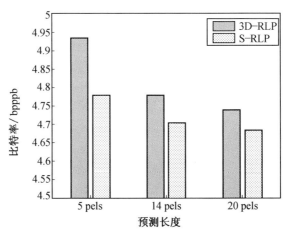

图 6.6　S–RLP 和 3D–RLP 随预测长度不同的对比图
AVIRIS Cuprite Mine 1997 第四个场景的无损压缩比特率

2. 2006 AVIRIS 数据集

已校正和未校正的 AVIRIS 图像新的数据集已由空间数据系统咨询委员会（CCSDS）提供，现在对科研工作者压缩实验是可用的，网站地址：http://compression. jpl. nasa. gov/hyperspectral。此数据集包括在怀俄明州黄石公园所采集的五个已校正和对应的原始 16 bit 图像数据。每幅图像包含 224 个波段，每个场景（场景号 0、3、10、11、18）具有 512 行[27]。其中第 50 波段的黄石公园场景 10 如图 6.7 所示。

表 6.2 和表 6.3 分别给出了对 2006 AVIRIS 校正和未校正数据集的无损压缩性能。实验所用的比较的方法为 FL[28]，S–RLP，S–FMP，LUT–NN[32]，LAIS–LUT[23]，TSP[27]，S–RLPLUT 和 S–FMP–LUT。对于最后两个算法，只有两个场景被压缩。

图 6.7　2006 AVIRIS 黄石公园第 10 场景的波段 50

表 6.2　已校正的 2006 AVIRIS 数据集的无损压缩比特率　　bpppb

	Yellowstone 0	Yellowstone 3	Yellowstone 10	Yellowstone 11	Yellowstone 18	平均
FL	3.91	3.79	3.37	3.59	3.90	3.71
SLSQ	3.58	3.43	2.95	3.27	3.46	3.34
S-FMP	**3.54**	**3.39**	**2.94**	**3.25**	**3.44**	**3.31**
LUT-NN	4.82	4.62	3.96	4.34	4.84	4.52
LAIS-LUT	4.48	4.31	3.71	4.02	4.48	4.20
SRLP-LUT	3.95	3.82	n.a.	n.a.	n.a.	n.a.
S-FMP-LUT	3.91	3.78	n.a.	n.a.	n.a.	n.a.
TSP	3.99	3.86	3.42	3.67	3.97	3.78

注:仅将 S-RLP-LUT 和 S-FMP-LUT 用于前两个场景;最好的结果用黑体标注

表 6.3 　未校正的 2006 AVIRIS 数据集的无损压缩比特率　　bpppb

	Yellowstone 0	Yellowstone 3	Yellowstone 10	Yellowstone 11	Yellowstone 18	平均
FL	6.20	6.07	5.60	5.81	3.90	5.99
SLSQ	5.88	5.72	5.21	5.54	3.46	5.62
S-FMP	**5.84**	**5.67**	**5.18**	**5.48**	**3.44**	**5.57**
LUT-NN	7.14	6.91	6.26	6.69	4.84	6.84
LAIS-LUT	6.78	6.60	6.00	6.30	4.48	6.50
SRLP-LUT	6.21	6.05	n.a.	n.a.	n.a.	n.a.
S-FMP-LUT	6.17	6.01	n.a.	n.a.	n.a.	n.a.
TSP	6.27	6.13	5.64	6.32	3.97	6.05

注:仅将 S-RLP-LUT 和 S-FMP-LUT 用于前两个场景;最好的结果用黑体标注

此结果表明,基于 LUT 的方法和 TSP 对校正和未校正的 2006 AVIRIS 数据集不能取得对 1997 AVIRIS 数据集同样的最好的性能。S-RLP 和 S-FMP 是目前最有效的方法,对已校正和校正的数据分别比 FL 增益分别超过 10% 和 6%、比 TSP 增益超过 12% 和 7%。FL 算法虽然简单但很有效。

6.8.2　近无损压缩性能比较

对 Cuprite Mine 第四场景的近无损压缩实验已完成。图 6.8(a)给出了 $M=16$ 预测和每预测器 $S=20$ 系数时 S-RLP 和 3D-RLP 算法得到的率失真(RD)曲线。从波段序列的平均 MSE 计算全图的 PSNR。由于符号位,式(6.15)中的全尺度 g_{fs} 被设置为 $2^{15}-1=32\,767$ 而不是 65 535,因为校正中消除或者暗电流引入的小负值在一些场景中非常少甚至消失。因此,当达到可逆时,由于噪声整数四舍五入,PSNR 达到了 $10\lg(12g_{fs}^2)\approx102$ dB。舍入噪声校正具有双重优势。首先,无损点出现在曲线内而且可以被直接比较。其次,根据 RD 理论[24](用一个均匀阈值量化器),所有的 PSNR 比特率曲线是斜率约为 6 dB/bit 的直线,即 1 bpp。对于低比特率而言,量化噪声反馈导致从理论直线指数的偏移。

结果遵循着与 S-RLP 无损压缩同样的趋势而且和[6]中 3D-RLP、[30]中 M-CALIC 的情况类似。近无损比特率从成比例量的无损情况严格地向下移到量化引起失真的对数。这一现象在低比特率的情况下不会发生,因为量化噪声反馈效应,预测变得越来越差,由于它是从预测使用的非常失真的重建

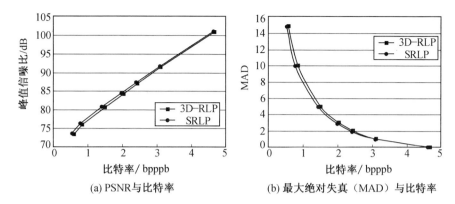

图 6.8 AVIRIS 1997 Cuprite Mine 测试高光谱图像近无损压缩性能曲线

样值中获得的,这必须对齐到解码器。

有趣的是,在一个给定的峰值信噪比下,S-RLP 和 3D-RLP 比特率的差异只是无损点附近的 2% 比特/像素,以 1.5 bpp 率增长至 1/10 bpp,这是典型的高品质的有损压缩的性质。比较最新的算法[35],即先进的 JPEG 2000 多成分方法[35],表明 S-RLP 优于基于小波变换的编码器在 2 bpp 时约 3.5 dB。然而因为量化噪声的反馈效应(在 3D 小波编码器中没有),这种差别减少到 1 bpp 时 2.5 dB,在 0.25 bpp 附近消失。这种适度的性能损失是嵌入式编码器所必须付出的代价。DPCM 不允许渐进重建,但是产生更高的信噪比,至少在中高比特率是这样。DPCM 进一步的优点是,它是近无损的,不像 JPEG 2000 可以无损但不是近无损的,除非采用极其烦琐的量化器,否则其性能会有进一步损失[15]。

近无损性能显示于图 6.8(b)的 MAD-比特率曲线。由于噪声的平均标准差被认为约是 10(根据[3]),S-RLP 给出的几乎无损压缩(最大压缩引起的绝对误差低于噪声的标准差[29])比特率大约为 1.6 bpppb,产生对未压缩的数据的压缩比为 $CR=10$ 以及相对于无损压缩 $CR≈3$。图 6.8 表明,S-RLP 对 3D-RLP 性能的增长与这样的比特率更有关(相对于高比特率)。

图 6.9(a)给出了线性量化的 3D-RLP 不同的实验结果,这不代表所有基于 DPCM 方法的结果。而图 6.9(b)为在对数量化情况下的结果。

所有波段都在 MAD 约束模式(线性量化)和 PMAD 约束模式(对数量化)下进行了压缩。比特率随波段数而变化,连同其相关的失真参数如图 6.9 所示。比特率曲线遵循相似的趋势随失真量变化,但对两种类型的失真(即 MAD 或 PMAD)完全不相同。例如,水蒸气吸收波长(约为波段 80)附近,MAD 约束曲线呈现出明显的波谷,这可以由数据内部 SNR 来解释,因此线性

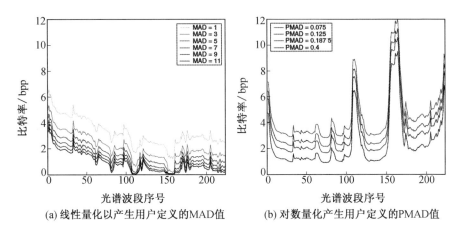

(a) 线性量化以产生用户定义的MAD值   (b) 对数量化产生用户定义的PMAD值

图 6.9   3D RLP 方法对 Cuprite 波段序列产生的比特率

量化器明显减小了噪声预测误差。另一方面,当信号小时,PMAD 约束编码器量化噪声残差更精细。因此比特率出现峰值,而不是波谷。更一般地说,PMAD 约束编码器的比特率峰值与光谱仪低响应有关。这就解释了为什么图 6.9(a)的比特率曲线从来没低于 1 bpp 每波段。

6.6.1 节中定义的一些辐射失真测量已经对失真的高光谱像素矢量(通过解压缩由近无损 3D-RLP 编码器产生的比特流产生)计算产生,包括 MAD 和 PMAD 约束。矢量数据 VRMSE,包括平均(6.18)和最大值(6.19),均用编码器的比特率函数形式绘于图 6.10(a)中。

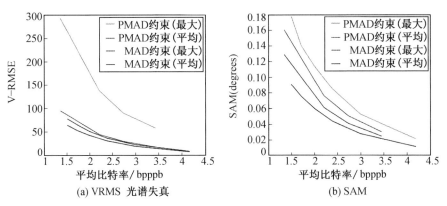

(a) VRMS 光谱失真   (b) SAM

图 6.10   压缩的 AVIRIS 1997 Cuprite Mine 数据的矢量失真与比特率

MAD 约束编码器明显最小化 VRMSE 值的平均及最大值,也就是像素误差向量的欧几里得范数。另外一个优点是,平均和最大的 VRMSE 值在所有比特率上彼此都非常接近。PMAD 约束编码器性能有些不足:平均 VRMSE 和前者的是差不多的,但是由于高信号分量被粗量化以最小化 PMAD,峰值 VRMSE 值较大。在此节中没写出的结果表明,数据立方体的 MAD(6.22) 正好等于所需的值,而 PMAD(不受约束)的值较高。通过对 MAD 约束和 PMAD 约束的解码后的数据测量 PMAD 发现结果是对称的。

　　至于辐射失真而言,结果并不令人惊讶。对向量的辐射失真测量直接来自标量的像素值的测量。引入这样的光谱测量如 SAM(6.24) 和 SID(6.28) 可以克服失真的原理,建立在信号/图像处理领域。图 6.10(b) 显示了原始和解压缩高光谱像素向量之间的光谱失真。PMAD 约束算法产生的曲线在 MAD 约束算法产生的对应的曲线中间,结果非常接近。由于最大 SAM 是解码数据光谱质量更好的线索(与平均 SAM 相比),一个可能的结论是 PMAD 约束压缩最优化数据的光谱质量,而 MAD 约束在辐射质量方面更优。此外,P-MAD 约束对数量化器引入的最大 SAM 对 1 bpp 每矢量分量平均码率低于 0.2°,即 $CR \approx 16$。

6.8.3　材料辨别

　　高光谱向量的分析过程通常作用在反射率数据上,特别当目标是通过比较遥感光谱与从参考光谱库提取的样本光谱进行材料识别时。每当测量光谱与实验室光谱比较时,辐射数据转化成反射率,例如通过下面简单的公式:

$$\rho(\lambda) = \frac{R(\lambda) \cdot \pi}{I(\lambda) \cdot T(\lambda)} \tag{6.36}$$

其中,$\rho(\lambda)$ 是反射率;$I(\lambda)$ 是地面太阳辐照度;$T(\lambda)$ 是大气透过率;$R(\lambda)$ 是在传感器辐射,都是波长 λ 的函数。对辐射压缩引起的失真会根据 $I(\lambda) \cdot T(\lambda)$ 积的值放大或者衰减。因此,像 SAM 这样的频谱失真必须用像素光谱反射率而不是辐射像素光谱来测量。从已压缩高光谱数据得到的光谱识别的广泛结果证明了一个比0.5°小的 SAM 失真对材料的识别光谱特征自动分类器能力的影响可以忽略不计[26]。

　　事实上,整个光谱上的均匀失真分配导致了原始和解压向量间最小角误差。波段变量失真的分配即使遵循几乎无损原则也不能减少误差。然后,当解压辐射数据经过(6.36)转化成反射率数据后,解压缩的反射光谱误差分布在波长范围内近似是平的。其实,几乎无损压缩的量化步长遵循图 6.5 的趋势,而 $I(\lambda) \cdot T(\lambda)$ 积(由该积,辐射的压缩误差将翻倍,产生反射的压缩误差)遵循相反的趋势。最终,几乎无损压缩在相同比率上比近无损压缩更好,至少对于使用光谱库的材料检测,因为几乎无损数据产生的反射率的 SAM 平均低于近无损数据产生的。

6.9 结　论

　　本章指出,质量问题对成像光谱仪产生的辐射数据的压缩是至关重要的。使用最广泛的无损压缩技术可能被有损(但误差限制)技术所取代。无损和近无损压缩技术都能够实现作为自适应 DPCM 编码器,前者与后者之间只有细微差异。在噪声较大的波段,压缩引入的失真更能够容忍,即危害较小,反之亦然,构建几乎无损方式,提供可操作的准则来设计量化 DPCM 方案中的量化。每个波段量化步长的大小应该是仪器噪声测量的标准差的一小部分。对于典型的可见光近红外+短波红外光谱(400 ~ 2 500 nm),几乎无损压缩利用了不同波段的量化,使步长随波长增长而近似减小。一旦解压缩的辐射光谱通过去除太阳辐照度和大气透射率的影响被转换为发射率,压缩引起的误差分布随波长是近似相等的。因此,对辐射压缩误差引入的角度误差,几乎无损压缩要比近无损压缩低。此特征预计对从压缩的数据和光谱库中识别有用材料是有用的。

参 考 文 献

[1] Abrardo, A. , Alparone, L. , Bartolini, F. Encoding−interleaved hierarchical interpolation for lossless image compression. Signal Processing 56(2), 321-328 (1997).

[2] Aiazzi, B. , Alba, P. , Alparone, L. , Baronti, S. Lossless compression of multi/hyper−spectral imagery based on a 3−D fuzzy prediction. IEEE Trans. Geosci. Remote Sensing 37(5), 2287-2294 (1999).

[3] Aiazzi, B. , Alparone, L. , Barducci, A. , Baronti, S. , Marcoionni, P. , Pippi,I. , Selva, M. Noise modelling and estimation of hyperspectral data from airborne imaging spectrometers. Annals of Geophysics 41 (1), 1-9 (2006).

[4] Aiazzi, B. , Alparone, L. , Barducci, A. , Baronti, S. , Pippi,I. Estimating noise and information of multispectral imagery. J. Optical Engin. 41(3), 656-668 (2002).

[5] Aiazzi, B. , Alparone, L. , Baronti, S. A reduced Laplacian pyramid for lossless and progressive image communication. IEEE Trans. Commun. 44

(1), 18-22 (1996).

[6] Aiazzi, B. , Alparone, L. , Baronti, S. Near—lossless compression of 3 – D optical data. IEEE, Trans. Geosci. Remote Sensing 39 (11), 2547-2557 (2001).

[7] Aiazzi, B. , Alparone, L. , Baronti, S. Context modeling for near—lossless image coding. IEEE Signal Processing Lett. 9(3), 77-80 (2002).

[8] Aiazzi, B. , Alparone, L. , Baronti, S. Fuzzy logic—based matching pursuits for lossless predictive coding of still images. IEEE Trans. Fuzzy Systems 10 (4), 473-483 (2002).

[9] Aiazzi, B. , Alparone, L. , Baronti, S. Near—lossless image compression by relaxation – labelled prediction. Signal Processing 82 (11), 1619-1631 (2002).

[10] Aiazzi, B. , Alparone, L. , Baronti, S. Lossless compression of hyperspectral images using multiband lookup tables. IEEE Signal Processing Lett. 16 (6), 481-484 (2009).

[11] Aiazzi, B. , Alparone, L. , Baronti, S. , Lastri, C. Crisp and fuzzy adaptive spectral predictions for lossless and near—lossless compression of hyperspectral imagery. IEEE Geosci. Remote Sens. Lett. 4 (4), 532-536 (2007).

[12] Aiazzi, B. , Alparone, L. , Baronti, S. , Lotti, F. Lossless image compression by quantization feedback in a content—driven enhanced Laplacian pyramid. IEEE Trans. Image Processing 6 (6), 831-843 (1997).

[13] Aiazzi, B. , Alparone, L. , Baronti, S. , Santurri, L. Near—lossless compression of multi/hyperspectral images based on a fuzzy—matching—pursuits interband prediction. In: S. B. Serpico (ed.) Image and Signal Processing for Remote Sensing VII, vol. 4541, pp. 252-263(2002).

[14] Alecu, A. , Munteanu, A. , Cornelis, J. , Dewitte, S. , Schelkens, P. On the optimality of embedded deadzone scalar—quantizers for wavelet—based L—infinite—constrained image coding. IEEE Signal Processing Lett. 11 (3), 367-370 (2004).

[15] Alecu, A. , Munteanu, A. , Cornelis, J. , Dewitte, S. , Schelkens, P. Wavelet—based scalable L—infinity—oriented compression. IEEE Trans Im-

age Processing 15(9), 2499-2512 (2006).

[16] Baraldi, A., Blonda, P. A survey of fuzzy clustering algorithms for pattern recognition-Parts I and II. IEEE Trans. Syst. Man Cybern. -B 29(6), 778-800 (1999).

[17] Benazza – Benyahia, A., Pesquet, J. C., Hamdi, M. Vector – lifting schemes for lossless coding and progressive archival of multispectral images. IEEE Trans. Geosci. Remote Sensing 40(9), 2011-2024 (2002).

[18] Bezdek, J. C. Pattern Recognition with Fuzzy Objective Function Algorithm. Plenum Press, New York (1981).

[19] Carpentieri, B., Weinberger, M. J., Seroussi, G. Lossless compression of continuous−tone images. Proc. of the IEEE 88(11), 1797-1809 (2000).

[20] Chang, C. I. An information−theoretic approach to spectral variability, similarity, and discrimination for hyperspectral image analysis. IEEE Trans. Inform. Theory 46(5), 1927-1932(2000).

[21] Deng, G., Ye, H., Cahill, L. W. Adaptive combination of linear predictors for lossless image compression. IEE Proc. −Sci. Meas. Technol. 147(6), 414-419 (2000).

[22] Golchin, F., Paliwal, K. K. Classified adaptive prediction and entropy coding for lossless coding of images. In: Proc. IEEE Int. Conf. on Image Processing, vol. III/III, pp. 110-113 (1997).

[23] Huang, B., Sriraja, Y. Lossless compression of hyperspectral imagery via lookup tables with predictor selection. In: L. Bruzzone (ed.) Proc. of SPIE, Image and Signal Processing for Remote Sensing XII, vol. 6365, pp. 63650L. 1-63650L. 8 (2006).

[24]. Jayant, N. S., Noll, P. Digital Coding of Waveforms: Principles and Applications to Speech and Video. Prentice Hall, Englewood Cliffs, NJ (1984).

[25]. Ke, L., Marcellin, M. W. Near−lossless image compression: minimum entropy, constrainederror DPCM. IEEE Trans. Image Processing 7(2), 225-228 (1998).

[26] Keshava, N. Distance metrics and band selection in hyperspectral processing with applications to material identification and spectral libraries. IEEE

Trans. Geosci. Remote Sensing 42(7), 1552-1565 (2004).

[27] Kiely, A. B., Klimesh, M. A. Exploiting calibration – induced artifacts in lossless compression of hyperspectral imagery. IEEE Trans. Geosci. Remote Sensing 47(8), 2672-2678 (2009).

[28] Klimesh, M. Low–complexity adaptive lossless compression of hyperspectral imagery. In: Satellite Data Compression, Communication and Archiving II, Proc. SPIE, vol. 6300 pp. 63000N.1-63000N.9 (2006).

[29] Lastri, C., Aiazzi, B., Alparone, L., Baronti, S. Virtually lossless compression of astrophysical images. EURASIP Journal on Applied Signal Processing 2005(15), 2521-2535 (2005).

[30] Magli, E., Olmo, G., Quacchio, E. Optimized onboard lossless and near–lossless compression of hyperspectral data using CALIC. IEEE Geosci. Remote Sensing Lett. 1(1), 21-25 (2004).

[31] Matsuda,I., Mori, H., Itoh, S. Lossless coding of still images using minimum–rate predictors. In: Proc. IEEE Int. Conf. on Image Processing, vol. I/III, pp. 132-135 (2000).

[32] Mielikainen, J. Lossless compression of hyperspectral images using lookup tables. IEEE Signal Proc. Lett. 13(3), 157-160 (2006).

[33] Mielikainen, J., Toivanen, P. Clustered DPCM for the lossless compression of hyperspectral images. IEEE Trans. Geosci. Remote Sensing 41(12), 2943-2946 (2003).

[34] Mielikainen, J., Toivanen, P., Kaarna, A. Linear prediction in lossless compression of hyperspectral images. J. Optical Engin. 42(4), 1013-1017 (2003).

[35] Penna, B., Tillo, T., Magli, E., Olmo, G. Progressive 3 – D coding of hyperspectral images based on JPEG 2000. IEEE Geosci. Remote Sensing Lett. 3(1), 125-129 (2006).

[36] Pennebaker, W.B., Mitchell, J.L. JPEG: Still Image Compression Standard. Van Nostrand Reinhold, New York (1993).

[37] Ramabadran, T.V., Chen, K. The use of contextual information in the reversible compression of medical images. IEEE Trans. Medical Imaging 11(2), 185-195 (1992).

[38] Rao, A. K. , Bhargava, S. Multispectral data compression using bidirectional interband prediction. IEEE Trans. Geosci. Remote Sensing 34(2), 385-397 (1996).

[39] Rao, K. K. , Hwang, J. J. Techniques and Standards for Image, Video, and Audio Coding. Prentice Hall, Engl. Cliffs, NJ (1996).

[40] Reichel, J. , Menegaz, G. , Nadenau, M. J. , Kunt, M. Integer wavelet transform for embedded lossy to lossless image compression. IEEE Trans. Image Processing 10(3), 383-392 (2001).

[41] Rice, R. F. , Plaunt, J. R. Adaptive variable–length coding for efficient compression of spacecraft television data. IEEE Trans. Commun. Technol. COM–19(6), 889-897 (1971).

[42] Rizzo, F. , Carpentieri, B. , Motta, G. , Storer, J. A. Low–complexity lossless compression of hyperspectral imagery via linear prediction. IEEE Signal Processing Lett. 12(2), 138-141 (2005).

[43] Roger, R. E. , Cavenor, M. C. Lossless compression of AVIRIS images. IEEE Trans. Image Processing 5(5), 713-719 (1996).

[44] Said, A. , Pearlman, W. A. An image multiresolution representation for lossless and lossy compression. IEEE Trans. Image Processing 5(9), 1303-1310 (1996).

[45] Tate, S. R. Band ordering in lossless compression of multispectral images. IEEE Trans. Comput. 46(4), 477-483 (1997).

[46] Taubman, D. S. , Marcellin, M. W. JPEG2000: Image compression fundamentals, standards and practice. Kluwer Academic Publishers, Dordrecht, The Netherlands (2001).

[47] Wang, J. , Zhang, K. , Tang, S. Spectral and spatial decorrelation of Landsat–TM data for lossless compression. IEEE Trans. Geosci. Remote Sensing 33(5), 1277-1285 (1995).

[48] Weinberger, M. J. , Rissanen, J. J. , Arps, R. B. Applications of universal context modeling to lossless compression of gray–scale images. IEEE Trans. Image Processing 5(4), 575-586 (1996).

[49] Weinberger, M. J. , Seroussi, G. , Sapiro, G. The LOCO–I lossless image compression algorithm: principles and standardization into JPEG–LS. IEEE

Trans. Image Processing 9(8),1309-1324 (2000).

[50] Witten, I. H. , Neal, R. M. , Cleary, J. G. Arithmetic coding for data compression. Commun. ACM 30, 520-540 (1987).

[51] Wu, X. , Bao, P. L_∞ constrained high–fidelity image compression via adaptive context modeling. IEEE Trans. Image Processing 9(4), 536-542 (2000).

[52] Wu, X. , Memon, N. Context–based, adaptive, lossless image coding. IEEE Trans. Commun. 45(4), 437-444 (1997).

[53] Wu, X. , Memon, N. Context–based lossless interband compression-Extending CALIC. IEEE Trans. Image Processing 9(6), 994-1001 (2000).

第7章 基于预测下三角变换的 超光谱探测器数据压缩

摘要 KL变换(KLT)是最佳的酉变换,能产生最大的编码增益。基于预测的下三角变换(PLT)与KL变换有着相同的去相关能力和编码增益,但是计算复杂度较低。与KL变换不同,PLT拥有完美的重建特性,使其可以直接用于无损压缩。在这一章,我们应用PLT对超光谱探测器数据进行无损压缩。基于10块AIRS超光谱探测器数据进行实验,结果表明PLT压缩方案的效果可与JPEG-LS,JPEG2000,LUT,SPIHT和CCSDS IDC 5/3等方法媲美。

7.1 引 言

现代和未来的超光谱红外探测器,如AIRS[1],CrIS[2],IASI[3]和GIFTS[4],代表了在环境、气象预报和监测方面重大的技术进步。鉴于通过高光谱和空间观测得到的三维数据量巨大,有效的数据压缩技术的应用将有助于数据的传输和存储。当超光谱探测器数据被用来反演某些地球物理学参数时,如大气温度的垂直廓线,湿度和痕量气体等,反演过程包括解辐射传输方程,这是一个病态的逆问题,对于数据中的噪声和误差[5]很敏感。因此,为了避免影响反演过程,需要无损或近似无损的数据压缩。

过去对于超光谱探测器数据无损压缩的研究可分为基于聚类的、基于预测的和基于变换的方法[6]。由于超光谱探测器数据中光谱维相关性比空间维更高[6],因此有波段排序的研究,作为压缩之前的预处理[7,8]。KL变换(KLT),又名主成分分析(PCA)或者霍特林变换,是能够得到最大编码增益的最理想酉变换。可是,考虑到它与数据相关的计算成本,包括计算输入协方差矩阵的特征向量,KLT通常只被用作性能比较的参照。Phoong和Lin[9]阐明了基于预测的下三角变换(PLT)与KLT具有相同的去相关能力和编码增益,但是具有较低的设计和实现成本。他们将PLT应用于二维图像的有损压缩和AR(1)过程,得到了很好的结果[9]。可是,由Phoong等人提出的原始的PLT要求输入向量必须是一个标量广义平稳(WSS)过程的分块形式。Weng等人[10]提出了一种广义的三角分解(GTD),能使输入向量成为一个矢量WSS过程。GTD与KLT有同样的编码增益,KLT和PLT都是它的特例[10]。

此外,与 KLT 不同,PLT 拥有完美的重建(PR)特性,有助于其应用于无损压缩。由于 PLT 能提供与 KLT 同样的编码增益,并且具有低复杂度和 PR 特性,因此我们应用 PLT 对超光谱探测器数据进行无损压缩。该压缩方法先用 PLT 进行光谱预测,然后再进行算术编码。PLT 方法的压缩比将和基于预测的方法如 LUT[11] 和 JPEG-LS[12] 以及基于小波变换的方法如 JPEG2000[13],SPIHT[14] 和 CCSDS IDC 5/3[15] 进行比较。

本章剩余部分的组织如下:7.2 部分介绍本研究中所用的超光谱探测器数据;7.3 部分描述了提出的压缩方案;7.4 部分给出了超光谱探测器数据的压缩结果;结论在 7.5 部分给出。

7.2　数　据

超光谱探测器数据可以通过迈克尔逊干涉仪(如 CrIS[2],IASI[3],GIFTS[4])或光栅光谱仪(如 AIRS[1])产生。一组标准的可供压缩的超光谱探测器数据集可从如下 ftp 处获得:ftp://ftp.ssec.wisc.edu/pub/bormin/Count/。它由 10 块观测区(Granules)组成,5 个白天的,5 个夜间的,选取的都是地球上具有代表性的地理区域。它们的地理位置、UTC 时间和当地时间差列在表 7.1 中给出。这个标准的超光谱探测器数据集来自 2004 年 3 月 2 日的 NASA AIRS 数据。AIRS 数据包括 2 378 个红外通道,光谱波长范围为 3.74 ~ 15.4 μm。每天的 AIRS 数据都被分成 240 块观测区,每块观测区持续时间为 6 min。每块观测区包含 135 条扫描线,每条扫描线有 90 个跨轨方向覆盖区域;因此,每块共有 135×90＝12 150 个覆盖区域。更多关于 AIRS 的信息可以从 NASA AIRS 的网站 http://www-airs.jpl.nasa.gov 获得。

表 7.1　用于超光谱探测器数据压缩研究的 10 块选取的 AIRS 数据

Granule 序号	UTC 时间	当地时间调整	位置
Granule 9	00:53:31 UTC	−12H	(太平洋,白天)
Granule 16	01:35:31 UTC	+2H	(欧洲,夜间)
Granule 60	05:59:31 UTC	+7H	(亚洲,白天)
Granule 82	08:11:31 UTC	−5H	(北美洲,夜间)
Granule 120	11:59:31 UTC	−10H	(南极洲,夜间)
Granule 126	12:35:31 UTC	−0H	(非洲,白天)
Granule 129	12:53:31 UTC	−2H	(北极,白天)
Granule 151	15:05:31 UTC	+11H	(澳洲,夜间)
Granule 182	18:11:31 UTC	+8H	(亚洲,夜间)
Granule 193	19:17:31 UTC	−7H	(北美洲,白天)

不同通道的数字计数数据大小从 12 bit 到 14 bit 不等。每个通道都用它自身的比特深度存储。为了使所选择的数据对于其他的超光谱探测器同样通用,271 个具有红外特性的 AIR 专属的损坏了的通道被去掉了。每块观测区观测到的数据被保存成二值文件。图 7.1 展示了选取的 10 块观测区中,波数为 800.01 cm^{-1} 的 AIRS 数据。在这些块中,海岸线由实线勾勒出,各种高度的云显示为不同深浅的阴影。

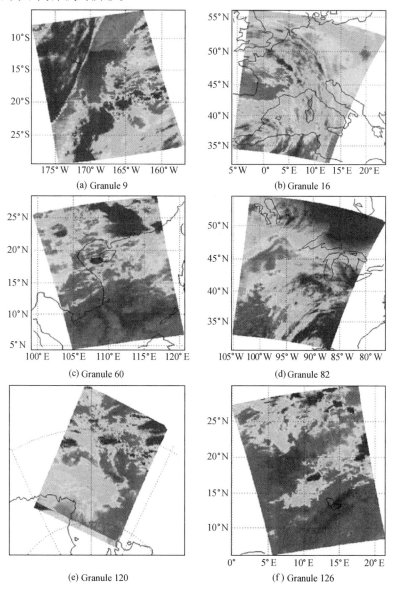

(a) Granule 9

(b) Granule 16

(c) Granule 60

(d) Granule 82

(e) Granule 120

(f) Granule 126

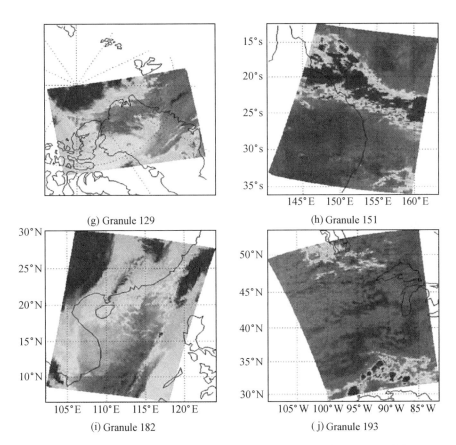

(g) Granule 129 (h) Granule 151

(i) Granule 182 (j) Granule 193

图 7.1 选出的 10 块 2004 年 3 月 2 日在波数 800.01 cm^{-1} 处的 AIRS 数据

7.3 压缩系统

对于超光谱探测器数据,谱间相关性远远强于空间相关性[6]。为了去掉光谱间的依赖性,可以用固定数目的预测因子进行线性预测[16]。基于预测的下三角变换(PLT)也是基于线性预测的,但是用尽可能高阶的预测因子。然而, PLT 可以直接通过 LDU 矩阵分解来计算[9],而不要求对每一阶都做线性回归。图 7.2 给出了 PLT 变换编码方案示意图。

令 $x(n)$ 为标量观测信号的序列。为了利用序列之间的相关性,将 M 个连续的标量信号组合在一起形成一个矢量信号 $x(t)$。每个矢量信号 $x(t)$ 通过一个 PLT 变换(图中用 T 表示)得到一个变换系数矢量 $y(t)$。变换系数通常进行量化从而得到比原数据小的方差,以利于存储或者传输。最后,若需

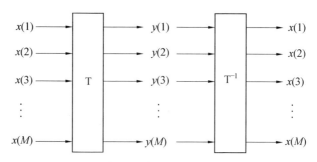

图 7.2　原始 PLT 变换编码方案示意图

要,可以通过一个反变换 T^{-1} 作用到变换系数上来恢复原数据。

为了计算 PLT 变换和反变换,需要原数据的统计信息。假设一共有 $N \times M$ 个采样数据,该 $N \times M$ 的信号矩阵 X 可以表示如下:

$$X = \begin{pmatrix} x(1) & x(M+1) & x(2M+1) & \cdots & x((N-1)M+1) \\ x(2) & x(M+2) & x(2M+2) & \cdots & x((N-1)M+2) \\ x(3) & x(M+3) & x(2M+3) & \cdots & x((N-1)M+3) \\ \vdots & \vdots & \vdots & & \vdots \\ x(M) & x(2M) & x(3M) & \cdots & x(NM) \end{pmatrix} = $$

$$(\boldsymbol{x}(1) \quad \boldsymbol{x}(2) \quad \boldsymbol{x}(3) \quad \cdots \quad \boldsymbol{x}(N))$$

假设 $\boldsymbol{R}_x$ 是观测信号 $x(n)$ 的 M 阶自相关矩阵,利用 $\boldsymbol{R}_x$ 的 LDU 分解,信号 X 的 PLT 变换可以按下式计算:

$$P = L^{-1},\text{其中 } R_x = LDU$$

其中,L 是下三角矩阵,对角线上元素全等于 1;D 是一个对角矩阵;U 是上三角矩阵,对角线上元素也全为 1;P 就是想要的基于预测的下三角变换(PLT)矩阵 T,可通过计算 L 的逆矩阵得到。由于 $\boldsymbol{R}_x$ 是对称的,而且 LDU 矩阵分解是唯一的[17],因此有 $LDU = R_x = R_x^T = U^T D L^T$ 或 $U = L^T$。令 $y(n)$ 是变换矩阵 P 作用在 $x(n)$ 后得到的系数,$y(n)$ 将是原数据 $x(n)$ 与基于前 $M-1$ 个数据(也就是 $x(n-1)$ 到 $x(n-M+1)$)预测值之间的误差。令 $\boldsymbol{R}_y$ 是预测误差 $y(n)$ 的自相关矩阵。通过变换间的性质 $\boldsymbol{R}_y = PR_x(M)P^T$ 和 LDU 分解 $R_x = LDU$,可以证明 $\boldsymbol{R}_y$ 是如下的对角形式[9]:

$$R_y = PR_xP^T = P(LDU)P^T = PP^{-1}D(P^T)^{-1}P^T = D$$

这意味着利用初始时选取 $P = L^{-1}$,预测误差是无关的。D 中对角线上的元素将是 0 到 $M-1$ 阶预测误差的方差。由于下三角变换 P 由所有低于 M 阶的线性预测算子组成,故计算 P 可通过 Levinson – Durbin 算法[18]来实现。当标量信号满足广义平稳特性(WSS)时,这种算法比 LDU 分解计算复杂度低。

对于超光谱探测器数据的压缩,每块观测区数据可以看成是由 $N = n_s$ 个不同观测位置观测值组成,每个观测值包括 $M = n_c$ 个通道的数据。特别地,我们选取通道数 n_c 作为预测阶数 M 来充分利用光谱间的相关性降低预测误差。也就是说,所有之前获得的通道数据都被用来预测当前通道。图 7.3 给出了压缩方案的 PLT 变换编码模型示意图。

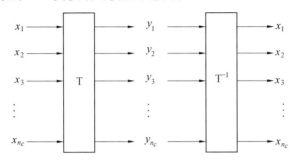

图 7.3　压缩方案的 PLT 变换编码模型示意图

令 $X = \begin{bmatrix} x_1 & x_2 & x_3 & \cdots & x_{n_c} \end{bmatrix}^T$ 是由 n_s 个观测值、n_c 个通道数据组成的已减去均值的数据集合,$Y = \begin{bmatrix} y_1 & y_2 & y_3 & \cdots & y_{n_c} \end{bmatrix}^T$ 是 $n_c \times n_s$ 的变换系数或者说是预测误差,P 是基于预测的下三角变换矩阵。这里的 X, Y 和 P 可以表示如下:

$$X = \begin{pmatrix} \boldsymbol{x}_1 \\ \boldsymbol{x}_2 \\ \boldsymbol{x}_3 \\ \vdots \\ \boldsymbol{x}_{n_c} \end{pmatrix} = \begin{pmatrix} x_1(1) & x_1(2) & x_1(3) & \cdots & x_1(n_s) \\ x_2(1) & x_2(2) & x_2(3) & \cdots & x_2(n_s) \\ x_3(1) & x_3(2) & x_3(3) & \cdots & x_3(n_s) \\ \vdots & \vdots & \vdots & & \vdots \\ \boldsymbol{x}_{n_c}(1) & \boldsymbol{x}_{n_c}(2) & \boldsymbol{x}_{n_c}(3) & \cdots & \boldsymbol{x}_{n_c}(n_s) \end{pmatrix} =$$

$$\begin{pmatrix} \boldsymbol{x}(1) & \boldsymbol{x}(2) & \boldsymbol{x}(3) & \cdots & \boldsymbol{x}(n_s) \end{pmatrix}$$

$$Y = \begin{pmatrix} \boldsymbol{y}_1 \\ \boldsymbol{y}_2 \\ \boldsymbol{y}_3 \\ \vdots \\ \boldsymbol{y}_{n_c} \end{pmatrix} = \begin{pmatrix} y_1(1) & y_1(2) & y_1(3) & \cdots & y_1(n_s) \\ y_2(1) & y_2(2) & y_2(3) & \cdots & y_2(n_s) \\ y_3(1) & y_3(2) & y_3(3) & \cdots & y_3(n_s) \\ \vdots & \vdots & \vdots & & \vdots \\ y_{n_c}(1) & y_{n_c}(2) & y_{n_c}(3) & \cdots & y_{n_c}(n_s) \end{pmatrix} =$$

$$\begin{pmatrix} \boldsymbol{y}(1) & \boldsymbol{y}(2) & \boldsymbol{y}(3) & \cdots & \boldsymbol{y}(n_s) \end{pmatrix}$$

$$\boldsymbol{P} = \begin{pmatrix} 1 & 0 & 0 & \cdots & 0 \\ p_{1,0} & 1 & 0 & \cdots & 0 \\ p_{2,0} & p_{2,1} & 1 & \cdots & 0 \\ \vdots & \vdots & \vdots & & \vdots \\ p_{n_c-1,0} & p_{n_c-1,1} & p_{n_c-1,2} & \cdots & 1 \end{pmatrix}$$

那么变换系数或者说预测误差 $\boldsymbol{Y}$ 可以这样计算，$\boldsymbol{Y} = \boldsymbol{PX}$ 或者

$$y_1 = x_1$$
$$y_2 = x_2 - \hat{x}_2 = x_2 + p_{1,0}x_1$$
$$y_3 = x_3 - \hat{x}_3 = x_3 + p_{2,0}x_1 + p_{2,1}x_2$$
$$\cdots$$
$$y_{n_c} = x_{n_c} - \hat{x}_{n_c} =$$
$$x_{n_c} + p_{n_c-1,0}x_1 + p_{n_c-1,1}x_2 + p_{n_c-1,2}x_3 + \cdots + p_{n_c-1,n_c-2}x_{n_c-1}$$

其中，$\hat{x}_m$ 表示用前 $m-1$ 个通道的线性组合对通道 m 的预测值，相似的结果可以从反变换 $\boldsymbol{S} = \boldsymbol{P}^{-1}$ 中得到，来源于由 LDU 分解中的 $\boldsymbol{L}$。令反变换矩阵为 $\boldsymbol{S}$，它同样是一个下三角矩阵，具有如下的形式：

$$\boldsymbol{S} = \begin{pmatrix} 1 & 0 & 0 & \cdots & 0 \\ s_{1,0} & 1 & 0 & \cdots & 0 \\ s_{2,0} & s_{2,1} & 1 & \cdots & 0 \\ \vdots & \vdots & \vdots & & \vdots \\ s_{n_c-1,0} & s_{n_c-1,1} & s_{n_c-1,2} & \cdots & 1 \end{pmatrix}$$

则原数据 $\boldsymbol{X}$ 可以由 $\boldsymbol{X} = \boldsymbol{SY}$ 计算，或者

$$x_1 = y_1$$
$$x_2 = y_2 + \hat{x}_2 = y_2 + s_{1,0}y_1$$
$$x_3 = y_3 + \hat{x}_3 = y_3 + s_{2,0}y_1 + s_{2,1}y_2$$
$$\cdots$$
$$x_{n_c} = y_{n_c} + \hat{x}_{n_c} =$$
$$y_{n_c} + s_{n_c-1,0}y_1 + s_{n_c-1,1}y_2 + s_{n_c-1,2}y_3 + \cdots + s_{n_c-1,n_c-2}y_{n_c-1}$$

从上面公式中可以看出，无论是变换矩阵 $\boldsymbol{P}$ 或者反变换矩阵 $\boldsymbol{S}$ 都可以将信号 $\boldsymbol{X}$ 压缩成预测误差 $\boldsymbol{Y}$，并从 $\boldsymbol{Y}$ 中重建 $\boldsymbol{X}$。可是，为了将所要传输的数据量降至最小，需要对变换核 $\boldsymbol{P}$ 或 $\boldsymbol{S}$ 以及预测误差 $\boldsymbol{Y}$ 进行量化。此外，为了无损压缩应用，需要完美地重建原数据。为了达到这些要求，采用了具有完美重建性

能的基于最小噪声梯结构[9]。当用变换矩阵 P 进行编码和解码时,后接一个基于最小噪声梯结构来编码。注意,这里采用 floor 函数量化,所以 X 和 Y 都将是整数。

$$y_1 = x_1$$
$$y_2 = x_2 + \text{floor}(p_{1,0}x_1)$$
$$y_3 = x_3 + \text{floor}(p_{2,0}x_1 + p_{2,1}x_2)$$
$$\cdots$$
$$y_{n_c} = x_{n_c} + \text{floor}(p_{n_c-1,0}x_1 + p_{n_c-1,1}x_2 + p_{n_c-1,2}x_3 + \cdots + p_{n_c-1,n_c-2}x_{n_c-1})$$

相应的,用于解码的使用 P 的最小噪声梯结构如下:

$$x_1 = y_1$$
$$x_2 = y_2 - \text{floor}(p_{1,0}x_1)$$
$$x_3 = y_3 - \text{floor}(p_{2,0}x_1 + p_{2,1}x_2)$$
$$\cdots$$
$$x_{n_c} = y_{n_c} - \text{floor}(p_{n_c-1,0}x_1 + p_{n_c-1,1}x_2 + p_{n_c-1,2}x_3 + \cdots + p_{n_c-1,n_c-2}x_{n_c-1})$$

相似的,当反变换矩阵 S 用于编码和解码时,同样后接一个具有完美重建特性的基于最小噪声梯结构。注意,这里采用 ceil 函数进行量化。

$$y_1 = x_1$$
$$y_2 = x_2 - \text{ceil}(s_{1,0}y_1)$$
$$y_3 = x_3 - \text{ceil}(s_{2,0}y_1 + s_{2,1}y_2)$$
$$\cdots$$
$$y_{n_c} = x_{n_c} - \text{ceil}(s_{n_c-1,0}y_1 + s_{n_c-1,1}y_2 + s_{n_c-1,2}y_3 + \cdots + s_{n_c-1,n_c-2}y_{n_c-1})$$

相应的,用于解码的使用 S 的最小噪声梯结构如下:

$$x_1 = y_1$$
$$x_2 = y_2 + \text{ceil}(s_{1,0}y_1)$$
$$x_3 = y_3 + \text{ceil}(s_{2,0}y_1 + s_{2,1}y_2)$$
$$\cdots$$
$$x_{n_c} = y_{n_c} + \text{ceil}(s_{n_c-1,0}y_1 + s_{n_c-1,1}y_2 + s_{n_c-1,2}y_3 + \cdots + s_{n_c-1,n_c-2}y_{n_c-1})$$

图 7.4 展示了用于编解码的采用 P 和 floor 量化器的 PLT 最小噪声梯结构。相似的,图 7.5 展示了用于编解码的采用反变换 S 和 ceil 量化器的 PLT 最小噪声梯结构。

注意,在这两种设计中,所有输入到变换核乘法器中的数据都是经过了量

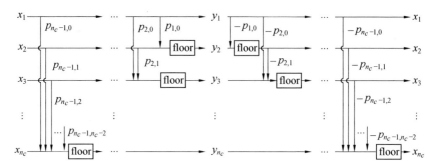

图 7.4 基于变换矩阵 **P** 和 floor 量化器的 PLT 最小噪声梯结构,它对于无损压缩具有完美的重建性能

化的,同样的数据将要在重建中被用来恢复原数据。为了节省存储空间,量化技术不只应用在变换系数上,同样也应用在变换核上。此外,传统的标量或矢量量化技术需要传输码书,这里不用。取而代之的是在某个固定小数位数上简单地向上取整或向下取整以实现无须使用码书的量化。利用最小噪声梯结构,只有量化的变换核和量化的预测误差需要传输。然后二者经过算术编码器[19]以提高压缩比。

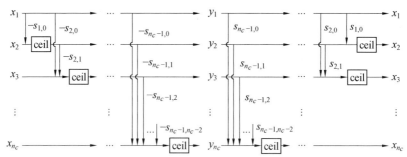

图 7.5 基于反变换矩阵 **S** 的最小噪声梯结构 PLT 以及 ceil 量化器,它对于无损压缩同样具有完美的重建性能

图 7.6 和图 7.7 分别展示了 PLT 压缩方案和解压缩方案的数据流图。由于图 7.6 中原始观测数据减去了均值,所以除了压缩后的变换核和压缩后的预测误差之外,一个 $n_c \times 1$ 的均值向量也要传送给解码器以便恢复原数据,如图 7.7 所示。

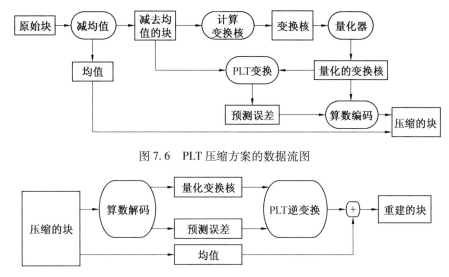

图 7.6 PLT 压缩方案的数据流图

图 7.7 PLT 解压缩方案的数据流图

7.4 实验结果

我们采用 AIRS 超光谱探测器的 10 块标准测试数据进行测试,将压缩比和比特率作为性能指标,对基于变换矩阵 P 的最小噪声梯结构 PLT(PLT-P)和基于反变换矩阵 S 的最小噪声梯结构 PLT(PLT-S)都进行了测试。PLT-S 中的量化器使 S 中的乘法器精确到两位小数,PLT-P 中的量化器使 P 中的乘法器精确到三位小数。由于变换过程中用了向上取整量化(Ceiling)和向下取整量化(Flooring),因此变换系数或预测误差都是整数。采用基于上下文的算术编码器[20]来编码变换核和预测误差。

图 7.8 中的 10 个小图展示了对 AIRS 的 10 块测试数据进行 PLT 变换前后各波段的方差。X 用虚线表示,代表 PLT 变换前的方差,Y 用实线表示,代表 PLT 变换后的方差。纵观 10 块数据的 10 个半对数图,可以看到在大多数波段处 Y 的方差明显小于 X 的方差。变换系数 Y 的方差小将可以用较少的比特位实现压缩。

图 7.9 展示了对于 10 块数据关于 AM/GM 比的能量紧凑型,信号的 AM 表示子带方差的算术平均值,信号的 GM 表示子带方差的几何平均值。AM 与 GM 的比总是大于等于1[21]。只有当所有波段的方差都相等时,AM 与 GM 才相等。信号的 AM/GM 比越高,说明子带中能量紧凑性越高,说明这个信号

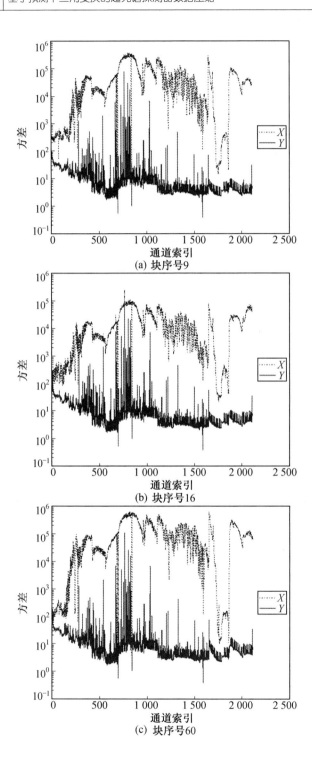

(a) 块序号9

(b) 块序号16

(c) 块序号60

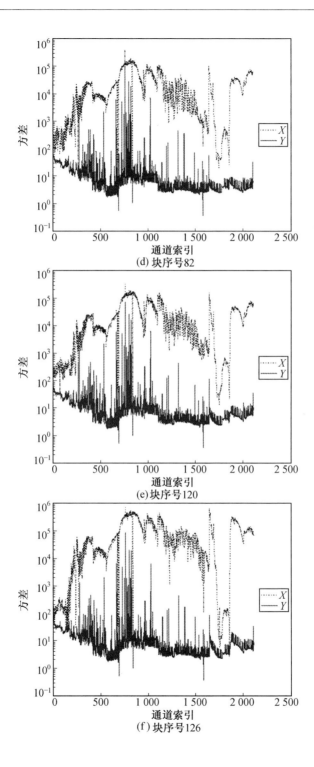

(d) 块序号82

(e) 块序号120

(f) 块序号126

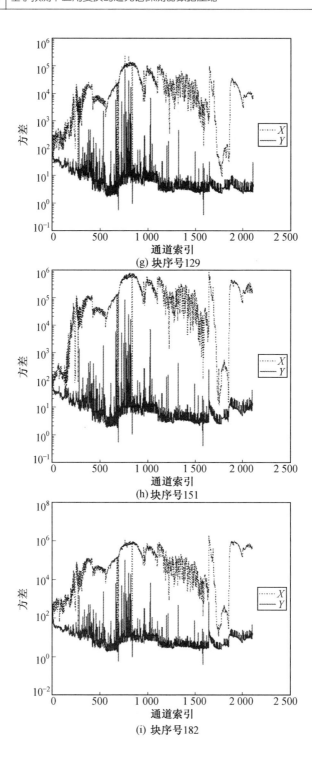

(g) 块序号129

(h) 块序号151

(i) 块序号182

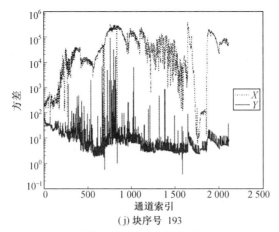

图 7.8　10 块 AVIRS 数据在 PLT 变换前后 X 和 Y 的方差

有利于压缩[22]。在图 7.9 中, 变换系数 Y 的 AM/GM 比始终要比原数据 X 高, 这说明 PLT 变换后比变换前能量紧凑性高了。

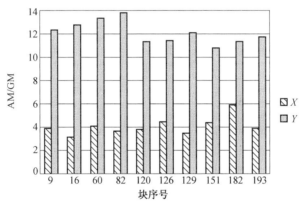

图 7.9　10 块 AIRS 数据原数据 X 与变换后数据 Y 的能量紧凑性, 用 AM/GM 的比值衡量

　　图 7.10 展示了 PLT 变换的编码增益。变换编码 T 的编码增益定义为 PCM 编码的均方重构误差除以变换编码 T 的均方重构误差[23]。重构误差是指重建的信号与原信号间的绝对差。实际上, PLT 变换的编码增益可以通过用原信号子带方差的算术平均值(AM)除以变换系数子带方差的几何平均值(GM)计算得到[9]。在图 7.10 中, PLT 变换已经达到了最大编码增益, 与 KL 变换相同。

　　图 7.11 展示了 10 块测试数据的压缩比。压缩比定义为用原数据大小除以压缩后数据大小。对于 AIRS 数据, 一个原数据包括 $135 \times 90 \times 2\ 107$ 个样值, 占用大约 41.2 MB 大小。高压缩比说明压缩结果好。图中可看出 PLT-S 比 PLT-P 效果略好。

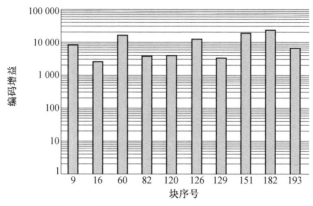

图 7.10 10 块 AIRS 数据 PLT 变换的编码增益,PLT 变换具有与 KLT 变换同样最大的编码增益

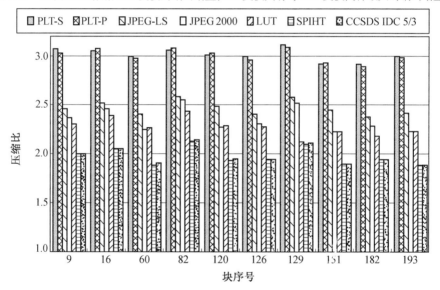

图 7.11 对于 10 块测试数据,采用本压缩方案,包括变换矩阵 P(PLT-P)和反变换 S
(PLT-S),得到的压缩比,并与 JPEG-LS,JPEG 2000,LUT,SPIHT 和 CCSDS
IDC 5/3 等方法的比较

此外,PLT-S 与 PLT-P 都可与基于预测的方法如 LUT[11],JPEG-LS[12],
基于小波变换的方法如 JPEG 2000[13],SPIHT[14] 和由 CCSDS 建议的图像数据
压缩(IDC)-5/3 方法[15,24]媲美。

关于比特率的压缩结果总结在了表 7.2 中。比特率定义为每个样值用的
比特数。比特率越低说明需要越少的比特数来编码一个样值,意味着压缩结
果更好。对于 AIRS 数据,每个样值占 12 ~ 14 bit,平均下来,原数据每个样值

的比特率为 12.9 比特/样值。

表 7.2 本压缩方案(采用变换 P(PLT-P)和反变换 S(PLT-S))的比特率与 JPEG-LS,JPEG 2000,LUT,SPIHT 和 CCSDS IDC 5/3 等方法的比较

比特/样值

Granule 序号	PLT-S	PLT-P	JPEG-LS	JPEG2000	LUT	SPIHT	CCSDS IDC 5/3
9	4.21	4.26	5.24	5.46	5.63	6.48	6.45
16	4.23	4.19	5.14	5.26	5.39	6.29	6.29
60	4.32	4.34	5.37	5.75	5.73	6.86	6.82
82	4.22	4.19	5.00	5.06	5.30	6.08	6.05
120	4.28	4.27	5.20	5.68	5.65	6.71	6.68
126	4.31	4.37	5.37	5.60	5.68	6.68	6.68
129	4.15	4.17	5.00	5.14	6.11	6.17	6.14
151	4.42	4.41	5.28	5.81	5.81	6.82	6.82
182	4.44	4.47	5.44	5.65	5.94	6.68	6.68
193	4.30	4.33	5.35	5.81	5.81	6.86	6.86

7.5 结 论

超光谱探测器数据的特点是数据量大且抗噪声和容错能力差,因此数据的传输和存储需要无损或近似无损的压缩。之前有关于超光谱探测器数据无损压缩的工作,可被分为基于聚类的、基于预测的和基于变换的方法。在本章中,提出了一种基于预测的下三角变换(PLT)方法。在我们的方案中,PLT 变换可以用 P 变换(PLT-P)或 S 变换(PLT-S)来进行压缩。为了节省空间,对于变换核和变换系数(也就是 PLT 变换的预测误差)采用了简单的无码书量化。由于在 PLT 变换的设计中采用了最小噪声梯结构,我们可以从量化后的变换核和系数中完全恢复原数据。为了提高压缩比,量化后的变换核和变换系数再通过算术编码器进行熵编码。

在压缩比方面,对于 10 块测试数据,结果显示 PLT 压缩方案优于基于预测的方法如 LUT,JPEG-LS,基于小波变换的方法如 JPEG 2000,SPIHT 和 CCSDS IDC5/3 等。可是,这种方法的一个缺点是 PLT 压缩方案需要密集的 CPU 计算。因此,未来的工作包括采用并行计算来降低 CPU 需要的时间。

参 考 文 献

[1] H. H. Aumann and L. Strow. AIRS, the first hyper-spectral infrared sounder for operational weather forecasting. Proc. of IEEE Aerosp. Conf. , 4, pp. 1683-1692, 2001.

[2] H. J. Bloom. The Cross-track Infrared Sounder (CrIS): a sensor for operational meteorological remote sensing. Proc. of the 2001 Int. Geosci. and Remote Sens. Symp. , pp. 1341-1343, 2001.

[3] T. Phulpin, F. Cayla, G. Chalon, D. Diebel, and D. Schlussel. IASI on-board Metop: Project status and scientific preparation. 12th Int. TOVS Study Conf. ,Lorne, Victoria, Australia,pp. 234-243, 2002.

[4] W. L. Smith, F. W. Harrison, D. E. Hinton, H. E. Revercomb, G. E. Bingham, R. Petersen, and J. C. Dodge. GIFTS - the precursor geostationary satellite component of the future Earth Observing System. Proc. of the 2002 Int. Geosci. and Remote Sens. Symp. , 1, pp. 357-361, 2002.

[5] B. Huang, W. L. Smith, H. -L. Huang, and H. M. Woolf. Comparison of linear forms of the radiative transfer equation with analytic Jacobians. Appl. Optics, vol. 41, no. 21,pp. 4209-4219, 2002.

[6] B. Huang, A. Ahuja, and H. -L. Huang. Lossless compression of ultra-spectral sounder data. Hyperspectral Data Compression, G. Motta and J. Storer; Eds. , Springer-Verlag, pp. 75-106,2005.

[7] P. Toivanen, O. Kubasova, and J. Mielikainen. Correlation-based band-ordering heuristic for lossless compression of hyperspectral sounder data. IEEE Geosci. Remote Sens. Lett. , vol. 2,no. 1, pp. 50-54, 2005.

[8] B. Huang, A. Ahuja, H. -L. Huang, T. J. Schmit, and R. W. Heymann. Lossless compression of 3D hyperspectral sounding data using context-based adaptive lossless image codec with biasadjusted reordering. Optical Engineering, vol. 43, no. 9, pp. 2071-2079, 2004.

[9] S. -M. Phoong and Y. -P. Lin. Prediction-based lower triangular transform. IEEE Trans. Signal Processing, vol. 48, no. 7, pp. 1947-1955, 2000.

[10] C. -C. Weng, C. -Y. Chen and P. P. Vaidyanathan. Generalized triangular decomposition in transform coding. IEEE Trans. Signal Processing, vol. 58, no. 2, pp. 566-574, 2010.

[11] B. Huang, and Y. Sriraja. Lossless compression of hyperspectral imagery via lookup tables with predictor selection. Proc. SPIE, vol. 6365, pp. 63650L. 1, 2006.

[12] ISO/IEC 14495-1 and ITU Recommendation T. 87. Information Technology-lossless and near-lossless compression of continuous-tone still images, 1999.

[13] D. S. Taubman and M. W. Marcellin. JPEG2000: Image compression fundamentals, standards, and practice, 2002.

[14] A. Said, andW. A. Pearlman. A new, fast, and efficient image codec based on set partitioning in hierarchical trees. IEEE Trans. Circuits. Sys. Video Tech. , vol. 6, pp. 243-250, June 1996.

[15] CCSDS. Consultative Committee for Space Data Systems. http://www. ccsds. org.

[16] B. Huang, A. Ahuja, H. -L. Huang, T. J. Schmit, R. W. Heymann. Fast precomputed VQ with optimal bit allocation for lossless compression of ultraspectral sounder data. Proc. IEEE Data Comp. Conf. , pp. 408-417, March 2005.

[17] G. H. Golub and C. F. V. Loan. Matrix computations. John Hopkins University Press, 1996.

[18] A. Gersho and R. M. Gray. Vector quantization and signal compression. Kluwer Academic Publishers, 1992.

[19] I. Witten, R. Neal, and J. Cleary. Arithmetic coding for data compression. Comm. ACM, vol. 30, no. 6, pp. 520-540, June 1987.

[20] M. R. Nelson. Arithmetic coding and statistical modeling. Dr. Dobb's Journal, pp. 16-29, February 1991.

[21] Y. You, Audio coding-theories and applications, Springer, 2010.

[22] K. Sayood. Introduction to data compression. 2nd Ed. Morgan Kaufmann Publishers, 2000.

[23] N. S. Jayant and P. Noll. Digital coding of waveforms- principles and applications to speech and video. Prentice Hall, 1984.

[24] J. Serra-Sagrista, F. Garcia, J. Minguillon, D. Megias, B. Huang, and A. Ahuja. Wavelet lossless compression of ultraspectral sounder data. Proc. Int. Geosci. Rem. Sens. Symp. , vol. 1, pp. 148-151, July 2005. 168 S. -C. Wei and B. Huang

第8章 基于查找表的高光谱数据压缩

摘要 本章回顾了基于查找表(Lookup Table,LUT)的高光谱图像无损压缩方法。LUT方法在前一波段搜索与待编码像素相同位置像素的等值像素,以当前波段与搜索到的像素相同位置的像素作为预测值。查找表用于加速搜索。LUT方法的变体包括预测器指引的LUT方法和多波段查找表。

8.1 引 言

高光谱成像仪产生了巨大的数据量。因此,人们在探索对高光谱图像更有效的压缩方法上做了大量的努力。对于高光谱图像,定义了三种不同类型的压缩方式。其中有损压缩能达到最低的比特率,对每个重建像素和原始像素的差异没有限制。作为替代,在均方误差的意义上,要求重建图像与原始图像是相似的。近无损压缩能把每个重建像素和原始像素绝对差由一个预先定义好的常数限定。无损压缩要求从被压缩了的数据重建一个精确的原始图像。由于无损压缩技术没有信息损失,故用于那些不允许原始数据与重建数据有任何差异的应用。

在高光谱图像中,波段间的相关性比波段内的相关性要强,因此,必须应用波段间的相关性以达到最大压缩性能。对于高光谱图像,基于变换和基于矢量量化的方法不能取得最佳的无损压缩结果,因此,高光谱数据的无损压缩由基于预测的方法实现。然而,对基于变换的方法[1-3]和基于矢量量化的方法[4-6]有一些研究。一方面,矢量量化是一种非对称的压缩方法,在压缩端比解压缩端有更大的计算量。另一方面,基于变换的方法在有损压缩中取得了比在无损压缩中更大的成功。

基于预测的高光谱图像无损压缩方法可以看作由三个步骤组成:

(1)波段排序。

(2)从数据冗余中提取信息建模,并以模型的形式描述这种冗余。

(3)编码描述该模型以及该模型是如何区别于使用二进制字母表的数据。

用于高光谱图像压缩的最佳波段排序问题在文献[7]中得到了解决。最佳波段重排可以通过对包含已编码的残余波段大小的方向图计算最小生成树来实现。一种用于估计最佳排序的基于相关性的探索法在文献[8]中提出，文献[9]中介绍了另一种基于波段重排的预测方法。然而，在本章中，所有的实验都是在波段自然排序下进行的，以方便与文献中的其他方法相比较。

在本章中，我们主要讨论基于查找表（Lookup Table，LUT）的方法来建立模型，并概述基于 LUT 的高光谱图像无损压缩方法。

本章的组织如下：8.2 节对高光谱图像无损压缩的以往方法进行简短的概述；8.3 节阐述了基本的 LUT 方法；8.4 节给出了预测器指引的 LUT；8.5 节提出了 LUT 方法中量化索引的使用；8.6 节提出了 LUT 方法的多波段推广；8.7 节给出了实验结果；最后，在 8.8 节给出了结论。

8.2　高光谱图像的无损压缩

高光谱图像无损压缩以前的方法包括 A1，它是在文献[10]中提出的三个分布式信源编码算法之一。A1 算法主要关注编码效率，而文献[10]中的另外两个算法主要关注误码适应能力。A1 算法独立编码每个波段中不重叠的16×16样本块，这种独立性易于并行化算法。每个波段的第一个块不需要压缩，直接进行传输。像素值可利用前几个波段像素值、当前块和前面波段对应位置的块的平均像素值线性预测得到。不是通过将预测参数传送至解码器，而是在解码器端推测预测参数。对于每个推测，块的像素都被重建并计算循环冗余校验码（Cyclic Redundancy Check，CRC）。一旦 CRC 与压缩文件中的一个相匹配，该过程终止。

FL 算法[11]使用前面波段进行预测，并通过递归估计调整预测器系数。基于 BG 块的压缩算法[12]使用一个简单的基于块的预测器，其后是自适应 Golomb 码。三阶波段间预测器（Third-order Interband Predictor，IP3）方法[13]利用了空间数据的相关性，利用维纳滤波得到了光谱域预测器。这些方法也使用了一种特殊的后向像素搜索（Backward Pixel Search，BPS）模块来校正图像数据。

聚类 DPCM（C-DPCM）将光谱向量分为几个聚类，然后对每个波段的每个聚类应用各自的最小平方最优线性预测器。这种方法可以被认为是[5]中矢量量化方法的扩展。然而，文献[5]中的量化步长被省略了。在文献[15]中，提出了另一种基于聚类的方法，每个像素的因果邻域使用模糊 C-均值聚类法进行聚类。对于每个聚类，由那些隶属度超过了门限的值来计算最佳线性预测器。最终的估计通过对预测值的加权和进行计算，这里的权值就是隶属度。光谱谱模糊匹配追踪（Spectral Fuzzy Matching Pursuits，S-FMP）方法利用了纯光谱预测。同一篇文章中,还提出了一种称为光谱松弛标签预测(Spectral Relaxation Labeled Prediction,S-RLP)的方法,该方法将图像的波段分割为块,并从一系列预测值中选择一个用作预测。

文献[28]提出了一种基于自适应上下文的无损图像编码(Context-Adaptive Lossless Image Coding,CALIC)方法,称之为 3-D CALIC,它根据连续波段的相关性强度在波段内和波段间预测模式之间切换。在多波段 CALIC(M-CALIC)方法[16]中,使用前面波段和当前像素相同空间位置的两个像素进行预测估计。对训练数据使用离线方法来计算预测系数。文献[17]提出了被称为面向光谱的自适应最小平方最优预测(Spectrum Oriented Least Squares,SLSQ)的自适应最小平方最优化预测技术,使用的预测技术与文献[18]中的相同,但使用了更先进的熵编码器。预测器为当前像素因果邻域中每个像素和波段进行了优化。SLSQ-HEU 使用了一种启发式方法在波段内压缩模式和波段间压缩模式中进行选择,并且提出了一种被称为 SLSQ-OPT 的用于波段内/波段间编码模式选择的最优方法。

在基于相关性的条件平均预测器(Correlation-based Conditional Average Prediction,CCAP)和无损 JPEG 中进行选择的方法在文献[19]被提出,这种选择是基于上下文的相关性。CCAP 估计是像素(对应于匹配当前像素上下文中的当前像素)样本均值。BH[20] 是基于块的压缩器。输入图像的每个波段图像被分为方块,然后,根据前面波段中的对应块来预测当前块。高光谱图像的非线性预测(Nonliner Predicition for Hyperspectral Image,NPH1)[21] 是基于当前波段的上下文信息和参考波段相应位置像素来预测当前波段的像素。NPH1 也可以延伸为基于边缘的技术,称为对高光谱图像基于边缘的预测,将像素分为边缘像素和非边缘像素两类。每个像素使用与其同类的像素在上下文范围内被预测。在文献[23]中,提出了 KSP 方法,在预测阶段使用了卡尔曼滤波器。

8.3 LUT 方法

LUT 方法[22]用当前波段和前一个波段的所有因果像素对当前像素 $P_{x,y,z}$(第 x 行,第 y 列,第 z 波段)进行预测。LUT 方法是基于最近邻(Nearest Neighbor,NN)搜索的思想。NN 方法在前一波段 $P_{x,y,z-1}$ 中搜索与当前像素空间位置相同的像素的最近邻,要求最近邻的像素值与其值相同,以逆光栅扫描的顺序进行搜索。首先,搜索像素值等于 $P_{x,y,z-1}$ 的像素。如果在位置$(x',y',$

$z-1$）找到了等值的像素,那么可将被估计像素预测为在当前波段与搜索到的像素相同位置的像素值 $P_{x,y,z}$。否则,被估计像素的值等于前一波段像素 $P_{x,y,z-1}$ 的值。

通过利用查找表操作代替耗时的搜索过程,加快了 NN 方法的速度,其使用前一波段相同位置的像素作为查找表的索引。查找表返回最近的匹配像素。

说明这种搜索过程的一个例子如图 8.1～8.3 所示。该例使用两个连续的图像波段,每个图像有 3×8 个像素。前一个波段(波段号 1)和当前波段(波段号 2)分别如图 8.1 和 8.2 所示。对应的查找表如图 8.3 所示。在该例中,像素 $P_{3,8,2} = 325$ 是当前波段需要预测的当前像素。搜索前一波段的因果像素以找到对应位置的像素 $p_{3,8,1} = 315$。当前像素和与其相同位置的像素在图 8.2 和 8.1 中用浅灰色背景标注,返回三个匹配结果(深灰色背景)。当前波段中在最近匹配位置的像素值 $P_{3,6,1} = 315$ 用作预测值,$P_{-3,8,2} = P_{2,6,2} = 332$。由于查找表能直接返回预测值,避免了耗时的搜索过程。

336	335	314	335	314	335	319	327
316	315	317	315	328	315	325	319
322	334	329	314	329	324	317	315

图 8.1 前一图像波段。相同位置的像素用浅灰色背景,匹配像素用深灰色背景

328	339	323	339	328	332	331	335
335	324	325	327	320	332	327	335
330	350	339	324	333	325	333	325

图 8.2 当前图像波段。当前像素用浅灰色背景,对应于匹配像素的像素用深灰色背景

索引	值
314	328
315	332
316	335
317	333

图 8.3　查找表

8.4　预测指引的 LUT 方法

在 LUT 方法中,最近的匹配像素值也许不如其他匹配像素好。在上面的例子中,最近的匹配像素值是 332,而在当前波段中与对应另外两个匹配位置的像素更接近实际像素值 325。这种 LUT 方法的行为推动了局部平均波段间缩放(Locally Averaged Interband Scaling,LAIS)方法,该方法采用预测引导在两个 LUT 中进行选择。

LAIS-LUT 方法首先通过前一波段相同位置的像素缩放来计算一个 LAIS 估计。LAIS 缩放因子是当前波段相邻的三个像素和前一波段对应的三个像素比值的平均值:

$$\frac{1}{3}\left(\frac{p_{x-1,y,z}}{p_{x-1,y,z-1}} + \frac{p_{x,y-1,z}}{p_{x,y-1,z-1}} + \frac{p_{x-1,y-1,z}}{p_{x-1,y-1,z-1}}\right) \tag{8.1}$$

式(8.1)表示的 LAIS 缩放因子用于计算当前像素的估计:

$$p''_{x,y,z} = \frac{1}{3}\left(\frac{p_{x-1,y,z}}{p_{x-1,y,z-1}} + \frac{p_{x,y-1,z}}{p_{x,y-1,z-1}} + \frac{p_{x-1,y-1,z}}{p_{x-1,y-1,z-1}}\right) p_{x,y,z-1} \tag{8.2}$$

LAIS-LUT 使用两个 LUT,它们和在 LUT 方法中用到的相似。第二个 LUT 随着第一个 LUT 的过去值进行更新。选择最接近 LAIS 估计的 LUT 返回的预测器来估计当前像素。如果两个 LUT 都没有匹配结果,则用 LAIS 估计作为被估计的像素值。

我们使用 LUT 中的例子来说明 LAIS-LUT 的搜索过程。对上例中三个匹配像素的 LAIS 估计如图 8.4 所示。与图 8.1 和图 8.2 中波段对应的两个

LUT 如图 8.5 所示。回顾前面过程,当前像素是 $P_{3,8,2} = 325$,搜索前一波段的因果像素以找到对应位置像素 $P_{3,8,1} = 315$ 的匹配像素。三个匹配像素中的两个在 LUT 中(图 8.5 中深灰色背景)。相比于第一个 LUT 值 332 的 LAIS 估计 316.2,第二个 LUT 值 327 的 LAIS 估计为 321.9,比前者更接近。因此,来自第二个 LUT 的像素值用作 $P'_{3,8,2} = P_{2,5,2} = 327$ 的预测值。

像素位置	像素值	LAIS 估计
(2,3)	324	320.1
(2,5)	327	321.9
(2,7)	332	316.2

图 8.4 LAIS 对 LAIS-LUT 的估计

索引	第一个 LUT	第二个 LUT
314	328	324
315	332	327
316	335	—
317	333	325

图 8.5 对 LAIS-LUT 的两个查找表

8.5 对应位置像素的均匀量化

在文献[24]中,提出了一种 LUT 中的量化索引方法。在 LAIS-QLUT 方法中,先对对应位置的像素进行均匀量化,再用这些像素对 LUT 进行索引。量化的使用减少了一个数量级的 LUT 尺寸。通过均匀量化对应位置像素 $P_{x,y,z-1}$(在用其作为 LUT 索引之前)生成一个量化了的波段间预测值。很自然地,这会以一个因子(在均匀量化中使用的)减少 LUT 的尺寸。

除了文献[25]中来自 LAIS 的略微简化的 LAIS 和一个额外的量化步骤之外,LAIS-QLUT 与 LAIS-LUT 算法相同。

在 LAIS-QLUT 中的 LAIS 尺度因子是当前波段和前一波段的三个相邻因果像素的平均比值:

$$\frac{1}{3}\left(\frac{p_{x-1,y,z} + p_{x,y-1,z} + p_{x-1,y-1,z}}{p_{x-1,y,z-1} + p_{x,y-1,z-1} + p_{x-1,y-1,z-1}}\right) \tag{8.3}$$

因此,用相应的 LAIS 估计当前像素如下:

$$p''_{x,y,z} = \frac{1}{3}\left(\frac{p_{x-1,y,z} + p_{x,y-1,z} + p_{x-1,y-1,z}}{p_{x-1,y,z-1} + p_{x,y-1,z-1} + p_{x-1,y-1,z-1}}\right) p_{x,y,z-1} \tag{8.4}$$

在 LAIS-LUT 方法中的 LAIS,需要三个除法、一个乘法、两个加法操作。而在 LAIS-QLUT 方法中的 LAIS,需要一个除法操作和四个加法操作。

可采用前面例子中的图像波段来阐明 LAIS-QLUT 的搜索过程。前一图像波段采用量化因子 10 进行量化,量化后如图 8.6 所示。两个匹配像素的 LAIS-Q 估计如图 8.7 所示。LAIS-QLUT 的两个查找表如图 8.8 所示,这里量化因子是 10。当前像素是 $P_{3,8,2} = 325$,前一波段中因果像素被搜索以找到量化的对应位置像素 $P_{3,8,1}/10 = 32$ 的匹配像素。这两个匹配像素都在 LUT 中,对第一个 LUT 中值 333 的 LAIS-Q 估计为 328.2,对第二个 LUT 中值 325 的 LAIS-Q 估计为 328.3。与前者相比,第二个 LUT 中的值更接近于对应的 LAIS-Q 估计。因此,我们使用第一个 LUT 中的像素值作为 $P'_{3,8,2} = P_{3,6,2} = 324$ 的预测值。

34	34	31	34	31	34	32	33
32	32	32	32	33	32	33	32
32	33	33	31	33	32	32	32

图 8.6 对前一波段图像量化。对应位置的像素用浅灰色背景,匹配像素用深灰色背景

像素位置	像素值	LAIS估计
(3,6)	325	328.3
(3,7)	333	328.2

图 8.7 LAIS-LUT 的 LAIS 估计

索引	第一个 LUT	第二个 LUT
31	324	328
32	333	325
33	339	350
34	332	339

图 8.8 LAIS-LUT 的两个查找表

LAIS-QLUT 有两个不同的变形。第一种变形,LAIS-QLUT-OPT 方法为每个波段选择最佳的均匀量化因子。为了找到最佳量化因子,需要对所有可能的量化值进行遍历搜索。因此,对于特定波段,量化系数的选择是基于能达到最好压缩效率的量化因子。不用实际编码参差来确定最佳量化因子,LAIS-QLUT-OPT方法过高的时间复杂度能够通过计算残余图像的熵而轻微地减少。

LAIS-QLUT 的第二种变形称为 LAIS-QLUT-HEU,这种方法采用固定的量化因子。固定量化因子的选择采用启发式方法。启发式方法选择固定的量化因子为图像集的最优量化因子的逐波段均值。量化的除法操作显示与 LAIS-LUT 相比,LAIS-QLUT-HEU 仅仅增加了时间复杂度。

8.6　多波段 LUT

在文献[26]中,将 LUT 和 LAIS-LUT 方法推广为多波段和多 LUT 方法。在扩展的方法中,当前波段的预测要依赖于 N 个前面的波段。LUT 定义基于前面的每个波段,每个波段包含 M 个 LUT。因此,有 NM 个不同的预测值可以选择。从这些可能的预测值中选择一个,是由包含在查找表中的值与参考预测值的接近程度来决定的。

提出了两种不同类型的单纯的光谱多波段预测估计。一种参考预测值是明确的,另一种是模糊的。第一种方法是 S-RLP[15]。这种方法将图像的波段划分为块,并在一系列预测值中选择一个用作预测。在 S-FMP 方法中[15],采用模糊 C-均值聚类的方法对每个像素的因果邻域进行聚类。对每个聚类,根据那些隶属度大于阈值的像素值来计算最佳线性预测器。计算最终的估计作为预测值的加权和,这里权值就是隶属度。基于 S-RLP 和 S-FMP 的 LUT 压缩方法分别被称为 S-RLP-LUT 和 S-FMP-LUT。

8.7　实验结果

AVIRIS 是一个机载高光谱系统,在波长为 370 ~ 2 500 nm 的范围内,采集 224 个连续波段的光谱辐射。AVIRIS 仪器包含四个光谱仪,能够在20 km 的高度观察到 20 m² 的区域。这个区域可以在所有光谱带同时观察到。通过垂直于航空器方向移动光谱仪,可以得到空间图像[27]。

对于两个不同的 AVIRIS 数据集,给出了实验结果。第一个数据集包含四幅来自 1997 年 AVIRIS 数据产品辐射校正的图像。AVIRIS 图像来自下面四个不同的区域:Cuprite,NV;Jasper Ridge,CA;Lunar Lake,NV 以及 Moffett Field,CA。这些是衡量高光谱图像压缩算法最常用的数据。在表 8.1 中列出了图像特征和行数。每幅图像包含了 614 样本/行,每个样本存储为 16 bit 的有符号整数。图 8.9 给出了 Moffett Field 图像的灰度图像。

表 8.1　标准 1997 AVIRIS 图像[11]

地点	特征	行
Cuprite	地质特征	2 206
Jasper Ridge	植被	2 586
LunarLake	校正	1 431
Moffett Field	植被、城市、水	2 031

图 8.9　AVIRIS 1997 图像集中 Moffett Field 图像的灰度图

　　在 2006 年获得了更新的数据集。新的 AVIRIS 数据集包含了五幅校正的和未校正的 16 bit 图像，来自 Yellowstone，WY；以及两幅 12 bit 未校正图像，其中一幅来自 Hawaii，另一幅来自 Maine。新 CCSDS AVIRIS 数据的总结见表 8.2。每幅图像都是包含在 224 个波段中的 512 行的场景。场景的一个例子如图 8.10 所示，这是一幅校正了的 Yellowstone 场景 11 的假彩色图像。

表 8.2　在 CCSDS 测试集中的 AVIRIS 图像[11]

地点	场景号	年份	样本/行	比特深度	类型
Yellowstone	0,3,10,11,18	2006	677	16	校正的
Yellowstone	0,3,10,11,18	2006	680	16	未校正的
Hawaii	1	2001	614	12	未校正的
Maine	10	2003	680	12	未校正的

图 8.10　CCSDS AVIRIS 数据集中校准了的黄石伪彩色图像

　　AVIRIS 数据是 CCSDS 数据集的一部分,其是用来评估高光谱压缩算法的性能。

　　表 8.3 给出了 NN 方法的结果。第一列给出了搜索窗的长度;0 行表示仅仅搜索当前行。后面的列分别是四幅测试图像的比特率和平均值,用比特每像素表示。当搜索窗的长度等于图像长度时,该方法预测和 LUT 方法相同的值。这些结果表明,与全搜索相比,限制搜索窗的尺寸,对 NN 方法的性能有很大的影响。因此,为了得到好的压缩比,需要一个大的搜索窗。

　　表 8.4 给出了 AVIRIS 1997 数据的压缩结果。这些结果是针对 BIL(Band-interleaved-By-line)和 BSQ(Band-sequential)的格式得到的。在 BIL格式中,当前行和前两行是可用的。对于 BSQ 数据,当前波段和前几个波段可用于处理。LUT 系列方法不能从 BSQ 数据格式中获益,这是由于两个原因:第一,LUT 和 LAIS-LUT 方法仅仅利用了前面的一个波段;第二,LAIS-LUT 方法仅仅需要图像当前行和前几行的数据。这些行图像已经由 BIL 数据格式得到了。对于 BIL 和 BSQ 数据,大部分压缩算法表现出了相同的压缩结

果,对于这些算法,仅仅给出了一个比特/像素的值。对于其他方法,都给出了 BIL 和 BSQ 的结果。两种不同数据格式的结果用正斜杠分开,一表示没有结果。差分 JPEG-LS 先计算每个波段和前一波段的差值,然后对残差数据进行 JPEG-LS 压缩。

表 8.3 校正的 AVIRIS 1997 测试图像的压缩结果　　　　bpp

行	Cuprite	Jasper ridge	Lunar lake	Moffett field
0	5.69	5.84	5.78	6.02
1	5.41	5.63	5.50	5.80
2	5.29	5.50	5.33	5.65
4	5.05	5.35	5.14	5.48
8	4.89	5.21	4.98	5.32
16	4.79	5.10	4.88	5.21
32	4.72	5.03	4.79	5.14
64	4.69	5.00	4.75	5.10
128	4.68	4.98	4.73	5.08
256	4.66	4.97	4.72	5.06
512	4.66	4.97	4.72	5.05
1 024	4.65	4.05	4.71	5.05

表 8.4 校正的 AVIRIS 1997 测试图像的压缩结果　　　　bpp

	Cuprite	Jasper ridge	Lunar lake	Moffett field	平均
JPEG-LS	7.66	8.38	7.48	8.04	7.89
Diff. JPEG-LS	5.50	5.69	5.46	5.63	5.57
3D-CALIC	5.23/5.39	5.19/5.37	5.18/5.32	4.92/5.05	5.19/5.28
BH	—/5.11	—/5.23	—/5.11	—/5.26	—/5.18
M-CALIC	4.97/5.10	5.05/5.23	4.88/5.02	4.72/4.89	4.98/5.06
SLSQ-OPT	4.94/5.08	4.95/5.08	4.95/5.08	4.98/5.10	4.96/5.09
CCAP	—/4.92	—/4.95	—/4.97	—	—
KSP	—/4.88	—/4.95	—/4.89	—/4.92	—/4.91
FL#	4.82	4.87	4.82	4.93	4.86

续表 8.4

	Cuprite	Jasper ridge	Lunar lake	Moffett field	平均
NPHI	4.79	4.89	4.97	4.79	4.86
C-DPCM	—/4.68	—/4.62	—/4.75	—/4.62	—/4.67
S-RLP	4.69	4.65	4.69	4.67	.67
S-FMP	4.66	4.63	4.66	4.63	4.64
LUT	4.66	4.95	4.71	5.05	4.84
LAIS-LUT	4.47	4.68	4.53	4.76	4.61
LAIS-QLUT-HEU	4.30	4.62	4.36	4.64	4.48
LAIS-QLUT-OPT	4.29	4.61	4.34	4.63	4.47
S-RLP-LUT	3.92	4.05	3.95	4.09	4.00
S-FMP-LUT	3.89	4.03	3.92	4.05	3.97
IP3-BPS	3.76	4.06	3.79	4.06	3.92

实验结果表明,对于校正了的 AVIRIS 1997 数据,基于 LUT 的算法得到了特别好的结果,甚至低时间复杂度的 LAIS-LUT 和 QLAIS-LUT 变形都接近了最先进水平的压缩比。压缩 AVIRIS 图像时,IP3-BPS 方法所用的时间是 LUT 方法的 10 倍,是 LAIS-LUT 或 LAIS-QLUT-HEU 方法的 5 倍[13]。

LUT 方法需要对每个波段进行完整的 LUT 操作。假定有 16 bit 的查找表,每个 LUT 存储容量约为一幅 AVIRIS 图像数据的 107 行。LUT 的存储需求与图像的空间尺寸是不相关的。因此,当图像的空间尺寸变大时,相对于图像的相关查找表尺寸就变小了。对于我们用到的测试图像,查找表需要的存储量为图像所需存储量的 4%～7%。LAIS-QLUT-HEU 的平均量化因子为28。因此,相对于原 LUT 方法中的 107 数据行,平均 LUT 的存储量约为 AVIRIS 图像的 4 行。我们也用最优化的量化因子对每幅图像而不是每个波段进行了实验。对于所有的测试图像,该过程给出了量化因子 10,平均比特率为 4.60 bpp。这与 LAIS-QLUT-HEU 的 4.47 bpp 的平均比特率相比,并不是太好。因此,分开逐波段量化因子是值得的。

对于新 AVIRIS 数据,表 8.5～8.7 以比特每像素的形式给出了多种不同压缩方法的压缩结果。C-DPCM-20 和 C-DPCM-80 分别指的是 C-DPCM 的预测长度为 20 和 80。一个改进了的 C-DPCM 方法的均匀量化系数达到了12 bit,而原始 C-DPCM 方法对应的是 16 bit。

表 8.5　16 bit 原始 CCSDS AVIRIS 测试图像的压缩结果　　　　　bpp

算法	场景 0	场景 3	场景 10	场景 11	场景 18	平均
JPEG-LS	9.18	8.87	7.32	8.50	9.30	8.63
BG	6.46	6.31	5.65	6.05	6.40	6.17
A1	6.92	6.78	6.10	6.53	6.92	6.65
LUT	7.13	6.91	6.25	6.69	7.20	6.84
LAIS-LUT	6.78	6.60	6.00	6.30	6.82	6.50
FL#	6.20	6.07	5.60	5.81	6.26	5.99
IP3	6.20	6.08	5.56	5.81	6.25	5.98
C-DPCM-20	5.88	5.71	5.20	5.52	5.75	5.61
C-DPCM-80	5.82	5.65	5.17	5.47	5.69	5.56

表 8.6　12 bit 原始 CCSDS AVIRIS 测试图像的压缩结果　　　　　bpp

算法	Hawaii	Maine	平均
JPEG-LS	4.58	4.50	4.54
A1	3.49	3.65	3.57
LUT	3.27	3.44	3.36
LAIS-LUT	3.05	3.19	3.12
BG	3.03	3.17	3.10
IP3	2.55	2.68	2.62
FL#	2.58	2.63	2.61
C-DPCM-20	2.43	2.57	2.50
C-DPCM-80	2.38	2.52	2.45

在表 8.5 和表 8.6 中,未校正的 CCSDS AVIRIS 测试数据得到的结果表明,当应用于未校正数据时,基于 LUT 的压缩方法失去了其性能上的优势。而且,表 8.7 中的结果表明,利用 AVIRIS 1997 图像中校正伪影的基于 LUT 方法,对校正的 CCSDS AVIRIS 没有什么性能优势。

表8.7 校正的 CCSDS AVIRIS 测试图像的压缩结果   bpp

算法	场景 0	场景 3	场景 10	场景 11	场景 18	平均
JPEG-LS	6.95	6.68	5.19	6.24	7.02	6.42
A1	4.81	4.69	4.01	4.41	4.77	4.54
LUT	4.81	4.62	3.95	4.34	4.84	4.51
LAIS-LUT	4.48	4.31	3.71	4.02	4.48	4.20
BG	4.29	4.16	3.49	3.90	4.23	4.01
FL#	3.91	3.79	3.37	3.59	3.90	3.71
IP3	3.81	3.66	3.13	3.45	3.75	3.56
C-DPCM-20	3.61	3.43	2.97	3.28	3.49	3.36
C-DPCM-80	3.53	3.36	2.93	3.22	3.43	3.29

8.8 结 论

本章概述了基于查找表的高光谱图像的无损压缩方法。对 AVIRIS 数据的试验结果表明,对于老的已校正的 AVIRIS 数据,基于 LUT 的算法效果特别好,甚至低复杂度的 LAIS-LUT 和 QLAIS-LUT 变形接近最先进的压缩比。

基于 LUT 的方法利用了原始数据值转为辐射值所引入的伪影规律[11]。这种校正引入的伪影在 CCSDS 测试集中的新 AVIRIS 图像中不存在。因此,对于新的 2006 年 AVIRIS 原始或更新的图像(采用了新的校正方法),基于 LUT 的方法并未表现出好的性能。

致谢:

本研究得到了芬兰科学院的支持。

参 考 文 献

[1] A. Bilgin, G. Zweig, and M. Marcellin. Three-dimensional image compression with integer wavelet transforms. Appl. Opt., vol. 39, no. 11, pp. 1799-1814, Apr. 2000.

[2] B. Baizert, M. Pickering, and M. Ryan. Compression of hyperspectral data by spatial/spectral discrete cosine transform. In Proc. Int. Geosci. Remote

Sens. Symp. , 2001, vol. 4, pp. 1859-1861, doi: 10. 1109/IGARSS. 2001. 977096.

[3] J. Mielikainen and A. Kaarna. Improved back end for integer PCA and wavelet transforms for lossless compression of multispectral images. In Proc. 16th Int. Conf. Pattern Recog. , Quebec City, QC, Canada, 2002, pp. 257-260, doi: 10. 1109/ICPR. 2002. 1048287.

[4] M. Ryan and J. Arnold. The lossless compression of AVIRIS images vector quantization. IEEE Trans. Geosci. Remote Sens. , vol. 35, no. 3, pp. 546-550, May 1997, doi: 10. 1109/ 36. 581964.

[5] J. Mielikainen and P. Toivanen. Improved vector quantization for lossless compression of AVIRIS images. In Proc. XI Eur. Signal Process. Conf. , Toulouse, France, Sep. 2002, pp. 495-497.

[6] G. Motta, F. Rizzo, and J. Storer. Partitioned vector quantization application to lossless compression of hyperspectral images. In Proc. IEEE Int. Conf. Acoust. , Speech, Signal Process. , Jul. 2003, vol. 1, pp. 553-556, doi: 10. 1109/ICME. 2003. 1220977.

[7] S. Tate. Band ordering in lossless compression of multispectral images. IEEE Trans. Comput. , vol. 46, no. 4, pp. 477-483, Apr. 1997, doi: 10. 1109/ 12. 588062.

[8] P. Toivanen, O. Kubasova, and J. Mielikainen. Correlation−based bandordering heuristic for lossless compression of hyperspectral sounder data. IEEE Geosci. Remote Sens. Lett. , vol. 2, no. 1, pp. 50-54, Jan. 2005, doi: 10. 1109/LGRS. 2004. 838410.

[9] J. Zhang and G. Liu. An efficient reordering prediction based lossless compression algorithm for hyperspectral images. IEEE Geosci. Remote Sens. Lett. , vol. 4, no. 2, pp. 283-287, Apr. 2007, doi: 10. 1109/LGRS. 2007. 890546.

[10] A. Abrardo, M. Barni, E. Magli, F. Nencini. Error−Resilient and Low−Complexity On − board Lossless Compression of Hyperspectral Images by Means of Distributed Source Coding. IEEE Trans. Geosci. Remote Sens. , vol. 48, no. 4, pp. 1892-1904, 2010, doi: 10. 1109/TGRS. 2009. 2033470.

[11] A. B. Kiely, M. A. Klimesh. Exploiting Calibration−Induced Artifacts in Lossless Compression of Hyperspectral Imagery. IEEE Trans. Geosci. Re-

mote Sens. , vol. 47, no. 8, pp. 2672-2678, 2009, doi:10. 1109/TGRS. 2009. 2015291.

[12] M. Slyz, L. Zhang. A block–based inter–band lossless hyperspectral image compressor. In Proc. of IEEE Data Compression Conference, pp. 427-436, 2005, doi: 10. 1109/DCC. 2005. 1.

[13] C. -C. Lin, Y. -T. Hwang. An Efficient Lossless Compression Scheme for Hyperspectral Images Using Two–Stage Prediction. vol. 7, no. 3, pp. 558-562, 2010, doi:10. 1109/ LGRS. 2010. 2041630.

[14] J. Mielikainen, P. Toivanen. Clustered DPCM for the Lossless Compression of Hyperspectral Images. IEEE Trans. Geosci. Remote Sens. , vol. 41, no. 12, pp. 2943-2946, 2003 doi:10. 1109/TGRS. 2003. 820885.

[15] B. Aiazzi, L. Alparone, S. Baronti, and C. Lastri. Crisp and fuzzy adaptive spectral predictions for lossless and near–lossless compression of hyperspectral imagery. IEEE Geosci. Remote Sens. Lett. , vol. 4, no. 4, pp. 532-536, Oct. 2007, 10. 1109/LGRS. 2007. 900695.

[16] E. Magli, G. Olmo, and E. Quacchio. Optimized onboard lossless and near–lossless compression of hyperspectral data using CALIC. IEEE Geosci. Remote Sens. Lett. , vol. 1, no. 1, pp. 21-25, Jan. 2004, doi:10. 1109/ LGRS. 2003. 822312.

[17] F. Rizzo, B. Carpentieri, G. Motta, and J. Storer. Low–complexity lossless compression o hyperspectral imagery via linear prediction. IEEE Signal Process. Lett. , vol. 12, no. 2, pp. 138-141, Feb. 2005, doi:10. 1109/ LSP. 2004. 840907.

[18] J. Mielikainen and P. Toivanen. Parallel implementation of linear prediction model for lossless compression of hyperspectral airborne visible infrared imaging spectrometer images. J. Electron. Imaging, vol. 14, no. 1, pp. 013010–1-013010–7, Jan. -Mar. 2005, doi:10. 1117/1. 1867998.

[19] H. Wang, S. Babacan, and K. Sayood. Lossless Hyperspectral – Image Compression Using Context–Based Conditional Average. IEEE Transactions on Geoscience and Remote Sensing, vol. 45, no. 12, pp. 4187-8193, Dec. 2007, doi:0. 1109/TGRS. 2007. 906085.

[20] M. Slyz and L. Zhang. A block – based inter – band lossless hyperspectral image compressor. In Proc. Data Compression Conf. , Snowbird, UT, 2005, pp. 427-436, doi:10. 1109/DCC. 2005. 1.

[21] S. Jain and D. Adjeroh. Edge-based prediction for lossless compression of hyperspectral images. In Proc. Data Compression Conf. , Snowbird, UT, 2007, pp. 153-162, doi:10. 1109/ DCC. 2007. 36.

[22] J. Mielikainen. Lossless compression of hyperspectral images using lookup tables. IEEE Sig. Proc. Lett. , vol. 13, no. 3, pp. 157-160, 2006, doi: 10. 1109/LSP. 2005. 862604.

[23] E. Magli. Multiband lossless compression of hyperspectral images. IEEE Transactions on Geoscience and Remote Sensing, vol. 47, no. 4, pp. 1168-1178, Apr. 2009, doi:10. 1109/TGRS. 2008. 2009316.

[24] J. Mielikainen, P. Toivanen. Lossless Compression of Hyperspectral Images Using a Quantized Index to Lookup Tables. vol. 5, no. 3, pp. 474-477, doi:10. 1109/LGRS. 2008. 917598.

[25] J. Mielikainen, P. Toivanen, and A. Kaarna. Linear prediction in lossless compression of hyperspectral images. Opt. Eng. , vol. 42, no. 4, pp. 1013-1017, Apr. 2003, doi:10. 1117/1. 1557174.

[26] B. Aiazzi, S. Baronti, S. , L. Alparone. Lossless Compression of Hyper-spectral Images Using Multiband Lookup Tables. IEEE Signal Processing Letters, vol. 16, no. 6, pp. 481-484. Jun. 2009, doi: 10. 1109/LSP. 2009. 2016834, 0. 1109/LSP. 2009. 2016834.

[27] W. Porter and H. Enmark. A system overview of the Airborne Visible/In-frared Imaging Spectrometer (AVIRIS). Proc. SPIE, vol. 834, pp. 22-31, 1997.

[28] X. Wu and N. Memon. Context-based lossless interband compression—Ex-tending CALIC. IEEE Trans. Image Process. , vol. 9, no. 6, pp. 994-1001, Jun. 2000, doi:10. 1109/83. 846242.

[29] B. Huang, Y. Sriraja. Lossless compression of hyperspectral imagery via lookup tables with predictor selection. In Proc. SPIE, vol. 6365, pp. 63650L. 1-63650L. 8, 2006, doi:10. 1117/12. 690659.

第9章　用于有损到无损高光谱图像压缩的无乘法器可逆整数 TDLT/KLT

9.1　引　　言

现在高光谱图像有了广泛的应用,比如在大气检测、遥感和军事上。但是高光谱图像的数据量太大,一幅 512×512×224 大小的 16 bit AVIRIS 图像为112 MB,所以需要有效的压缩算法来减少存储或带宽开销。

对于合理的原因和研究要求角度来说,有损到无损压缩对于远程医疗和卫星通信具有重要的意义。为了实现可伸缩编码,大多数最先进的压缩方法采用三维离散小波变换(Three Dimensional Discrete Wavelet Transform,3D-DWT)[1-3]或者小波变换/Karhunen-Loeve 变换(Discrete Wavelet Transform/Karhunen-Loeve Transform,DWT/KLT)[4-6],其中 9/7 浮点滤波器(9/7F filter)经常用于有损压缩的去相关。无损压缩方法,包括基于矢量量化(Vector Quantization,VQ)、预测方法、整数变换等,尽管基于预测的方法效果很好,但是这种方法不能实现渐进的从有损到无损压缩,因其主要依靠基于变换的方法[7]。Sweldens[8,9]提出了提升方式实现小波变换。Bilgin 等人[10]介绍了一种可逆整数的小波变换用于 3D 图像压缩。Xiong 等人[11]将 3D 整数小波变换应用到医学图像压缩并且指出必须是酉变换以取得良好的有损编码效果。一些研究人员已经研究了用于光谱去相关的整数 KLT。Hao 等人[12]提出了可逆的整数 KLT(Reversible Integer KLT,RKLT),并且 Galli 等人改善了这种变换,但是,在空间域,整数小波变换仍然经常使用。基于小波变换压缩方法的缺点是,在实现从无损到有损压缩方案中通常用 5/3 DWT 代替 9/7 DWT,这将导致性能下降。小波变换的另一个缺点是它不能和 DCT 竞争,由于 CPU性能和计算机内存限制尤其是在实时性和低复杂度应用时,小波变换的计算复杂度随着图像大小呈指数增加[14]。

由于整体变换的原因,小波变换的计算复杂度随着图像大小的增加而增加。然而,DCT 有它独特的优势,比如低内存开销、块与块级之间的灵活性和并行处理等优点。对于一阶马尔科夫过程(当图像分段满足这个条件时),DCT 变换近似等于 KLT 基矩阵。因此,DCT 变换在图像去相关方面效果很好,被广泛用于图像/视频压缩标准,如 JPEG,MPEG 和 H.26X。基于 DCT 编码方法虽然一直是一种流行的图像和视频压缩方法,但是关键问题是这种编码在低比特率时出现所谓的"块效应",原因是基于 DCT 的编码方法总是独立处理每个分块。为了减少 DCT 压缩的块效应,一些基于滤波的去除块效应的方法被提了出来[15,16],其中某些低通滤波器被用于边界像素。然而,基于滤波器的方法通常会模糊图像内容。

为了解决 DCT 的块效应问题,Cassereau[17] 提出了重叠正交变换(LOT),并且 Malvar[18] 给出了分析解决方案。LOT 通过设计针对相邻分割的基函数改善了 DCT,如图 9.1 所示。相邻分割的相关性可以按这种方式探究,在重建分割之间的不连续性能够降低[19]。在有损压缩中,虽然 LOT 能够有效地减少块效应,但是 LOT 的重叠滤波器不得不跟在 DCT 后面。为此,前向 LOT 很难兼容基于 DCT 的编码标准。

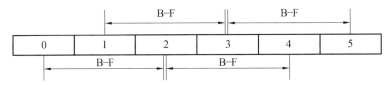

图 9.1 LOT 基函数的 B-F 标准;B-F 施加在三个邻域分割但只产生一个分割值

为了克服传统 LOT 的缺点,Tran 等人[20,21] 通过在现有的基于块的时域架构中增加各种前置滤波器和后置滤波器已经设计出一系列的时域重叠变换(Time Domain Lapped Transforms,TDLT)。Tran 的算法与基于 DWT 的方法相比可以获得具有竞争力的压缩性能,同时能够减少甚至消除块效应,以保证良好的视觉质量。TDLD 这种结合前置和后置滤波器的 DCT 变换可以以这种方式说明;DCT 的输入和 IDCT 的输出分别由前置滤波器和后置滤波器处理。TDLT 的前置滤波器放到正向 DCT 的前面,所以 TDLT 很容易兼容目前基于 DCT 的编码标准。滤波过程是对两个相邻块系数进行。前置滤波器的功能是使得每个 DCT 的输入块尽可能均匀,就像平滑操作一样,而后置滤波器的功能是减少块效应。在文献[20]中,有损压缩已经通过基于不同滤波矩阵分解的不同版本的 TDLT 实现;无损压缩也已经通过使用基于提升滤波器的可逆变换和 DCT 的无乘法器的近似来实现,被称为 binDCT[22]。binDCT 通过量化 DCT 矩阵传统的基于平面旋转分解的变换系数来实现,并且能够只用二进制移位和加法运算来实现。

微软已经开发了一种基于 TDLT 编码的技术,称为 HD-Photo[23,24],这种编码是一种通过提升方案使可逆压缩得以实现。HD-Photo 已经作为 JPEG-

XR 的基础技术，JPEG-XR 是一种新的压缩格式，对于端到端的数字图像，在支持高动态范围、图像质量和性能上有着具有前途的明显改善。在 HD-Photo 中，应用了分层的重叠双正交变换（Lapped Biorthogonal Transform，LBT），霍夫曼编码在块间执行并组织为一个分辨率函数[23]。有损和无损压缩都能通过 HD-Photo 实现，这是其相对于 JPEG 的优势之一，因为 JPEG 在不同的应用里面需要两个编码器。在 HD-Photo 中，LBT 是通过分解核心变换和重叠旋转算子来实现的，并使用提升结构，以保证它是一种可逆整数变换[25]。除此之外，新的压缩方案保留了一些优点，比如原位计算、服从并行运算、灵活性和块级适应性等。

在能量兼容性和有损压缩方面，尽管 TDLT 执行效果甚至比 DWT 好，但是在无损压缩（要求可逆变换）方面它效果并不是很好。事实上，对于高光谱图像压缩，往往需要一个完全可逆的变换方法实现有损到无损编码。

在这一章中，我们采用了一种实用和创新的方法，在空间域上用整数可逆时域重叠变换（Reversible Time Domain Lapped Transform，RTDLT）来代替整数小波变换，并在光谱域上使用 RKLT。在这里，RTDLT 和 RKLT 通过改善的矩阵分解方法实现。RTDLT 可以实现整数可逆变换并且因此我们采用基于 RT-DLT 和 RKLT 的渐进有损到无损高光谱图像压缩方法。空间域上的块变换系数重组到子带里面以便于由基于小波编码的编码方法进行编码。除此之外，一种用于编码变换系数改善的 3D 嵌入式零树小波编码方法集成到了这项工作中。

此外，我们也扩展 RTDLT 到 3D 可逆整数重叠变换（3D Reversible Interger Lapped Transform，3D-RLT），它可以取代 3D 整数小波变换并实现有损到无损的渐进压缩，并且在大多数情况下效果比小波变换好。3D-RTL 可以在块层面上实施，并且有一个固定的变换基矩阵。它因此适合内存有限的系统或者像星载航天器这种对器件有着明显限制的地方。

我们提出的方法仍然保留重建质量和空间分辨率的伸缩性特点，因此，在解码方面，观测者可以看到整个图像从低质量到完全重建的图像。实验结果表明提出的方法在有损压缩和无损压缩方面效果都很好。为了降低计算复杂度，在多重提升方法的帮助下，我们提出的方法执行没有任何乘法器，只使用移位和加法。

9.2　多重提升方案

我们采用一种提升方案来实现可逆整数变换，自从提升方案被广泛应用同时又有许多的优势,比如(a)快速实现、(b)原位运算、(c)逆变换快速存取、(d)原始复杂变换的自然理解。首先我们简单回顾一下我们的提升方案。

9.2.1 提升方案和应用

为了实现可逆整数变换,传统的算法往往采用双重提升,如图 9.2 所示,其中 x_i 和 y_i 分别代表输入和输出信号,p 和 u 分别代表预测和更新系数。例如,Daubechies 和 Sweldens 提出了一种基于提升的小波变换方法[9]。Chen 等人[26] 提出使用沃尔什-阿达玛变换(Walsh-Hadamard Transform, WHT)和提升方案的整数 DCT,Abhayarante[27] 提出了一个运用递归方法和提升技术的 N 点的整数到整数的 DCT(Interger-to-Interfer DCT, I2I-DCT),其中 N 为 2 的整数次幂。Liang 等人[22] 提出了两种 DCT 的快速无乘法的近似(称为 binDCT),同样用了提升方案。在微软的 HD-Photo 过程中,通过分解核心变换和重叠滤波到旋转算子来实现 LBT,如图 9.3 所示,旋转算子也由多重提升结构[25]来实现。

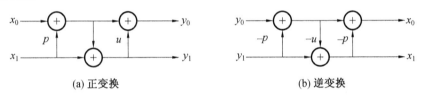

图 9.2　双重提升方案

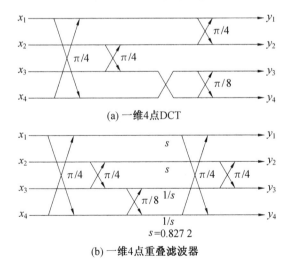

图 9.3　HD-Photo 中 LBT 变换结构

Li[28]也提出了矩阵提升算法,并且这种算法已经应用到嵌入式音频编码器中。Cheng 等人介绍了这种提升矩阵的特性,并基于其设计了一系列重叠双正交变换[29]。

基于提升的变换可以完全实现可逆的整数变换,因此这些变换可以应用到无损压缩上。同时,因为它完全允许原位运算,所以在 CPU 开销和内存使用方面都比较低。

9.2.2　基于多重提升方案的可逆整数变换

在这一章中,我们采用一种多重提升方案,这种方案是传统双重提升方案的一种延伸。多重提升和矩阵提升的概念一样,其已经用于 JPEG 2000 的颜色变换中。

假如 2×2 的矩阵 $\boldsymbol{U}$ 是一个上三角矩阵,并且它的对角元素等于 1,然后 $\boldsymbol{Y} = \boldsymbol{U}\boldsymbol{X}$ 可以实现如公式(9.1)所示整数到整数的运算,也可以通过如图 9.4(a) 的提升算法实现。除此之外,$\boldsymbol{X} = \boldsymbol{U}^{-1}\boldsymbol{Y}$ 也能使用如图 9.4(b) 的逆提升算法实现。

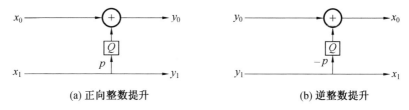

(a) 正向整数提升　　　　　　　　(b) 逆整数提升

图 9.4　基于提升的可逆整数到整数的可逆变换

$$
\begin{pmatrix} y_0 \\ y_1 \end{pmatrix} = \begin{pmatrix} 1 & p \\ 0 & 1 \end{pmatrix} \begin{pmatrix} x_0 \\ x_1 \end{pmatrix} \rightarrow \begin{array}{ll} y_0 = x_0 + \lfloor px_1 \rfloor & x_1 = y_1 \\ y_1 = x_1 & , \ x_0 = y_0 - \lfloor py_1 \rfloor \end{array} \quad (9.1)
$$

在我们提出的变换方案中,使用了 4 阶、8 阶和 16 阶提升算法。例如,4 点可逆整数到整数的变换 $\boldsymbol{Y} = \boldsymbol{U}\boldsymbol{X}$ 和它的可逆变换能够通过下式实现

$$
\begin{array}{ll}
y_0 = x_0 + \lfloor u_{01}x_1 + u_{02}x_2 + u_{03}x_3 \rfloor & x_3 = y_3, \\
y_1 = x_1 + \lfloor u_{12}x_2 + u_{13}x_3 \rfloor & x_2 = y_2 - \lfloor u_{23}x_3 \rfloor, \\
y_2 = x_2 + \lfloor u_{23}x_3 \rfloor & x_1 = y_1 - \lfloor u_{12}x_2 + u_{13}x_3 \rfloor, \\
y_3 = x_3 & x_0 = y_0 - \lfloor u_{01}x_1 + u_{02}x_2 + u_{03}x_3 \rfloor
\end{array} \quad (9.2)
$$

其中,$\boldsymbol{U}$ 是一个大小为 4 的上三角矩阵。多重提升方法的实现如图 9.5 所示,值得强调的是,为了保证完全可逆的整数到整数的变换,同一轮操作施加在一

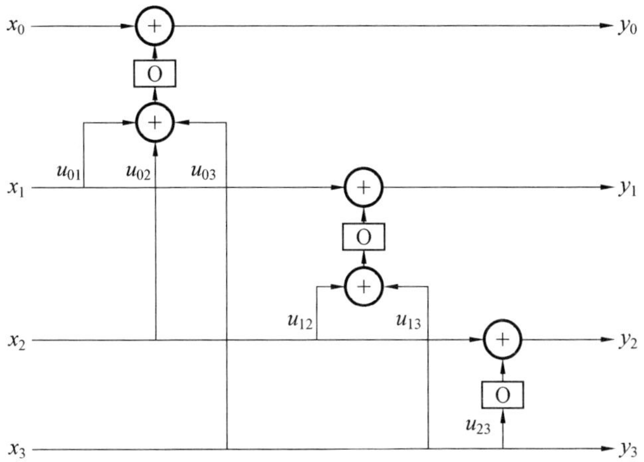

(a) 正向多重提升

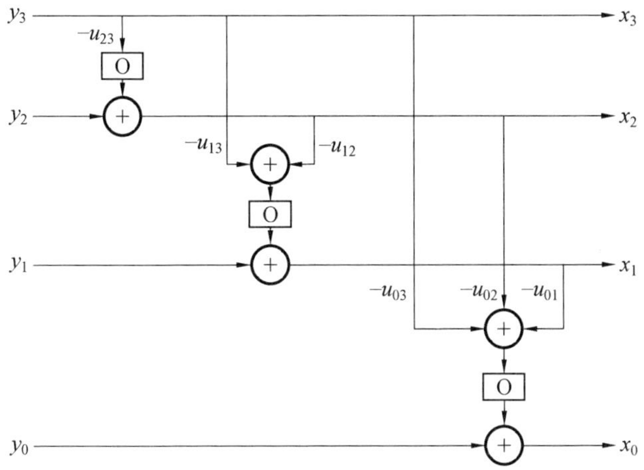

(b) 逆向多重提升

图 9.5 正向和逆向多重提升方案

组正变换和逆变换的乘积之和 $\left(\sum\limits_{j=i+1}^{N-1} u_{i,j} x_j\right)$。

9.3 可逆的整数到整数 TDLT/RKLT

在这一节中,我们将介绍基于矩阵分解方法的 TDLT/RKLT 的实现[30]。我们将首先介绍通过基于矩阵分解的多重提升方法的整数到整数的变换技术,另外,我们将会说明一些设计 TDLT/RKLT 中的细节。

9.3.1 矩阵分解和多重提升

基于矩阵分解理论[30],一个非奇异的矩阵最多能够被分解成三个三角基本可逆矩阵(Triangular Elementary Reversible Matrices,TERMs)的积。如果 TERM 的对角元素是 1,那么可以通过多重提升来实现可逆的整数到整数变换。

首先,我们回顾如何基于矩阵分解理论来实现对变换基的浮点到整数的近似。

假设 A 是一个变换基矩阵

$$A = \begin{pmatrix} a_{1,1}^{(0)} & a_{1,2}^{(0)} & \cdots & a_{1,N}^{(0)} \\ a_{2,1}^{(0)} & a_{2,2}^{(0)} & \cdots & a_{2,N}^{(0)} \\ \vdots & \vdots & & \vdots \\ a_{N,1}^{(0)} & a_{N,2}^{(0)} & \cdots & a_{N,N}^{(0)} \end{pmatrix} \tag{9.3}$$

存在一个置换矩阵 P_1 使 $P_{1,N}^1$ 不等于 0

$$P_1 A = \begin{pmatrix} p_{1,1}^{(1)} & p_{1,2}^{(1)} & \cdots & p_{1,N}^{(1)} \\ p_{2,1}^{(1)} & p_{2,2}^{(1)} & \cdots & p_{2,N}^{(1)} \\ \vdots & \vdots & & \vdots \\ p_{N,1}^{(1)} & p_{N,2}^{(1)} & \cdots & p_{N,N}^{(1)} \end{pmatrix} \tag{9.4}$$

存在一个算子 s_1 满足下面的式子

$$p_{1,1}^{(1)} - s_1 p_{1,N}^{(1)} = 1 \tag{9.5}$$

式(9.5)可以改写为

$$s_1 = (p_{1,1}^{(1)} - 1) / p_{1,N}^{(1)} \tag{9.6}$$

然后

$$P_1 A S_1 = P_1 A \begin{bmatrix} 1 & & \\ & I & \\ -s_1 & 0 & 1 \end{bmatrix} = \begin{pmatrix} 1 & p_{1,2}^{(1)} & \cdots & p_{1,N}^{(1)} \\ p_{2,1}^{(1)} - s_1 p_{2,N}^{(1)} & p_{2,2}^{(1)} & \cdots & p_{2,N}^{(1)} \\ \vdots & \vdots & & \vdots \\ p_{N,1}^{(1)} - s_1 p_{N,N}^{(1)} & p_{N,2}^{(1)} & \cdots & p_{N,N}^{(1)} \end{pmatrix} \tag{9.7}$$

$$L_1 = \begin{bmatrix} 1 & & \\ s_1 p_{2,N}^{(1)} - p_{2,1}^{(1)} & 1 & \\ \vdots & \vdots & I \\ s_1 p_{N,N}^{(1)} - p_{N,1}^{(1)} & \cdots & 1 \end{bmatrix} \tag{9.8}$$

若一个高斯矩阵满足式(9.8),将会产生如下结果

$$L_1P_1AS_1 = \begin{bmatrix} 1 & & & \\ s_1p_{2,N}^{(1)} - p_{2,1}^{(1)} & 1 & & \\ \vdots & & \vdots & I \\ s_1p_{N,N}^{(1)} - p_{N,1}^{(1)} & & \cdots & 1 \end{bmatrix} P_1AS_1 = \begin{pmatrix} 1 & a_{1,2}^{(2)} & \cdots & a_{1,N}^{(2)} \\ 0 & a_{2,2}^{(2)} & \cdots & a_{2,N}^{(2)} \\ \vdots & \vdots & & \vdots \\ 0 & a_{N,2}^{(2)} & \cdots & a_{N,N}^{(2)} \end{pmatrix}$$

$$(9.9)$$

记 $A^{(1)} = L_1P_1AS_1$,根据上面描述的方法,存在 P_2 满足 $p_{2,N}^{(2)} \neq 0$,同时有 s_2 满足

$$p_{2,2}^{(2)} - s_2p_{2,N}^{(2)} = 1 \tag{9.10}$$

根据这个递归过程,能够确定 $P_k, s_k, L_k(k = 1, 2, \cdots, N)$,于是,我们得到如下的公式

$$L_{N-1}P_{N-1}\cdots L_2P_2L_1P_1AS_1S_2\cdots S_{N-1} = \begin{pmatrix} 1 & a_{1,2}^{(N-1)} & \cdots & a_{1,N}^{(N-1)} \\ 0 & 1 & \cdots & a_{2,N}^{(N-1)} \\ \vdots & \vdots & & \vdots \\ 0 & 0 & \cdots & a_{N,N}^{(N-1)} \end{pmatrix} = D_RU$$

$$(9.11)$$

其中

$$D_R = \text{diag}(1, 1, \cdots, 1, e^{i\theta}) \tag{9.12}$$

$$U = \begin{pmatrix} 1 & a_{1,2}^{(N-1)} & \cdots & a_{1,N}^{(N-1)} \\ 0 & 1 & \cdots & a_{2,N}^{(N-1)} \\ \vdots & \vdots & & \vdots \\ 0 & 0 & \cdots & 1 \end{pmatrix} \tag{9.13}$$

设定

$$L^{-1} = L_{N-1}(P_{N-1}L_{N-2}P_{N-1}^T) \cdots (P_{N-1}P_{N-2}\cdots P_2L_1P_2^TP_3^T\cdots P_{N-2}^TP_{N-1}^T) \tag{9.14}$$

$$P^T = P_{N-1}P_{N-2}\cdots P_2P_1 \tag{9.15}$$

$$S^{-1} = S_1S_2\cdots S_{N-1} \tag{9.16}$$

我们得到结论

$$L^{-1}P^TAS^{-1} = D_RU \tag{9.17}$$

然后我们得到 $A = PLUS$。

我们应该注意的是分解不是唯一的,并且不同的分解影响整数近似变换和原始变换之间的误差。这也将影响到原始变换的内在能量聚集能力,所以

误差必须尽可能地减少。在矩阵分解过程中建议使用准完备旋转[13]。我们在实验中发现这种方法在减少误差和提高稳定性方面非常有效，因此取得了对原始变换的浮点变换更好的整数近似。改进的实施过程如下所示：

使用变换基矩阵 $\boldsymbol{A}$ 建立一个新的矩阵 $\boldsymbol{Sc}_1$

$$Sc_1 = \begin{bmatrix} (a_{1,1}^{(0)}) - \dfrac{1}{a_{1,2}^{(0)}} & \cdots & (a_{1,1}^{(0)}) - \dfrac{1}{a_{1,N}^{(0)}} \\ \vdots & & \vdots \\ (a_{N,1}^{(0)}) - \dfrac{1}{a_{N,2}^{(0)}} & \cdots & (a_{N,1}^{(0)}) - \dfrac{1}{a_{N,N}^{(0)}} \end{bmatrix} \tag{9.18}$$

选择参量 s_1 具有矩阵 $\boldsymbol{Sc}_1$ 中最小的绝对值。这种方法不同于传统的方法，传统的方法在变换基矩阵 $\boldsymbol{A}$ 的每一行结尾放置一个非 0 元素，以执行计算：

$$s_1 = \min\{Sc_1\} = (a_{i,1}^{(0)} - 1) / a_{i,j}^{(0)} \tag{9.19}$$

假如 i 不等于 1，也就是说，s_1 不在 $\boldsymbol{A}$ 的第一行，然后 $i - th$ 行必须通过置换矩阵 $\boldsymbol{P}_1$ 置换到第一行

$$P_1A = \begin{pmatrix} q_{1,1}^{(1)} & q_{1,2}^{(1)} & \cdots & q_{1,N}^{(1)} \\ q_{2,1}^{(1)} & q_{2,2}^{(1)} & \cdots & q_{2,N}^{(1)} \\ \vdots & \vdots & & \vdots \\ q_{N,1}^{(1)} & q_{N,2}^{(1)} & \cdots & q_{N,N}^{(1)} \end{pmatrix} \tag{9.20}$$

建立一个有如下形状的矩阵 $\boldsymbol{S}_1$

$$S_1 = \begin{bmatrix} 1 & 0 & \cdots & 0 & \cdots & 0 \\ 0 & 1 & \cdots & 0 & \cdots & 0 \\ \vdots & \vdots & & \vdots & & \vdots \\ s_1 & 0 & \cdots & 1 & \cdots & 0 \\ \vdots & \vdots & & \vdots & & \vdots \\ 0 & 0 & \cdots & 0 & \cdots & 1 \end{bmatrix} \tag{9.21}$$

然后根据式（9.18）和式（9.21），我们得到了一个更加稳定的 $\boldsymbol{A} = \boldsymbol{PLUS}$。

根据上面的描述的理论，可以证明当且仅当 $\det \boldsymbol{A} = \det \boldsymbol{P} = \pm 1$ 时，矩阵 $\boldsymbol{A}$ 有一个 $\boldsymbol{A} = \boldsymbol{PLUS}$ 的 TERM 分解，其中 $\boldsymbol{L}$ 和 $\boldsymbol{S}$ 是单位下三角矩阵，$\boldsymbol{U}$ 是单位上三角矩阵，$\boldsymbol{P}$ 是置换矩阵。

Ⅱ 型 DCT 变换[31] 在一维上由如下公式给出：

$$X_C(k) = \varepsilon_k \sqrt{\frac{2}{N}} \sum_{n=0}^{N-1} x(n) \cos\left((2n+1)\frac{\pi k}{2N}\right) \quad (9.22)$$

其中,$k = 0, \cdots, N-1$,当 $k = 0$ 时 $\varepsilon_k = 1/\sqrt{2}$,其他时候 $\varepsilon_k = 1$。4 点 DCT 矩阵可以使用下面的公式进行计算

$$A = \begin{pmatrix} 0.5000 & 0.5000 & 0.5000 & 0.5000 \\ 0.6533 & -0.2706 & -0.2706 & -0.6533 \\ 0.5000 & -0.5000 & -0.5000 & 0.5000 \\ 0.2706 & -0.6533 & 0.6533 & -0.2706 \end{pmatrix} \quad (9.23)$$

A 的置换矩阵和 TERMs 分解见表 9.1。

表 9.1 4 点 DCT 矩阵的置换矩阵和 TERMs 分解

P				L				U				S			
0	1	0	0	1				1	-0.2929	-0.0137	-0.6533	1			
1	0	0	0	0.2346	1				1	0.3066	0.6533	0	1		
0	0	0	1	0.4142	-0.7654	1				1	0.5000	0	0	1	
0	0	1	0	0.2346	0	-0.6934	1				1	0.5307	-0.8626	0.3933	1

通过这种方法 A 被分解为 TERMs,并且三角矩阵的对角元素等于 1,因此 4 点 DCT 可以通过图 9.6 所示多重提升实现。

从左到右,输入信号依次经过 S, U, L 和 P。假如把浮点运算近似成整数,那么整数输入将会变换为整数。所以在逆变换中,只要我们减去我们增加的内容,原始整数就能够被完美地重构出来,如图 9.5(b) 所示。

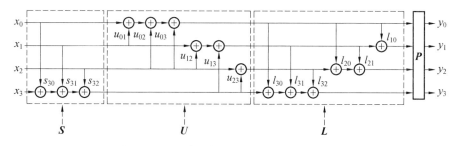

图 9.6 通过多重提升实现 4 点 DCT 正变换

9.3.2 可逆的整数到整数的 TDLT/RKLT 设计

在提出的变换方案中,我们使用前面介绍的修改矩阵分解方法分解滤波矩阵和 DCT 矩阵为 TERMs,以便实现使用多重提升方案的可逆整数到整数变

换。

TDLT 包括前置和后置滤波器,两者中间是完整的 DCT。其中前置和后置滤波器彼此是一一对应的逆过程,TDLT[21] 的框架如图 9.7 所示。

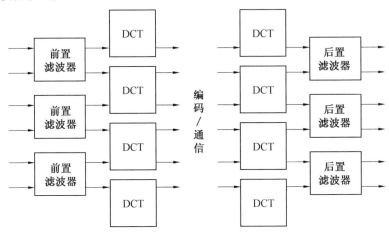

图 9.7　正向和逆向 TDLT

前置滤波器通用公式定义如下:

$$F = \frac{1}{2}\begin{bmatrix} I & J \\ J & -I \end{bmatrix}\begin{bmatrix} I & 0 \\ 0 & V \end{bmatrix}\begin{bmatrix} I & J \\ J & -I \end{bmatrix} \qquad (9.24)$$

其中,I 和 J 分别是单位矩阵和反转单位阵。不同类型的 TDLT 可以用不同的 V 矩阵推导出。两个基本类型的 TDLT 包括时域重叠正交变换(Time Domain Lapped Orthogonal Transform,TDLOT)和时域重叠双正交变换(Time Domain Lapped Biorthogonal Transform,TDLBT)。自由控制矩阵 V 通过下面两个方程来定义:

$$V_{LOT} = J\,(C_{M/2}^{II})^T C_{M/2}^{IV} J \qquad (9.25)$$

$$V_{LBT} = J\,(C_{M/2}^{II})^T D_S C_{M/2}^{IV} J \qquad (9.26)$$

其中,$C_{M/2}^{II}$ 和 $C_{M/2}^{IV}$ 分别表示 $M/2$ 个点的 II 型和 IV 型 DCT 变换矩阵;$D_s = \mathrm{diag}(s,1,\cdots,1)$ 是一个对角阵,其中 s 是一个尺度因子,我们在实验中设 $s = \sqrt{2}$。现在我们选取一个 2×2 滤波器来描述其怎么工作。在这种情况下,F 的子矩阵退化为单个元素的矩阵 $I = J = C_{M/2}^{II} = C_{M/2}^{IV} = [1]$ 和 $D_s = [s]$。令 $\{x_i\}$ 和 $\{x'_i\}$ 分别表示前置滤波器的输入和输出,如图 9.8 所示。

2×2 前置滤波器对相邻块的两个邻近元素操作,因此只有 x_4 和 x_5 被修改。$\{x_4,x_5\}$ 和 $\{x'_4,x'_5\}$ 之间的关系可以通过下面的式子获得

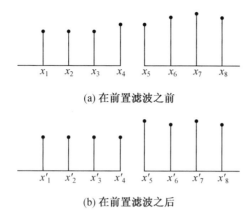

(a) 在前置滤波之前

(b) 在前置滤波之后

图 9.8 前置滤波效果

$$\begin{pmatrix} x'_4 \\ x'_5 \end{pmatrix} = \frac{1}{2} \begin{pmatrix} 1 & 1 \\ 1 & -1 \end{pmatrix} \begin{pmatrix} 1 & 0 \\ 0 & s \end{pmatrix} \begin{pmatrix} 1 & 1 \\ 1 & -1 \end{pmatrix} \begin{pmatrix} x_4 \\ x_5 \end{pmatrix} \qquad (9.27)$$

$$x'_4 = \frac{1}{2} [x_4 + x_5 - s(x_5 - x_4)] = x_4 - \frac{s-1}{2}(x_5 - x_4) \qquad (9.28)$$

$$x'_5 = \frac{1}{2} [x_4 + x_5 + s(x_5 - x_4)] = x_5 + \frac{s-1}{2}(x_5 - x_4) \qquad (9.29)$$

从式(9.28)和式(9.29)我们可以看出相邻元素被修改了,前置滤波器扩大了它们的差异,目的是为了在增加大值像素的时候降低小值像素。具有长基的前置滤波器不仅扩大了从一个块到另一个块边界上的差异,而且还使得像素值在每个块里面尽可能均匀。从另一个角度来看,相邻块之间的相关性已经降低,而一个块内的相关性已增加。

后置滤波器完全是前置滤波器的逆过程,它在一维上的效果如图 9.9 所示,其中 $\{\hat{x'}_i\}$ 和 $\{\hat{x}_i\}$ 分别表示后置滤波器的输入和输出。后置滤波器减少了在相邻块之间相邻元素之间的差异性,目的是为了在增加小值像素的时候降低大值像素。对于二维图像,后置滤波器的目的是为了减少块效应。后置滤波后的图像的视觉效果将在实验部分展示,从中我们将会看到后置滤波器的效果非常好。

前置滤波后,输入数据将会通过 DCT 使得大部分的能量能够集中在低频区域,这样有益于编码。本文中使用的是 Ⅱ 型 DCT。

在提出的方法中,我们使用修改的矩阵分解方法[13]将滤波器矩阵和 DCT 矩阵分解成 TERMs。这意味着我们不需要搜索其他复杂的滤波器矩阵或 DCT 矩阵的分解形式,可以简单地分解它们以实现从整数到整数的可逆变换。

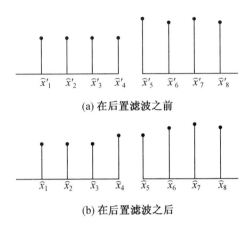

(a) 在后置**滤波**之前

(b) 在后置**滤波**之后

图 9.9 后置滤波器效果图

TDLOT 也能很大地减少 DCT 的块效应,并且极大地改善图像压缩,但是它不能消除块效应。TDLBT 构建以修改 TDLOT,通过在 V 中插入一个对角矩阵 S(作为尺度因子以进一步地减少块效应)。值得指出的是,滤波矩阵 F 的行列式不等于 1 并且应该在分解 TDLBT 之前修改 F 使其满足 $\det F = \pm 1$。我们使用如下的方法来标准化 F:

$$F^* = \frac{F}{\sqrt[M]{|\det F|}} \tag{9.30}$$

其中,F 是原始 $M \times M$ 滤波矩阵;F^* 是标准化的矩阵。

只要滤波矩阵和 DCT 矩阵分解为 TERMs,就能获得 RTDLT,其中包括逆时间域重叠正交变换(Reversible Time Domain Lapped Orthogonal Transform,RTDLOT)和逆时间域重叠双正交变换(Reversible Time Domain Lapped Biorthogonal Transform,RTDLBT)。如果 A_F 和 A_{DCT} 分别表示滤波器矩阵和 DCT 矩阵,它们的分解具有同样的格式:

$$A_F = P_F L_F U_F S_F \tag{9.31}$$

$$A_{DCT} = P_{DCT} L_{DCT} U_{DCT} S_{DCT} \tag{9.32}$$

因此,如果我们用图 9.6 的结构代替图 9.7 中的滤波器和 DCT,那么我们能够获得 RTDLT 的多重提升结构。

P_F, L_F, U_F, S_F 和 $P_{DCT}, L_{DCT}, U_{DCT}, S_{DCT}$ 分别是前置滤波器和 DCT 的 TERMs 分解。因为 PLUS 分解只取决于变换基,所以我们可以提前计算 RTDLT。

很明显,对于高光谱图像来说最好的压缩方法应该是同时减少空间冗余和光谱冗余。在我们的方案中首先应用一种空间变换(RTDLT),然后是使用可逆整数 Karhunen – Loeve 变换（Reversible Integer Karhunen – Loeve Transform, RKLT）对每个空间频率波段的光谱成分去相关。高光谱图像的数据可以表示成下面的形式：

$$X = \{X_1, X_2, X_3, \cdots, X_n\}^{\mathrm{T}} \tag{9.33}$$

其中下标 n 表示为光谱编号，X_n 表示为一系列不同的光谱图像，RTDLT 之后的 W 表达为

$$X \xrightarrow{\text{RTDLT}} W = \{W_1, W_2, W_3, \cdots, W_n\}^{\mathrm{T}} \tag{9.34}$$

协方差矩阵 C_w 定义如下：

$$C_w = E[(W - m_w)(W - m_w)^{\mathrm{T}}] = \frac{1}{M}\sum_{i=0}^{M-1}(W_i - m_w)(W_i - m_w)^{\mathrm{T}} \tag{9.35}$$

$$m_w = E\{W\} = \frac{1}{M}\sum_{i=0}^{M-1}W_i \tag{9.36}$$

其中，M 表示 RTDLT 系数向量的数目；λ_i 为矩阵 C_w 的奇异值；e_i 为相应的特征向量。当奇异值 λ_i 按照降序排列使 $\lambda_1 \geqslant \lambda_2 \geqslant \lambda_3 \geqslant \cdots \geqslant \lambda_l$，变换信号向量的自相关系数按降序整理。变换矩阵 T_{KLT} 可以表示为 $T_{\text{KLT}} = \{e_1, e_2, e_3, \cdots, e_n\}^{\mathrm{T}}$，矩阵 Y 是 KLT 变换的结果，表示为 $Y = T_{\text{KLT}}W$。

根据我们的建议，KLT 矩阵也可以通过无乘法的多重提升算法实现，这种方法基于矩阵分解算法。浮点变换的整数近似算法也能实现，如果增加近似操作，就像方程（9.2）一样。可逆的整数 KLT 和 TDLT 也是用同样的方法实现。

RKLT 把大部分能量聚集到单个波段，提高了整体的编码效率。

从能量紧凑型上来说，KLT 是最有效的线性变换。它的变换矩阵可以通过计算输入数据的协方差矩阵的特征向量来获得。为了减少它的高计算复杂度，Penna 等人[32] 提出了低复杂度的 KLT 算法[32]。

在我们提出来的方法中，设计整数可逆的低复杂度的 KLT（Low – RKLT）来直接在光谱方向上去相关。通过采样输入信号向量以简化协方差矩阵的计算。

如果在 KLT 中使用下采样，式（9.36）可以改写成

$$m'_w = \frac{1}{M'}\sum_{i=0}^{M'-1}W_i \tag{9.37}$$

M' 表示下采样系数的数量。

在我们的实验中，100:1 比例应用在采样过程中。如[32] 中阐述的一

样,Low – RKLT 性能和完整复杂 RKLT 类似,但是明显减少了计算复杂度。计算比较也在 9.4 中给出。

可逆整数 KLT 和 TDLT 是用相同的方法实现的,假如浮点运算可以用分数代替并且分母是 2 的整次幂的话,整数变换可以只用移位和加法运算实现而不用任何乘法器。例如,15/64 = 1/8 + 1/16 + 1/32 + 1/64,然而 1/8、1/16、1/32 和 1/64 可以只通过移位运算实现。4 点 DCT 分解的多重提升系数分解矩阵 L, U, S 见表格 9.2 中所示。实验结果表明基于多重提升的无乘法 DCT 非常好地逼近了浮点 DCT。进一步的实验将研究应用在无损到有损图像压缩中基于多重提升的无乘法 RTDLT 的效率。

表 9.2　具有二元系数的三角 TERM 矩阵

L				U				S			
1				1	–75/256	–1/64	–167/256	1			
15/64	1			1		39/128	167/256	0	1		
53/128	–49/64	1				1	1/2	0	0	1	
15/64	0	–89/128	1				1	17/32	–221/256	101/256	1

9.4　基于 RTDLT/RKLT 的高光谱图像压缩的实验结果和讨论

我们设计了一种基于 RKLT 和 RTDLT 的渐进高光谱图像压缩算法,具有比基于 3D-DWT 的方法更高的压缩比和更好的率失真性能(Rate Distortion, RD),流程图如 9.10 所示。在空间域中,分别采用 2 级 RTDLT 和 5 级 DWT。除此之外,如图 9.11 和 9.12 所示,RTDLT 变换系数被重新组织为树形结构[33],以便于基于小波变换方法的编码。在编码方法中,采用 3DSPECK 算法[34,35],并且 JPEG 2000-MC[36] 被用于无损。

AVRIS 的高光谱图像[37] Jasper Ridge（场景 1）、Cuprite（场景 3）、Lunar Lake（场景 2）、Low Altitude（场景 3）和 Moffett（场景 1）（图像大小被剪裁为 512×512,224 波段）被用于测试不同算法的性能,图像按照 16 个波段一组编码,所以整幅图像被划分为 14 组。

图 9.13 分别展示了 Jasper Ridge,Cuprite,Lunar Lake,Low Altitude 和 Moffett。

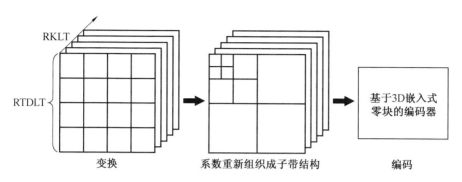

图 9.10   提出的 RTDLT/RKLT 压缩方案的流程图

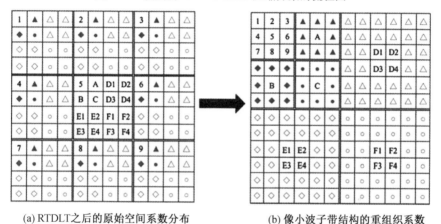

(a) RTDLT之后的原始空间系数分布   (b) 像小波子带结构的重组织系数

图 9.11   每个波段的空间系数重组织

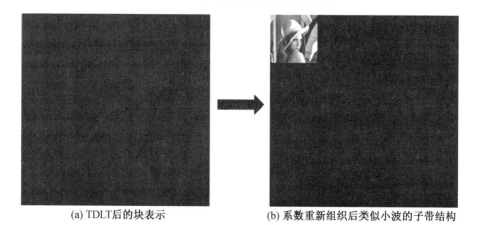

(a) TDLT后的块表示   (b) 系数重新组织后类似小波的子带结构

图 9.12   Lena 图像的块变换系数表示

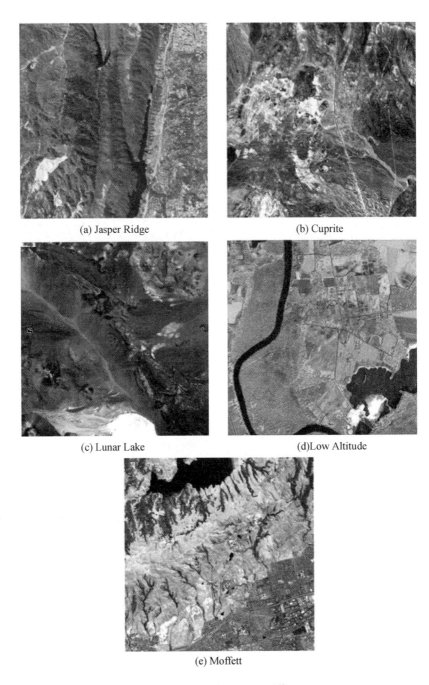

(a) Jasper Ridge (b) Cuprite

(c) Lunar Lake (d)Low Altitude

(e) Moffett

图 9.13　原始 AVRIS 图像

无损压缩的性能比较见表 9.3,其中 3D SPECK 和 JPEG2000-MC 两种编码方式都被采用,变换包括非对称的 3D-5/3DWT(3D-53DWT),53DWT+RKLT 和 RTDLT+RKLT。基于相同的编码器 3D SPECK,可以看到我们提出的 RTDLT/RKLT 效果比 3D-DWT 好 7.35% ~ 8.6%,和 53DWT+RKLT 相当。

表 9.3 无损压缩性能比较 bpppb

编码器	3D SPECK			JPEG 2000-MC	
变换	3D-53DWT	53DWT+ Low-RKLT	RTDLT+ Low-RKLT	3D-53DWT	53DWT+ Low-RKLT
Cuprite	5.32	4.97	4.95	5.44	5.07
Jasper	5.52	4.99	5.01	5.65	5.11
Lunar	5.29	4.97	4.96	5.42	5.08
Low	5.75	5.22	5.23	5.90	5.35
Moffett	6.67	6.11	6.11	6.86	6.32

有损压缩性能在表 9.4 中给出。在实验中,结合 3D SPECK 编码的五种不同变换的性能在不同比特率下进行比较,其中 3D SPECK 使用的是 QccPack 0.56 版本[38]。在结合相同的编码的条件下,很容易看出我们提出的 RTDLT/RKLT 一直优于不对称 3D-97DWT 很多(多达 5 dB)。它也比 53DWT+RKLT 高出 0.38 ~ 0.69 dB。尽管我们提出的方法效果不如 97DWT+FloatKLT,但是它能完全可逆地变换,而后者不能。

表 9.4 无损压缩,SNR(dB)比较

		变换方法/bpppb	1	0.75	0.5	0.25	0.125
Cuprite	可逆	3D-53DWT	41.79	40.64	38.78	34.72	30.73
		2D-53DWT + 1D-LowRKLT	43.77	43.07	42.21	39.29	34.33
		2D-RTDLT + 1D-LowRKLT	44.61	43.91	43.03	40.13	35.16
	不可逆	3D-97DWT	43.24	41.93	39.89	35.77	31.62
		2D-97DWT + 1D-LowFKLT	45.65	44.65	43.54	40.46	35.38
Jasper	可逆	3D-53DWT	34.80	33.01	30.35	25.52	21.06
		2D-53DWT + 1D-LowRKLT	38.63	37.57	35.75	30.7	25.14
		2D-RTDLT + 1D-LowRKLT	39.45	38.43	36.52	31.45	25.93
	不可逆	3D-97DWT	36.27	34.19	31.39	26.49	22.07
		2D-97DWT + 1D-LowFKLT	40.54	39.28	37.05	31.77	26.06

续表 9.4

		变换方法/bpppb	1	0.75	0.5	0.25	0.125
Lunar	可逆	3D-53DWT	42.75	41.68	39.89	35.84	31.63
		2D-53DWT + 1D-LowRKLT	44.55	43.85	43.05	40.42	35.61
		2D-RTDLT + 1D-LowRKLT	45.34	44.61	43.75	41.01	36.10
	不可逆	3D-97DWT	44.34	43.04	41.07	36.98	32.65
		2D-97DWT + 1D-LowFKLT	46.42	45.44	44.36	41.51	36.67
Low	可逆	3D-53DWT	34.36	32.82	30.51	26.31	22.43
		2D-53DWT + 1D-LowRKLT	38.04	37.06	35.65	31.84	26.89
		2D-RTDLT + 1D-LowRKLT	38.68	37.66	36.19	32.22	27.33
	不可逆	3D-97DWT	35.65	33.87	31.46	27.21	3.28
		2D-97DWT + 1D-LowFKLT	39.49	38.34	36.72	32.64	27.61
Moffett	可逆	3D-53DWT	41.24	39.61	37.04	31.55	26.28
		2D-53DWT + 1D-LowRKLT	43.36	41.69	39.27	33.49	27.64
		2D-RTDLT + 1D-LowRKLT	43.99	42.36	39.83	34.15	28.34
	不可逆	3D-97DWT	41.83	40.18	37.64	32.57	27.32
		2D-97DWT + 1D-LowFKLT	44.22	42.62	40.03	34.21	28.37

图 9.14 描述了使用相同的编码器 3D SPECK 的不同变换方案的率失真性能。

从上述实验结果能够看出,所提出的压缩方法在有损和无损高光谱图像压缩性能上都表现得很好。在传统的基于整数小波变换(即 5/3DWT)之间,非酉变换给出了最好的无损压缩的性能,但是减少了有损压缩的性能。因此,从单独的无损码流,解码器不能获得像表格 9.4 中所示那样好的有损压缩性能。但是我们不需要考虑酉正性,通过使用统一的 RTDLT 框架以获得嵌入式和高效有损到无损编码性能。

在表格 9.5 中,我们给出了 Low-KLT 和完整复杂的 KLT 的计算比较。从表格中我们能够看出相对于完整复杂的 KLT 而言,Low-KLT 计算时间显著减少。然而,这种方法也有缺点,因为编码增益可能会伴有较低的编码速度。RTDLT/RKLT 的复杂度比 3D 整数小波变换要高。

在表格 9.6 中,展示了不同采样率的 2D-53DWT+KLT 性能比较。当下采样过程中比例为 10:1~100:1 时,KLT 压缩性能下降是微不足道的。

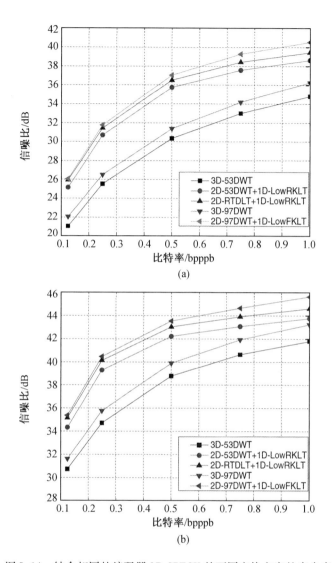

图 9.14　结合相同的编码器 3D SPECK 的不同变换方案的率失真性能

表 9.5　计算时间比较　s

不同的 KLT	Full−FKLT	Low−FKLT	Full−RKLT	Low−RKLT
方差计算	39.437 5	0.234 4	39.984 4	0.234 4
光谱变换	71.812 5	43.281 3	98.281 3	41.203 1

表 9.5 中 Full−FKLT 代表全复杂度浮点 KLT(Full−Complexity Float KLT, Full−FKLT),Low−FKLT 代表低复杂度浮点 KLT(Low−Complexity Float KLT,

Low-FKLT），Full-RKLT 代表全复杂度可逆 KLT（Full Complexity Reversible KLT,Full-RKLT），LOW-RKLT 代表低复杂度可逆 KLT（Low-Complexity Reversible KLT, LOW - RKLT）。运行时在 Pentium IV 电脑上运行,主频 3.20 GHz,使用C#语言。

表9.6　不同采样率的 KLT 变换性能比较（SNR, dB）

变换方法, 采样率/bpppb	1	0.75	0.5	0.25	0.125
Cuprite（512×512×224）					
Full-FKLT	43.81	43.06	42.22	39.37	34.43
Low-FKLT, 1/10	43.78	43.05	42.22	39.38	34.42
Low-FKLT, 1/100	43.76	43.02	42.19	39.33	34.37
Full-RKLT	43.83	43.13	42.26	39.34	34.35
Low-RKLT, 1/10	43.82	43.11	42.26	39.35	34.36
Low-RKLT, 1/100	43.77	43.07	42.21	39.29	34.33
Jasper（512×512×224）					
Full-FKLT	38.67	37.57	35.78	30.75	25.22
Low-FKLT, 1/10	38.67	37.57	35.77	30.73	25.20
Low-FKLT, 1/100	38.68	37.57	35.79	30.71	25.19
Full-RKLT	38.56	37.48	35.66	30.68	25.05
Low-RKLT, 1/10	38.61	37.55	35.71	30.69	25.06
Low-RKLT, 1/100	38.63	37.57	35.75	30.70	25.14
Lunar（512×512×224）					
Full-FKLT	44.53	43.81	43.01	40.49	35.74
Low-FKLT, 1/10	44.53	43.81	43.02	40.49	35.73
Low-FKLT, 1/100	44.53	43.81	43.02	40.48	35.69
Full-RKLT	44.55	43.84	43.05	40.44	35.62
Low-RKLT, 1/10	44.55	43.84	43.05	40.46	35.63
Low-RKLT, 1/100	44.55	43.85	43.05	40.42	35.61

9.5　基于 3D-RLT 的高光谱图像压缩

从基于 RTDLT/RKLT 的高光谱图像压缩来看,一些读者也许凭直觉认为 RTDLT 可以扩展应用到光谱域。当然,RTDLT 可以拓展到 3D 可逆整数重叠变换(3D Reversible Integer Lapped Transform,3D-RLT),通过级连三个沿着空间和光谱维的 1D RLT 来实现。

RLT 是由可逆的整数时域重叠变换(RTDLT)获得的,在 9.3 节中介绍过。和 RTDLT/RKLT 相比,这种新的 3D 块变换更简单。

我们扩展 RLT 到三维,并且设计了基于 3D-RLT 的高光谱图像压缩算法,如图 9.15 所示。

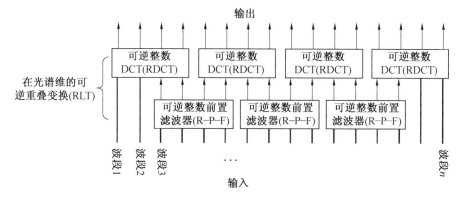

图 9.15　在光谱维可逆重叠变换 RLT 的图解

有必要对整幅图像的每个波段在垂直和水平维使用 2D-RLT,其后沿着光谱维使用 1D-RLT,如图 9.15 所示。RLT 依次通过可逆的整数的前置滤波器(Pre-filter,R-P-F)和可逆整数 DCT(Reversible Integer DCT,RDCT)实现。在空间域上,以块为单位执行 RLT。在这里,我们选取 8×8 的块。测试图像以 16 个光谱为一组在光谱维进行编码。R-P-F 的打开和关闭取决于性能要求和复杂性限制。假如 R-P-F 被关闭,RLT 变为 RDCT。

9.6　基于 3D-RLT 的高光谱图像压缩实验结果

为了证明提出的 3D-RLT 的编码方案的有效性,我们又对 AVIRIS 高光谱图像进行实验[37]。测试了 3D 浮点 9/7 抽头的双正交小波变换(3D Floating-point 9/7-tap Biorthogonal WT,3D-97WT)、3D 整数 5/3 抽头小波变换

（3D Integer5/3-tap WT,3D-53WT）、3D 浮点 DCT（3D Floating-point DCT, 3D-FDCT）,3D-RDCT,3D 浮点 TDLT（3D Floating-point TDLT,3D-FLT）, 3D-RLT。已经证明了非对称 3D-WT（称为 Anisotropic Wavelet）效果比对称的 3D-WT（称为 Isotropic Wavelet）要好。在我们的实验中,我们采用了非对称 3D-WT。RLT 系数通过硬件友好的二值近似,只用移位和加法实现了在变换过程中的操作。所有的变换方法都是联合了同一种 3D 集分割嵌入式块（3D Set Partitioned Embedded Block,3D-SPECK）编码,以确保比较的公平性。

表 9.7 中给出了有损压缩的信噪比（Signal-to-Noise Ratio,SNR）结果,从中我们可以看到大多数比特率下 3D-RLT 性能要比除了浮点变换以外的所有其他的可逆变换性能好。尽管浮点变换产生了更好的结果,但是 3D-RLT 能够应用到渐进的有损到无损的压缩中。3D-RLT 效果比 3D-53DWT 高 0.71~2.03 dB,在大多数情况下比 3D-96DWT 要好。但是,对于 Moffett 图像,与用 3D-RLT 方法相比,3D-DWT 效果明显降低。这是因为 Moffett 图像的光谱轮廓比其他的图像要平滑,如图 9.16 所示。众所周知,不管是 DCT 还是重叠变换都能被认为是一种多波段的滤波器,因此在这种图像的光谱维使用 DCT 和重叠变换都是不合适的,因为其只有简单的频率特征。

表 9.7　有损压缩性能（SNR,dB）

变换方法/bpppb			1	0.75	0.5	0.25	0.125
Cuprite	可逆	3D-53DWT	41.79	40.64	38.78	34.72	30.73
		3D-RDCT	42.86	41.65	39.77	35.57	31.49
		3D-RLT	42.76	41.81	40.25	36.71	32.59
		2D-RLT + 1D-RDCT	42.76	41.66	39.92	35.87	31.89
	不可逆	3D-97DWT	43.24	41.93	39.89	35.77	31.62
		2D-97DWT + 1D-FDCT	43.48	42.23	40.24	36.11	31.95
		2D-97DWT + 1D-FLT	43.56	42.39	40.64	36.92	32.68
		3D-FDCT	43.34	42.02	40.01	35.73	31.59
		3D-FLT	43.53	42.35	40.67	36.98	32.83
Jasper	可逆	3D-53DWT	34.80	33.01	30.35	25.52	21.06
		3D-RDCT	35.78	33.92	31.29	26.48	22.10
		3D-RLT	35.73	34.07	31.80	27.39	23.09
		2D-RLT + 1D-RDCT	35.79	34.03	31.47	26.79	22.51

续表 9.7

		变换方法/bpppb	1	0.75	0.5	0.25	0.125
Lunar	不可逆	3D-97DWT	36.27	34.19	31.39	26.49	22.07
		2D-97DWT + 1D-FDCT	36.32	34.41	31.64	26.81	22.43
		2D-97DWT + 1D-FLT	36.35	34.52	32.00	27.45	23.01
		3D-FDCT	36.09	34.13	31.39	26.53	22.06
		3D-FLT	36.24	34.49	32.02	27.43	23.03
	可逆	3D-53DWT	42.75	41.68	39.89	35.84	31.63
		3D-RDCT	43.77	42.59	40.65	36.44	32.16
		3D-RLT	43.66	42.72	41.14	37.59	33.38
		2D-RLT + 1D-RDCT	43.68	42.62	40.85	36.87	32.67
	不可逆	3D-97DWT	44.34	43.04	41.07	36.98	32.65
		2D-97DWT + 1D-FDCT	44.44	43.20	41.31	37.28	33.01
		2D-97DWT + 1D-FLT	44.51	43.36	41.66	38.01	33.71
		3D-FDCT	44.26	42.96	40.91	36.69	32.33
		3D-FLT	44.45	43.31	41.59	37.92	33.68
Low	可逆	3D-53DWT	34.36	32.82	30.51	26.31	22.43
		3D-RDCT	35.04	33.48	31.13	26.92	23.01
		3D-RLT	35.07	33.62	31.65	27.72	23.97
	不可逆	3D-97DWT	35.65	33.87	31.46	27.21	23.28
		2D-97DWT + 1D-FDCT	35.55	33.92	31.62	27.46	23.56
		2D-97DWT + 1D-FLT	35.66	34.16	32.03	28.04	24.23
		3D-FDCT	35.31	33.65	31.22	26.94	22.95
		3D-FLT	35.51	33.92	31.76	27.79	23.91
Moffett	可逆	3D-53DWT	41.24	39.61	37.04	31.55	26.28
		3D-RDCT	40.72	39.23	36.91	31.97	26.73
		3D-RLT	37.82	36.69	34.88	31.06	26.59
	不可逆	3D-97DWT	41.83	40.18	37.64	32.57	27.32
		2D-97DWT + 1D-FDCT	40.91	39.46	37.26	32.41	27.18
		2D-97DWT + 1D-FLT	37.96	36.85	35.13	31.37	26.93
		3D-FDCT	40.77	39.26	36.96	32.03	26.71
		3D-FLT	37.83	36.75	34.98	31.24	26.79

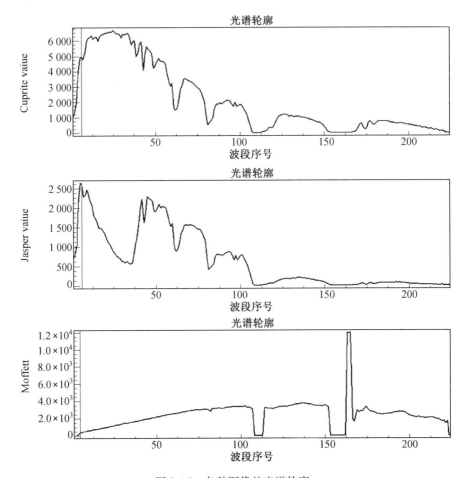

图 9.16 各种图像的光谱轮廓

结合 3D SPECK 编码的可逆整数变换的无损性能结果见表格 9.8,用比特每像素每波段 (bit per pixel per band,bpppb) 评价。我们能够看到 3D-RLT 的效果可以与 3D-53DWT 媲美,并且在大多数情况下效果比 3D-RDCT 要好。

表 9.8 无损压缩性能   bpppb

图像	3D-53DWT	3D-RDCT	3D-RLT
Cuprite	5.32	5.38	5.33
Jasper	5.52	5.65	5.63
Lunar	5.29	5.36	5.32
Low	5.75	5.87	5.83
Moffett	6.67	7.31	7.61

9.7 结 论

在这一章中,我们首次提出一种用于高光谱图像压缩的 RTDLT/RKLT 新变换方案,相对于先进的传统基于变换的技术,其具有竞争性甚至更好的性能。提出的 RTDLT/RKLT 方案能够实现可逆的整数到整数的可逆变换,并由此能够联合基于零块的位平面编码器应用到渐进的有损到无损的压缩里去。这种新的变换有一些优点,例如无乘法运算、处理灵活和并行实现等。除此之外,这种方法也能保留提升方案好的特性,例如低存储要求、原位运算和完美重建。同时高性能意味着高复杂度,相对 1D 小波变换而言,RKLT 在光谱维仍然有很高的计算复杂度。

我们也提出一种基于 3D-RLT 简单又高效的高光谱图像压缩算法。换句话来说,就是一维的可逆整数重叠变换应用到高光谱图像的所有维度。我们的实验表明,在有损压缩方面 3D-RLT 能够轻松超过 5/3 小波变换。同时,3D-RLT 的无损性能接近 5/3 小波变换。而且,假如需要更低的计算复杂度,那么基于 3D-RLT 的压缩方法还能够被简化。当前置和后置滤波器被取消,RLT 能够变为 RDCT。

在这一点上,值得注意的是实验中我们在有损模式下 5/3 小波变换是酉变换的,目的是为了获得更好的效果,因此 5/3 小波变换的实验结果不支持完全的渐进变换。假如,为了支持完全渐进变换同时确保最好的无损压缩性能,5/3 WT 应该是非酉的,尽管这会降低有损压缩的性能。相比而言,酉小波变换将会降低无损压缩的性能。但是,我们提出的方法不受这个问题的影响,RTDLT/RKLT 和 3D-RLT 都完全支持渐进编码。

没有变换提供完美的结果而且是许多题目中与图像压缩相关的唯一一个。虽然我们提出的 RTDLT/RKLT 和 3D-RLT 方法适合高光谱图像有损到无损压缩(事实上 RTDLT 也适合自然图像压缩[40]),但是它们不适合 3D 医学图像压缩,原因是基于 DCT 的重叠变换不适合具有平滑纹理的医学图像。在这种情况下,小波变换更好。

除此之外,假如一种情况只适于高光谱图像 3D 无损压缩,使用查找表(Lookup Table,LUT)[41]的编码方法会更好,因为 LUT 具有低复杂度和高无损性能。

参 考 文 献

［1］ J. Xu, Z. Xiong, S. Li, and Y. Zhang. 3-D embedded subband coding with optimal truncation (3-D ESCOT). Applied and Computational Harmonic Analysis, vol. 10, pp. 290-315, May, 2001.

［2］ J. E. Fowler and D. N. Fox. Embedded wavelet-based coding of three dimensional oceanographic images with land masses. IEEE Transactions on Geoscience and Remote Sensing, vol. 39, no. 2, pp. 284-290, February, 2001.

［3］ X. Tang, W. A. Pearlman, and J. W. Modestino. Hyperspectral image compression using three-dimensional wavelet coding. In Proceedings SPIE, vol. 5022, pp. 1037-1047, 2003.

［4］ Q. Du and J. E. Fowler. Hyperspectral Image Compression Using JPEG2000 and Principal Component Analysis. IEEE Geoscience and Remote sensing letters, vol. 4, pp. 201-205, April, 2007.

［5］ P. L. Dragotti, G. Poggi, and A. R. P. Ragozini. Compression of multispectral images by three-dimensional SPIHT algorithm. IEEE Geoscience and Remote sensing letters, vol. 38, no. 1, pp. 416-428, January, 2000.

［6］ B. Penna, T. Tillo, E. Magli, and G. Olmo. Transform Coding Techniques for Lossy Hyperspectral Data Compression. IEEE Geoscience and Remote sensing letters, vol. 45, no. 5, pp. 1408-1421, May, 2007.

［7］ B. Penna, T. Tillo, E. Magli, and G. Olmo. Progressive 3-D coding of hyperspectral images based on JPEG 2000. IEEE Geoscience and Remote sensing letters, vol. 3, no. 1, pp. 125-129, January, 2006.

［8］ W. Sweldens. The lifting scheme: A construction of second generation wavelet. In SIAM Journal on Mathematical Analysis, vol. 29, pp. 511-546, 1997.

［9］ I. Daubechies and W. Sweldens. Factoring wavelet transforms into lifting steps. The Journal of Fourier Analysis and Applications, vol. 4, pp. 247-269, 1998.

［10］ A. Bilgin, G. Zweig, and M. W. Marcellin. Three-dimensional image compression using integer wavelet transforms. Applied Optics, vol. 39, pp. 1799-1814, April 2000.

［11］ Z. Xiong, X. Wu, S. Cheng, and J. Hua. Lossy-to-Lossless Compression of Medical Volumetric Data Using Three-Dimensional Integer Wavelet

Transforms. IEEE Transactions on Medical Imaging, vol. 22, no. 3, pp. 459-470, March 2003.

[12] P. Hao and Q. Shi. Reversible integer KLT for progressive – to – lossless compression of multiple component images. In Proceedings IEEE International Conference Image Processing (ICIP'03), Barcelona, Spain, pp. I-633-I-636, 2003.

[13] L. Galli and S. Salzo. Lossless hyperspectral compression using KLT. IEEE International Geoscience and Remote Sensing Symposium, (IGARSS2004), vol. 1, pp. 313-316, September, 2004.

[14] C. Kwan, B. Li, R. Xu, X. Li, T. Tran, and T. Nguyen. A Complete Image Compression Method Based on Overlapped Block Transform with Post –Processing. EURASIP Journal on Applied Signal Processing, pp. 1-15, January, 2006.

[15] P. List, A. Joch, J. Lainema, G. Bjontegaard, M. Karczewicz. Adaptive deblocking filter. IEEE Transactions on Circuits and Systems for Video Technology, vol. 13, no. 7, pp. 614-619, July, 2003.

[16] Xiong ZX, Orchard MT, Zhang YQ. A deblocking algorithm for JPEG compressed imagesusing overcomplete wavelet representations. IEEE Transactions on Circuits and Systems for Video Technology, vol. 7, no. 2, pp. 433-437, April, 1997.

[17] P. Cassereau. A New Class of Optimal Unitary Transforms for Image Processing. Master's Thesis, Massachusetts Institute of Technology, Cambridge, MA, May, 1985.

[18] H. S. Malvar. Lapped transforms for efficient transform/subband coding. IEEE Transactionson Acoustics, Speech, and Signal Processing, pp. 969-978, ASSP-38. 1990.

[19] C. W. Lee and H. Ko. Arbitrary resizing of images in DCT domain using lapped transforms. Electronics Letters, vol. 41, pp. 1319-1320, November 2005.

[20] T. D. Tran, J. Liang, and C. Tu. Lapped transform via time–domain pre– and post–processing. IEEE Transactions on Signal Processing, vol. 51, no. 6, pp. 1557-1571, January 2003.

[21] Chengjie Tu, and Trac D. Tran. Context–based entropy coding of block transform coefficients for image compression. IEEE Transactions on Image

Processing, vol. 11, no. 11, pp. 1271-1283, January 2002.

[22] Jie Liang, Trac D. Tran. Fast Multiplierless Approximations of the DCT with the Lifting Scheme. IEEE Transactions on Signal Processing, vol. 49, no. 12, pp. 3032-3044, December 2001.

[23] http://www. microsoft. com/whdc/xps/hdphotodpk. mspx.

[24] S. Srinivasan, C. Tu, S. L. Regunathan, and G. J. Sullivan. HD Photo: a new image coding technology for digital photography. In Proceedings SPIE Applications of Digital Image Processing XXX, San Diego, vol. 6696, pp. 66960A, August 2007.

[25] C. Tu, S. Srinivasan, G. J. Sullivan, S. Regunathan, and H. S. Malvar. Low−complexity hierarchical lapped transform for lossy−to−lossless image coding in JPEG XR//HD Photo. In Proceedings SPIE Applications of Digital Image Processing XXXI, San Diego, vol. 7073, pp. 70730 C1−12, August 2008.

[26] Y. Chen, S. Oraintara, and T. Nguyen. Integer discrete cosine transform (IntDCT). In Proceedings 2nd International Conference Information and Communication of Signal Processing, December 1999.

[27] G. C. K. Abhayaratne. Reversible integer−to−integer mapping of N−point orthonormal block transforms. Signal Processing, vol. 87, no. 5, pp. 950-969, 2007.

[28] J. Li. Reversible FFT and MDCT via matrix lifting. In Proceedings IEEE International Conference on Acoustics, Speech, and Signal Processing, vol. 4, pp. iv−173-iv−176, May 2004.

[29] L. Z. Cheng, G. J. Zhong, and J. S. Luo. New family of lapped biorthogonal transform via lifting steps. IEE Proceedings −Vision, Image and Signal Processing, Vol. 149, no. 2, pp. 91-96, April 2002.

[30] P. Hao and Q. Shi. Matrix Factorizations for Reversible Integer Mapping. IEEE Transactions on Signal Processing, vol. 42, no. 10, pp. 2314-2324, October 2001.

[31] K. R. Rao and P. Yip. Discrete Cosine Transform: Algorithms, Advantages. Applications. New York: Academic, 1990.

[32] B. Penna, T. Tillo, E. Magli, and G. Olmo. Transform Coding Techniques for Lossy Hyperspectral Data Compression. IEEE Geosciense and Remote Sensing, vol. 45, no. 5, pp. 1408-1421, May 2007.

[33] Z. Xiong, O. Guleryuz, and M. T. Orchard. A DCT-based embedded image coder. IEEE Signal Processing Letters, vol. 3, pp. 289-290, 1996.

[34] X. Tang and W. A. Pearlman. Three-Dimensional Wavelet-Based Compression of Hyperspectral Images. in Hyperspectral Data Compression, pp. 273-308, 2006.

[35] Jiaji Wu, Zhensen Wu, Chengke Wu. Lossly to lossless compression of hyperspectral images using three-dimensional set partitioning algorithm. Optical Engineering, vol. 45, no. 2, pp. 1-8, February 2006.

[36] Information Technology—JPEG 2000 Image Coding System—Part 2: Extensions, ISO/IEC 15444-2, 2004.

[37] http://aviris. jpl. nasa. gov/html/aviris. freedata. html.

[38] http://qccpack. sourceforge. net/.

[39] E. Christophe, C. Mailhes and P. Duhamel. Hyperspectral image compression: adapting SPIHT and EZW to Anisotropic 3-D Wavelet Coding. IEEE Transactions on Image Processing, vol. 17, no. 12, pp. 2334-2346, 2008.

[40] Lei Wang, Jiaji Wu, Licheng Jiao, Li Zhang and Guangming Shi. Lossy to Lossless Image Compression Based on Reversible Integer DCT. IEEE International Conference on Image Processing 2008 (ICIP2008), pp. 1037-1040, 2008.

[41] J. Mielikainen. Lossless compression of hyperspectral images using lookup tables. IEEE Signal Processing Letters, vol. 13, no. 3, pp. 157-160, 2006.

第 10 章 基于分治法去相关的高光谱数据压缩

摘要 现代卫星传感器的最新进展,使收集到的数据海量增加,从而提升了对图像编码技术的需求。众所周知,KLT 可以提供最好的光谱去相关效果。可是,它也有一些缺点,比如高计算成本,高内存需求,缺乏组件可扩展性,并且实际实施困难。在这一章中,我们修正了某些最近提出的如何克服这些缺点的建议,特别是那些基于分治法去相关的方式。除此之外,我们采用不同策略进行有损、渐进的有损到无损、无损的遥感图像编码,在编码性能、计算成本和组件可扩展性方面做了比较。

10.1 引 言

当采用有损或者渐进的有损到无损方式进行高光谱图像编码时,通常用一个光谱去相关变换随后是传统的变换编码器。在这方面,Karhunen-Loève Transform(KLT)及其衍生形式是可以提供最优结果的变换[20]。然而,KLT 计算成本很高,因而在很多情况下阻碍了它的应用。

最近,为了降低 KLT 的计算需求,各种各样的分治策略被提出来。这些策略都是基于这样的事实:KLT 具有二次计算复杂度 $O(n^2)$,如果将整个变换用一组规模较小的变换去近似代替,那么所需的计算成本将变成原来成本的一小部分。

这些策略背后的基本原理是:只有具有较高协方差的光谱分量是值得去相关的,而在其他情况下,编码增益可以忽略不计。因此,在这些策略中,将整个变换在需要去相关的地方分解成一系列小的变换,而在其他方面则可以忽略。

这样的变换分解如图 10.1 所示。在该例子中,首先,局部去相关由三个 KLT 集提供,然后每个集再次一起处理以取得全局去相关。需要注意的是,由于 KLT 的属性,输出成分根据它们的方差按照常规降序排列,因此通过不选择每个集最后的输出舍弃具有低方差的成分。

这一章将对 KLT 的分治策略进行讨论,并对它在实际应用中发现的一些细节问题提出一些见解。另外,本章对于采用不同策略进行高光谱遥感图像

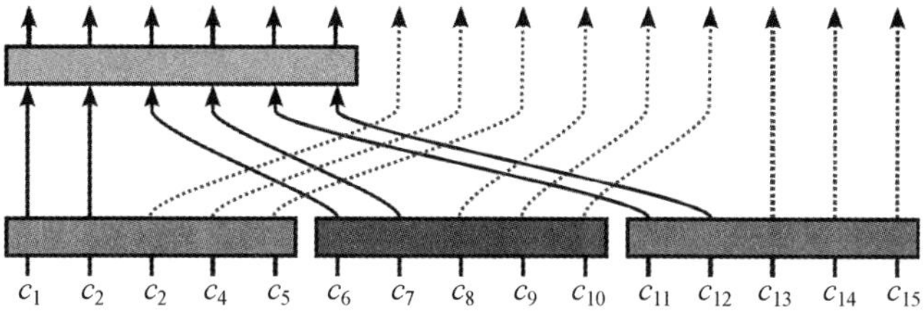

图 10.1 对 15 个光谱分量采用分治策略的例子

压缩的效果进行了实验评估与比较。

值得注意的是,其他一些最近提出的减轻 KLT 所存在问题的方法这里并没有提及。特别地,读者应该了解,能够通过不假定高斯信源以及基于独立成分分析(ICA)算法[3,4]的变换(这种变换也可以预训练[2,5])找到最佳谱变换提高编码增益;或者,为了克服 KLT 的高计算量,提出了离散余弦变换(DCT)[1],它假设数据的协方差矩阵为托普利兹矩阵。可是,DCT 光谱去相关的效果很差[20],与它类似的降低计算量的方法还有快速近似 KLT(AKLT)[19]和 $AKLT_2$[21],它们分别是 DCT 在一阶和二阶摄动上的扩展。

本章的其余部分安排如下:10.2 节对 KLT 做了一个概述;10.3 节提出了几种不同的光谱去相关分治策略;10.4 节对于采用不同去相关策略压缩卫星数据,给出了一些实验结果;最后,10.5 节给出了结论。

10.2 Karhunen–Loêve Transform 变换

这一节描述了 KLT 以及它作为分治策略一部分的实际应用。对于一幅有 N 个光谱分量的图像(每个分量的均值都为 0),KLT 可以定义为:令 X 为一个 N 行 M 列的矩阵,每一行都是一个光谱分量,每一列都是空间的一个像素点。这样,变换之后的结果 Y 可由下式计算

$$Y = \mathrm{KLT}_{\Sigma_X}(X) = Q^{\mathrm{T}}X \qquad (10.1)$$

其中,$\Sigma_X = (1/M)XX^{\mathrm{T}}$ 是 X 的协方差矩阵;Q 是 Σ_X 特征分解(ED)后得到的正交矩阵,也就是说,$\Sigma_X = Q\Lambda Q^{-1}$,其中

$$\Lambda = \mathrm{diag}(\lambda_1, \cdots, \lambda_N), \ |\lambda_1| \geqslant |\lambda_2| \geqslant \cdots \geqslant |\lambda_N|$$

Σ_X 是埃尔米特矩阵,根据谱分解理论,这种分解总是存在的。

Y 的协方差矩阵是对角阵 Λ(也就是说,

$$\Sigma_Y = (1/M)YY^{\mathrm{T}} = (1/M)Q^{\mathrm{T}}XX^{\mathrm{T}}Q = Q^{\mathrm{T}}\Sigma_X Q = \Lambda)$$

$\lambda_1, \cdots, \lambda_N$ 是变换之后每个分量的方差。

协方差矩阵的特征分解通常通过迭代过程收敛到解,例如由 Householder 变换的基于预处理三角对角化的算法,其后是迭代 QR 分解[13]。其他的低复杂度对角化过程[10],是以高实现困难为代价的。为了达到目的,特别建议以一个现有库为依靠,因为在处理过程中会出现一些数值稳定性问题,可能会导致不收敛的算法。

注意到这种变换是依赖于 $\pmb{\Sigma}_X$ 的,因此对于不同的输入,变换不同。由于这个原因,用到的具体的变换矩阵 $\pmb{Q}^T$ 要作为边信息标记出来以便解码器可以进行反变换。

10.2.1 中心化和协方差特殊性

注意到在上面的定义中,KLT 只适用于均值为 0 的图像分量。但是很难找到均值为 0 的图像分量,因此,为了解决问题通常应用变量变换:

$$X' = X - \begin{pmatrix} \dfrac{1}{M}\displaystyle\sum_{j=1}^{M} x(1,j) \\ \vdots \\ \dfrac{1}{M}\displaystyle\sum_{j=1}^{M} x(N,j) \end{pmatrix} (1,\cdots,1) \qquad (10.2)$$

由于 KLT 不影响分量的均值,所以这种变量变换对于每幅图像只需要做一次,不必考虑是否应用变换的顺序或者只是一次变换。

协方差计算的一些特点也值得注意。目前已经知道,当具有足够大的空间大小时,KLT 中的图像下采样可以从根本上降低 KLT 的训练成本[20]。目标是只用图像空间位置的一小部分样值来计算协方差矩阵。已经知道用 $\rho = 0.01(1\%)$ 的下采样可以得到几乎一样的压缩性能结果,并且能有效地减少变换的训练成本,使变换矩阵的应用—— 矩阵乘法 $\pmb{Q}^T\pmb{X}$ ——成为计算成本的主要来源。

为选择采样位置,需要某种伪随机数发生器(PRNG)。高质量的 PRNG 具有很高的成本,但是,在此情况中,差的发生器也能得到类似的结果。这里可以使用一种很快速的 Park – Miller PRNG(10.3),对于每个随机数只进行四次运算操作。

$$\begin{cases} Y_n = M \cdot X_n \mathrm{div}(2^{32} - 5) \\ X_n = (279\,470\,273 \cdot X_{n-1})\mathrm{mod}(2^{32} - 5) \end{cases} \qquad (10.3)$$

协方差计算的另一个特殊性出现在 KLT 应用与分治策略,其中某个或更多的成分将变换超过一次。当一个成分之前变换过而且要再次变换时,它的方差不需要再一次被计算,因为它作为之前变换时得到的特征值之一 λ_i 已经可用了。

10.2.2　空间划分

空间划分 —— 也被称为分割或分块 —— 它的应用在这里有几个原因,例如,缓解内存需求或者减少数据丢失的影响。关于它的使用我们讨论几点问题。

如果变换应用在多个空间块,或者一幅图像的空间尺寸足够小,那么它的特征分解这一步骤的计算成本不再可以忽略不计,从而特征分解可能成为总的计算成本的一个重要部分。为了解决这个问题,可以应用改进的特征分解方法[10,14]。

同样值得注意的是,变换边信息大小只依赖于光谱的大小,因此对于多个空间分区或者小的空间尺寸,由于每次变换时总的数据量变得更小,变换边信息大小变得更加相关。出于相同的原因,协方差下抽样同样受到空间划分的影响;当空间尺寸减小,采样像素的数量也会降低。因此,采样因子必须要增加。也就是说,必须用大量的采样数据来达到好的估计效果。当空间尺寸非常小时,协方差下采样甚至会比常规的协方差计算代价更高,因为这时原本很小的采样选择成本变得越来越明显。

最后,在多个空间分块的情况下,块与块边界的地方也许会出现块效应,这在评估具体变换时必须予以考虑。

10.2.3　可逆 KLT

给定一个几乎完全可逆的浮点型 KLT 矩阵,就像前面步骤中得到的那样,它可以通过改造而被用于无损压缩。这种改造表现在通过因式分解将变换矩阵变成一系列等价的初等可逆矩阵(ERMs)[9]。这些 ERM 中的每一个稍后都能对原始乘法近似地应用,将整数映射成整数,并且是完全可逆的。除了可逆性之外,由于变换系数是整数而不是浮点数,从而可以降低后续编码的位平面数。

现在描述一种分解方法,称为可逆 KLT(RKLT),它是准完全旋转。这种分解方法是基于文献[16]中介绍的方法,通过最小化与原有损变换的改造差异对其进行了改进。

分解过程如下:给定一个正交 KLT 矩阵 $\boldsymbol{Q}^{\mathrm{T}}$,初始令 $\boldsymbol{A}_1 = \boldsymbol{Q}^{\mathrm{T}}$,然后对 $\boldsymbol{A}_i$ 进行迭代。

选取一个置换矩阵 P_i，使 $(P_i A_i)_{(i,N)} \neq 0$

计算矩阵 S_i，$S_i = 1 - s_i e_k e_i^T$，其中 e_m 是标准基中的第 m 个向量，而且 $s_i = \dfrac{(P_i A_i)_{(j,i)} - 1}{(P_i A_i)_{(j,k)}}$，选择索引 j 和 k 使 s_i 最小，$i \leqslant j \leqslant N, i + 1 \leqslant k \leqslant N$。

应用 $P_i A_i S_i$ 到高斯消元法，得到高斯消元矩阵 L_i，保证对于所有的 $k > i$，$(L_i P_i A_i S_i)_{(k,i)} = 0$，$A_{i+1}$ 设置为乘积 $L_i P_i A_i S_i$，开始新的迭代。

$N - 1$ 次迭代之后，A_N 是一个上三角阵，称为 U，它的所有的对角元素都是 1，除了最后一个可能是 ± 1。然后将所有之前步骤中得到的部分结果合并。

$$S^{-1} = \prod_{k=1}^{N-1} S_k \tag{10.4}$$

$$L^{-1} = L_{N-1} \cdot (P_{N-1} L_{N-2} P_{N-1}^T) \cdot \cdots \cdot (P_2 L_1 P_2^T) \tag{10.5}$$

$$P^T = \prod_{k=1}^{N-1} P_{N-k} \tag{10.6}$$

最后实现分解：

$$\cdot A = PLUS \tag{10.7}$$

其中，P 是一个置换矩阵；L 和 S 是下三角阵，对角线上都是 1。

矩阵分解之后，在每一个特制的矩阵乘法中使用交错的舍入操作，该变换应用在正向和逆向。舍入操作运算符——用 $[\cdot]$ 表示——定义为如下函数：四舍五入输入值到最近的整数值，将中间值舍入到最近的偶数值。对于下三角矩阵，乘法——例如 $Y = LX$——可写为如下：

$$Y = \begin{pmatrix} y_1 \\ \vdots \\ y_i \\ \vdots \\ y_N \end{pmatrix} = \begin{pmatrix} x_1 \\ \vdots \\ x_i + \left[\sum_{1 \leqslant j < i} l_{(i,j)} x_j \right] \\ \vdots \\ x_N + \left[\sum_{1 \leqslant j < N} l_{(N,j)} x_j \right] \end{pmatrix} = [LX] \tag{10.8}$$

对于上三角阵，操作过程遵循相同的原理，但是需要考虑到，$(U)_{(N,N)} = \pm 1$，$y_N = (U)_{(N,N)} x_N$。

逆操作过程可以通过撤销上述步骤来实现，是用与上述步骤相似的方式。在这种情况下，对于下三角矩阵，操作过程为

$$X = \begin{pmatrix} x_1 \\ \vdots \\ x_i \\ \vdots \\ x_N \end{pmatrix} = \begin{pmatrix} y_1 \\ \vdots \\ y_i - \left[\sum_{1 \leqslant j < i} l_{(i,j)} x_j \right] \\ \vdots \\ y_N - \left[\sum_{1 \leqslant j < N} l_{(N,j)} x_j \right] \end{pmatrix} = \left[L^{-1} Y \right] \tag{10.9}$$

对于操作的顺序要特别注意。在取整步骤中,操作必须在正向和逆向变换时以完全相同的顺序进行,而由取整操作划分的操作块的撤销必须以相反的顺序进行。

在相关的说明中,如果要避免整数乘法,例如由于嵌入式硬件中乘法操作很慢,可以采用扩展的 RKLT,整数乘法被分解成一系列的移位和加法运算,与 RKLT 的原则相同[27, 28]。

10.3 分治策略

分治策略被人们所知已经很长时间了。例如,二分搜索,在每步中将一个列表划分成两个较小的列表进行搜索,这可以至少追溯到公元前 200 年的巴比伦尼亚,见[18, 420 页]。从这个意义上来说,将一个众所周知的算法应用于光谱去相关问题似乎是很容易的,但实际并不是。

分治法中的问题之一就是如何组织这些分区,在这种情况下,可能的分区方法有很多,但是除了穷举搜索以外最佳的分区方法是不知道的。而且事实上最优解并不是唯一的,这使问题更加复杂了。我们想得到一个编码增益高的去相关变换,并且还要求该变换计算复杂度低,组件可扩展性好。尽管如此,一些适合的分区方法已经被找到并且在最近的文献中发表了。这一章就叙述了每种分区策略对我们的启发和它最优的折中。

10.3.1 普通分集

分治法中,普通分集法是最简单的。它将高光谱图像分为集或者光谱分量集群组成,然后对于每个分量集各自应用 KLT[6, 11]。图 10.2 是这种结构的一个例子。

这种策略以较低的计算代价处理全局去相关(当不同分集的分量间的相关性没有去除),因此取得了适度的编码性能。通常,由于相近光谱分量具有较高的相关性,划分分集时分割图像为连续光谱分量片。如果没有关于要去

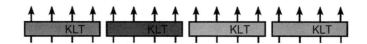

图 10.2 对一个 16 分量的图像应用普通分集,每个垂直箭头代表一个经过 KLT 变换
的光谱分量

相关图像的先验信息,则分集可能是常规大小,或者可以仔细地选取,使集边
界落在图像两个不相关区域的边界。

当需要的边信息量变得显著而且影响编码性能时,这种策略也可以应用
(由于图像的空间尺寸很小或者小的空间划分使用)。在图 10.3 中,绘制了
和图像空间尺寸相关的边信息成本。

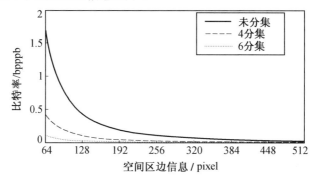

图 10.3 对于给定的大小可变的方形区域,224 个光谱波段图像变换的边信息成本

对于 100×100 大小的图像,边信息量约为 0.7 bpppb,在低比特率下,会对
编码性能产生负面的影响。文献[11]中表明对于低比特率和小尺寸图像,由
普通分集法带来的编码信息减少相对于缺少全局去相关带来的不利影响更有
益于编码性能。

10.3.2 递归结构

KLT 的递归划分在文献[29, 30]中提出。虽然最初提出只是针对脑电图
和 MRI 数据的纯无损压缩的,它仍然可以应用在遥感图像的有损和渐进的有
损到无损压缩上。

这种方法的思想是将整个变换用三个一半大小的块来替代。前两个一半
大小的块去相关每个输出的一半,而第三个去相关前两个块输出的第一半。
然后这三个半大小块的每一个再按递归方式用同样的过程进一步划分直到得
到最小的数据块。

图 10.4 展示了这种递归结构的一个例子,一个 8 分量的图像通过递归结

构分成一系列两分量的块,或者换一种说法,两层递归,进行去相关。

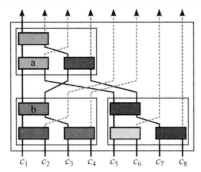

图 10.4　一个对于 8 波段图像应用递归结构的例子,变换规模是 2

当对一个完整变换进行划分时,重要的是,在每一级递归时,在处理第三次半尺寸变换之前,前两个半尺寸变换的输出之间要进行交错排列进行相加。如果这种交错不相加,那么已经去相关的前两个变换的分量组利用第三次变换再去相关不会带来额外的增益。在图 10.4 中,这意味着标记为 a 和 b 的变换将执行两次同样的操作。

递归变换提供了非常全面的去相关,但代价是许多额外的操作从本质上提高了它的计算成本,降低了组件的可扩展性。

10.3.3　两层结构

另一种分治法是文献[22, 23]中介绍的。这种结构由两层去相关构成;第一层提供局部去相关,第二层提供全局去相关。在第一层,各光谱分量进行去相关,方式与分集变换相同,把第一层变换中每个分集中最显著的成分送入第二层中进行第二次去相关,而剩余分量进行进一步的编码处理。第一层中每个分集最显著的分量与其他分集中最显著分量一起去相关。第二显著分量与其他第二显著分量一起,依此类推,直到每个分集中所有最显著分量都去相关了。

图 10.5 展示了一个两层结构的例子。在这个特别的例子中,该结构对于三个一级分集中的每一个,只选取其前两个最显著的分量进行进一步去相关。

为了选取结构参数,即,分集的数量以及每个一级分集中多少个分量是显著的,作者提出了两种方法:静态方法和动态方法。

在静态结构中,对于所有分集都选取一个固定数量的最显著分量。而另一方面,动态结构中,最显著分量数量的选取是通过一个类似于对静态结构进行修剪的训练过程实现的。修剪过程包括进入第二阶段后舍弃对于第二阶段

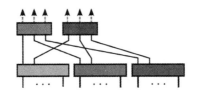

图 10.5 两层静态结构的例子

输出的第一显著分量具有很小影响的分量。这种影响作用是通过对每个输入分量(由等价静态结构第二阶段的变换矩阵)设置相应的权值确定的。

两种结构都在计算成本和编码性能方面进行了折中。由于静态变换第二步去相关每个分集的一个分量,所以静态结构的组件可扩展性低。

10.3.4 多层结构

与两层结构并行的,文献[6-8]中提出了多层结构。有四种变化,每种变化都有它自己的折中准则,但是它们的思想是相同的,应用多层次分集,每种都对前一层的最显著分量进行进一步去相关。

第一种变式是文献[6]中提出的简单的多层结构,其中对固定规模的集进行普通分集,将每个分集中最显著的一半挑选出来在下一层进行进一步去相关,直到最后一层中只剩下一个分集。在任何多层结构中没有分量交错。第一种多层结构被[7]中提出的方法取代了,这种方法不是用简单的常规结构,而是用本征阈值法——一种 KLT 后确定显著分量数量的方法——用于确定从每个分集中选取分量的数量。

为了在所有可能分集大小的变化中选取一个好的结构,提出了两种方法。第一种方法产生静态结构,通过在每一层设置一个规律性约束分集大小,然后对训练集,对于分集大小进行穷举搜索。在这种情况下,用本征阈值法来估计应对每个分集选取分集的最佳数目,但是为了最小化联合搜索,在搜索过程中对于所有分集的第一层设置固定的数目。第二种方法产生具有单一分集大小的结构,但是容许每个分集选择的分量数量在计算过程中是确定的,因此是动态结构。

图 10.6(a)、10.6(b)展示了两种方法的例子,第一种情况下,分集大小在每一层分别选为 7、16、12、8,对于每个分集选取的分量数量第一层是 2,第二层是 6,第三层是 4。在第二种情况下,分集大小对于整个结构都是设定为 4,然后用本征阈值法从每个分集中选取最适合的分量数目,直到最后一层只剩一个分集。

多层结构的第四种变化是文献[8]中介绍的双正交变换(POT),它是两分量分集的常规结构,其中一个分量总是从每个分集中选取。图 10.7 提供了一个 8 波段图像结构的例子。POT 提供了一个简单固定的结构,用非常低的计算成本提供了适当的去相关,适合实时处理以及功率或者内存受限的情况,例如星载传感器。

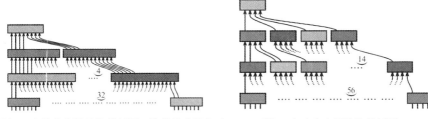

(a) 一个静态多层结构的例子。这种特殊结构对于高光谱AVIRIS传感器更为适用

(b) 一个动态多层结构的例子

图 10.6 多层结构的例子

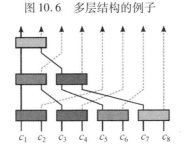

图 10.7 对于一幅 8 波段图像双正交变换的例子

10.4 实验结果

在这一节,通过实验对前面描述的分治策略进行了评估。该评估在常见场景下比较了所有的策略,从三方面进行评估:编码性能、计算成本和组件的可扩展性。

对地球一号观测卫星上搭载的 Hyperion 传感器拍摄的辐射图像应用分治策略进行评估。使用的图像是校正过的或者说一级的,它有 256 列的固定宽度,可变的高度和 242 个波段,覆盖波长 357～2 576 nm。最后 18 个波段是未校准的,已经被舍弃了,所以只剩了 224 个波段。

为了评估编码性能,光谱变换必须要和一个完善的编码系统匹配。在这里,采用 JPEG 2000[26, 24],用 Kakadu[25] 的程序实现。至于光谱变换,其实现源程序由这章的作者提供。

以下是已经经过测试的精确变换:在递归变换中采用四层递归。两层静态结构中第一层中有 28 个分集,每个分集选取四个分量。两层动态结构中第一层中有 28 个分集,每个分集选取四个分集,但只对每个第二层分集中的四个最显著分量进行去相关。多层动态结构的分集大小为 4,选择特征值高于平均水平的分量。多层静态结构有四个层次,每层分别有 32、8、2、1 个分集,分别在第一、第二和第三层的每个分集中选取三个、五个、七个分量。POT 不是逐行应用,正如按照原来报告中最初的描述,为了与其他的变换进行公平的比较,由于边带信息的计算成本很高不能使用逐行应用。

以上描述的光谱变换与传统的 KLT、用于有损的 Cohen – Doubechies – Feauveau(CDF)9/7 小波和用于有损到无损(Lossy – to – Lossless,PLL)的 CDF 5/3 小波进行比较,两种情况下变换层数都为五层。

图 10.8 展示了有损压缩的编码性能,图 10.9 是对应 PLL 的,表 10.1 是纯无损的。为了清楚起见,有损的和 PLL 结果与完整 KLT 比较,通过不同的信噪比(SNR)性能来展示。在这种情况下,SNR 定义为 SNR $= 10 \lg (\sigma^2 /$ MSE),这里 σ^2 是原图像的方差。无损的结果与实际所需的无损比特率一起给出。

表 10.1 对 Hyperion 辐射图像无损编码需要的比特率   bpppb

	RKLT	16 聚类	递归	两层静态	两层动态	ML 动态	ML 静态	POT	IWT 5/3
Erta Ale	5.95	5.95	5.90	5.99	5.96	6.00	5.89	6.05	6.24
Lake Monona	6.11	6.09	6.07	6.16	6.10	6.16	6.03	6.23	6.37
Mt. St. Helens	6.00	6.06	5.97	6.04	6.06	6.11	5.93	6.23	6.38

图 10.8 和图 10.9 中,第一个图展示了对于采用普通分集策略和递归结构的结果,第二个图展示了用两层结构的结果,第三个图展示了用多层结构的结果。

对于所有的实验,无论从有损性能、有损到无损性能或者无损性能任何方面评估,KLT 变换的结果通常是最好的,而小波变换的结果通常是最差的,而不同的分治去相关策略效果介于二者之间。

正如预料的那样,递归结构的编码效果非常卓越,达到了经典 KLT 的结果,但它的计算成本也很高。令人感兴趣的是,多层静态结构同样可以达到很好的编码效果,并且计算量很低。二层结构,无论是静态的还是动态的,其结果都可以被接受,只是有轻微的损失,与 16 分集的普通分集结果相似。在所

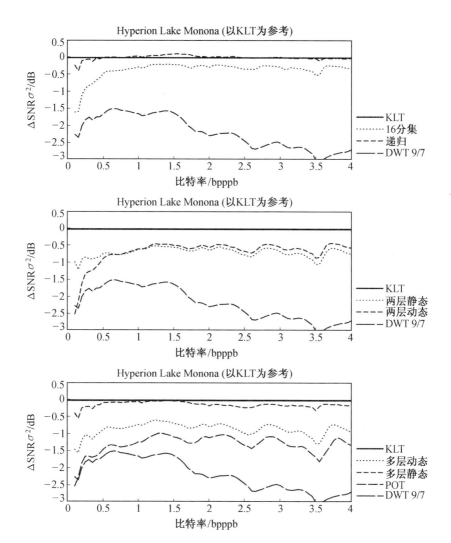

图 10.8　采用分治策略光谱变换的有损编码增益,以常规 KLT 做参照

有的分治策略中,POT 的结果是最差的,但是它的计算成本是最小的,并且组分的扩展性是最好的。

图 10.10 展示了对于有损变换的计算成本,图 10.11 展示了对于完全无损和从有损到无损变换的计算成本。二者的不同之处在于,对于无损压缩,为了确保可逆性需要使用提升方案,这在应用和去除变换上增加了一些额外运算计算量。

图 10.10 和 10.11 清楚地显示,经典的 KLT 计算量极其巨大,利用递归

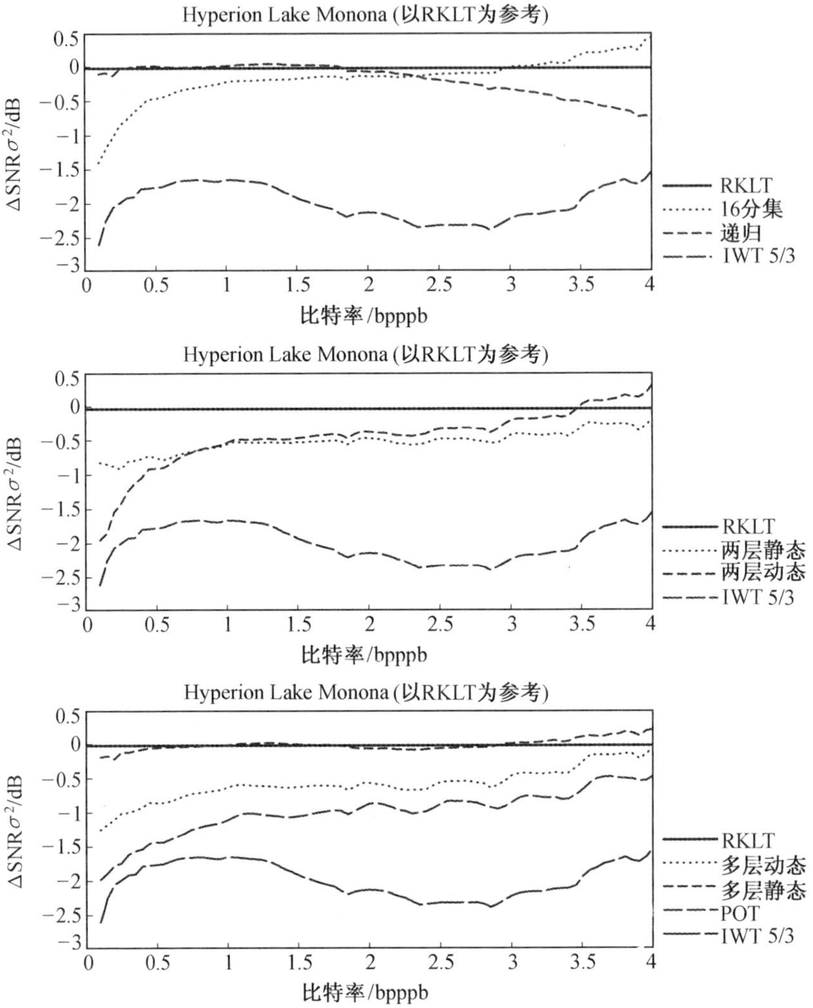

图 10.9　采用分治策略光谱变换有损到无损编码增益,以常规 RKLT 为参照

结构的计算量大约是其 1/4,而其他的分治策略具有非常低的计算量,静态结构的计算量比动态结构的计算量大,POT 策略和小波方法的计算量近似。

至于组件可扩展性,结果列在表 10.2 中。

再一次地,可以看到经典的 KLT 组件可扩展性最差,递归结构和两层静态结构的组件可扩展性约为 KLT 的两倍。最好的两种分治策略是两层动态结构和 POT,它们都提高了小波变换的组件可扩展性。

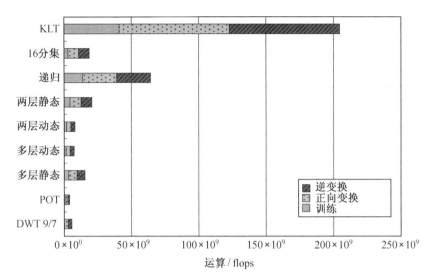

图 10.10　以 Hyperion Lake Monona 为测试图像进行有损变换的计算成本

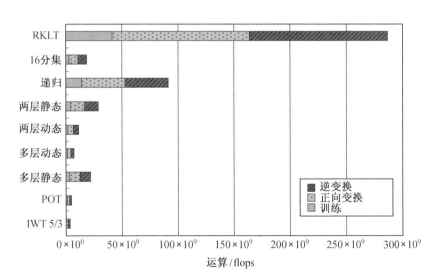

图 10.11　以 Hyperion Lake Monona 为测试对象进行无损变换的计算成本

表 10.2 变换的可扩展性(恢复一个分量所需的分量)。
由于系数镜像(最高到一半),小波变换可扩展性在变换边缘减少

	平均	最小	最大
全 KLT	224.0	224	224
16 聚类	14.0	14	14
递归	119.0	119	119
两层静态	116.0	116	116
两层动态	9.7	8	14
ML 动态	13.1	12	15
ML 静态	38.0	38	38
POT	8.9	8	9
Wavelet CDF 9/7	36.0	32	38
Wavelet CDF 5/3	16.0	11	17

10.5　结　　论

　　在这一章,我们概述了主要的用于光谱去相关的分治策略,以缓解对高斯信源的最佳变换 KLT 的某些缺点。我们回顾了几种常用的用于高光谱图像编码的变换方法。同时我们对这些不同的策略进行了比较,指出了经典 KLT 的几个缺点,特别的,对于卫星数据编码,我们从编码增益、计算成本和组件可扩展性等方面对这些策略进行了评估。

　　在编码增益方面,无论是有损、渐进的有损到无损还是无损图像压缩,我们发现所有的分治策略产生的结果都介于 KLT 性能和小波变换性能之间,递归结构产生有竞争力的编码结果,多层静态结构紧随其后。POT 结构的编码增益最差,不过仍要优于小波变换。

　　在计算复杂度方面,所有的分治策略(除了递归结构)与 KLT 相比都有显著降低,POT 结构甚至与小波变换的复杂度相似。

　　在组件可扩展性方面,递归结构和两层静态结构性能不好,多层静态结构性能中等,与有损 CDF9/7 小波相似,而其他的策略性能都很好,与无损的 CDF 5/3 小波近似,所有策略中,POT 的组件可扩展性最好。

　　总之,POT 策略保持了小波变换的所有优点,并且产生了更好的编码性

能,在 KLT 不适用的情况下是方便的小波替代品。

致谢:

这项工作部分在西班牙政府、加泰罗尼亚政府支持下完成,在 TIN2009-14426-C02-01, TIN2009-05737-E/TIN,SGR2009-1224 和 FPU2008 资助下。这项工作中用到的计算资源由 Autònoma de Barcelona 大学的 Oliba 计划提供。这项工作还得到了比利时政府的支持,通过其 Scientific Research Flanders 基金(Peter Schelkens 博士后奖学金)。作者还要感谢 NASA 和 USGC 提供的 Hyperion 图像。

参 考 文 献

[1] N. Ahmed, T. Natarajan, and K. R. Rao. Discrete cosine transfom. IEEE Trans. Comput. ,C-23(1):90-93, Jan. 1974.

[2] Isidore Paul Akam Bita, Michel Barret, Florio Dalla Vedova, and Jean-Louis Gutzwiller. Lossy compression of MERIS superspectral images with exogenous quasi optimal coding transforms. In Bormin Huang, Antonio J. Plaza, and Raffaele Vitulli, editors, Satellite Data Compression, Communication, and Processing V, volume 7455, page 74550U. SPIE, 2009.

[3] Isidore Paul Akam Bita, Michel Barret, and Dinh-Tuan Pham. On optimal orthogonal transforms at high bit-rates using only second order statistics in multicomponent image coding with JPEG2000. Elsevier Signal Processing, 90(3):753 - 758, 2010.

[4] Isidore Paul Akam Bita, Michel Barret, and Dinh-Tuan Pham. On optimal transforms in lossy compression of multicomponent images with JPEG2000. Elsevier Signal Processing, 90(3):759-773, 2010.

[5] Michel Barret, Jean-Louis Gutzwiller, Isidore Paul Akam Bita, and Florio Dalla Vedova. Lossy hyperspectral images coding with exogenous quasi optimal transforms. In Data Compression Conf. 2009 (DCC 2009), pages 411-419. IEEE Press, Mar. 2009.

[6] I. Blanes and J. Serra-Sagristà. Clustered reversible-KLT for progressive lossy-to-lossless 3d image coding. In Data Compression Conf. 2009 (DCC 2009), pages 233-242. IEEE Press, Mar. 2009.

[7] I. Blanes and J. Serra-Sagristà. Cost and scalability improvements to the

Karhunen–Loêve transform for remote–sensing image coding. IEEE Trans. Geosci. Remote Sens. , 48(7):2854-2863, Jul. 2010.

[8] I. Blanes and J. Serra–Sagristà. Pairwise orthogonal transform for spectral image coding. IEEE Trans. Geosci. Remote Sens. , 49(3):961-972, Mar. 2011.

[9] F. A. M. L. Bruekers and A. W. M. van den Enden. New networks for perfect inversion and perfect reconstruction. IEEE J. Sel. Areas Commun. , 10(1):130-137, 1992.

[10] Inderjit Singh Dhillon. A New $O(n^2)$ Algorithm for the Symmetric Tridiagonal Eigenvalue/ Eigenvector Problem. PhD thesis, EECS Department, University of California, Berkeley, Oct 1997.

[11] Q. Du, W. Zhu, H. Yang, and J. E. Fowler. Segmented principal component analysis for parallel compression of hyperspectral imagery. IEEE Geosci. Remote Sens. Lett. ,6 (4):713-717, Oct. 2009.

[12] L. Galli and S. Salzo. Lossless hyperspectral compression using KLT. IEEE Int'l Geosci. and Remote Sens. Symp. Proc. (IGARSS 2004), 1-7:313-316, 2004.

[13] G. H. Golub and C. F. van Loan. Matrix Computations. The Johns Hopkins University Press, Oct. 1996.

[14] Ian R. Greenshields and Joel A. Rosiene. A fast wavelet–based Karhunen–Loeve transform. Pattern Recognition, 31(7):839-845, Jul. 1998.

[15] Group on Interactive Coding of Images. Spectral transform software. http://gici. uab. cat/, 2010.

[16] P. W. Hao and Q. Y. Shi. Matrix factorizations for reversible integer mapping. IEEE Trans. Signal Process. , 49(10):2314-2324, 2001.

[17] Jet Propulsion Laboratory, NASA. Hyperspectral image compression website. http://compres sion. jpl. nasa. gov/hyperspectral/.

[18] Donald E. Knuth. Sorting and Searching, volume 3 of The Art of Computer Programming. Addison–Wesley, second edition, 1998.

[19] L. S. Lan and I. S. Reed. Fast approximate Karhunen–Loeve transform (AKLT) with applications to digital image–coding. Elsevier Visual Commun. and Image Process 93, 2094:444-455, 1993.

[20] Barbara Penna, Tammam Tillo, Enrico Magli, and Gabriella Olmo. Transform coding techniques for lossy hyperspectral data compression. IEEE

Trans. Geosci. Remote Sens. , 45(5):1408-1421, May 2007.

[21] A. D. Pirooz and I. S. Reed. A new approximate Karhunen−Loeve transform for data compression. Conference Record of the Thirty − Second Asilomar Conference on Signals, Systems and Computers, 1-2:1471-1475, 1998.

[22] John A. Saghri and Seton Schroeder. An adaptive two−stage KLT scheme for spectral decorrelation in hyperspectral bandwidth compression. Proc. SPIE, 7443:744313, Sept. 2009.

[23] John A. Saghri, Seton Schroeder, and Andrew G. Tescher. Adaptive two−stage Karhunen− Loeve −transform scheme for spectral decorrelation in hyperspectral bandwidth compression. SPIE Optical Engineering, 49:057001, May 2010.

[24] Peter Schelkens, Athanassios Skodras, and Touradj Ebrahimi, editors. The JPEG 2000 Suite. Wiley, Sept. 2009.

[25] D. S. Taubman. Kakadu software. http://www. kakadusoftware. com/, 2000.

[26] D. S. Taubman and M. W. Marcellin. JPEG2000: Image Compression Fundamentals, Standards, and Practice, volume 642. Kluwer International Series in Engineering and Computer Science, 2002.

[27] Lei Wang, Jiaji Wu, Licheng Jiao, and Guangming Shi. 3D medical image compression based on multiplierless low−complexity RKLT and shape−adaptive wavelet transform. ICIP 2009. Proceedings of 2009 International Conference on Image Processing, pages 2521-2524, Nov. 2009.

[28] Lei Wang, Jiaji Wu, Licheng Jiao, and Guangming Shi. Lossy−to−lossless hyperspectral image compression based on multiplierless reversible integer TDLT/KLT. IEEE Geosci. Remot Sens. Lett. , 6(3):587-591, July 2009.

[29] Y. Wongsawat. Lossless compression for 3 − D MRI data using reversible KLT. Int'l Conf. on Audio, Language and Image Processing, 2008. (ICALIP 2008). , pages 1560-1564, July 2008.

[30] Y. Wongsawat, S. Oraintara, and K. R. Rao. Integer sub−optimal Karhunen−Loève transform for multi−channel lossless EEG compression. European Signal Processing Conference, 2006.

第 11 章 基于分段主成分分析的高光谱图像压缩

摘要 主成分分析(Principal Component Analysis, PCA)是高光谱图像压缩时最有效的光谱去相关方法。PCA 与基于 JPEG 2000 的空间编码相结合,即 PCA+JPEG 2000,可以产生卓越的率失真性能。然而,主成分变换的大运算矩阵带来的相关比特数开销可能会在低码率时影响压缩性能,尤其是待压缩图像块的空间维尺寸相比其光谱维度比较小的时候。在之前的研究中,我们提出应用分段主成分分析(Segmented PCA, SPCA)来减轻这种影响,记此压缩方法为 SPCA+JEPG 2000,此方法即使相比 PCA+JPEG 2000 也可以提高率失真性能。本章我们考察了 SPCA+JPEG 2000 压缩后的重建数据在光谱保真度、分类、线性解混和奇异检测方面的性能。实验结果表明,SPCA+JPEG 2000 除了具有很好的率失真性能外,还在有用数据信息保持方面有突出表现。因为 SPCA 中的光谱分段依赖于一个具有数据依赖性的光谱相关系数矩阵的计算,因此我们考察传感器依赖的次最优分段方法,可以加快压缩速度的同时引入较少的失真。

11.1 引　言

数据压缩是减少高光谱图像海量数据量的常用技术。人们已经证明,利用 PCA 结合 JEPG 2000[1,2] 压缩高光谱图像的方法具有突出的率失真性能,其中 PCA 用于光谱编码,JPEG 2000 用于主成分(Principal Components, PCs)图像的空间编码,记作 PCA+JPEG 2000。特别地,PCA+JPEG 2000 比 DWT+JPEG 2000[3-7](DWT 用于光谱维编码)性能要好。PCA+JPEG 2000 也优于其他基于 DWT 的算法方法,比如三维多级树分裂[8](3-Dimensional Set Partitioning in Hierarchical Trees, 3-D SPIHT)和三维结合分裂嵌入块[9](3-Dimensional Set Partitioned Embedded Block, 3-D SPECK)。当只用一组主成分进行压缩时,SubPCA+JPEG 2000 能进一步提高率失真性能[6]。

表 11.1 列出了 PCA+JPEG 2000 和 DWT+JPEG 2000 在 1.0 bpppb(比特每像素每波段, bit per pixel per band)的信噪比(Signal to Noise Ratio, SNR),同时给出了无光谱去相关的 JPEG 2000 压缩性能。这里,信噪比定义为信号方

差与重建误差方差的比值。可以看出,在所有的情况中,虽然基于 DWT 的光谱去相关方法比无光谱去相关方法的信噪比大约提高了 15 dB,但是基于 PCA 去相关的结果比 DWT 进一步提高了约 5 dB。从统计学的角度来看,PCA 可以最优地去相关,而 DWT 的系数无论是波段内还是波段间都存在着高度的结构相关性。JPEG 2000 在空间上利用 DWT 的这种相关结构时,未能利用到各成分比如光谱维之间残余的相关性。因此,光谱的 DWT 会在光谱方向留下程度明显的相关性;而光谱的 PCA,具有最优的去相关能力,性能更好。

表 11.1　在 1.0 bpppb **下,不同的光谱去相关方法压缩 512×512、224 波段的**

AVIRIS Jasper Ridge **辐射数据的信噪比**

	无	DWT	PCA
Cuprite	38.3	51.0	54.1
Jasper Ridge	29.8	44.8	50.3
Moffett	30.6	45.5	50.9

图 11.1 给出了 DWT 组(如:3D SPIHT,3D SPECK 和 DWT+JPEG 2000)和 PCA 组(PCA+JPEG 2000,SubPCA+JPEG 2000)的率失真曲线。显然,PCA 组明显优于 DWT 组。这里用率失真性评价数据保真度。为了评价压缩后的像素光谱保真度,用光谱角匹配(Spectral Angle Mapper,SAM)计算压缩前后的光谱角。光谱角差异平均值在图 11.2 中给出。这证明了 PCA 组相比 DWT 组,在像素光谱特征保持方面能够取得更好的效果。PCA+JPEG 2000 和 Sub-PCA+JPEG 2000 经修改后应用于异常检测和多时(Multi–Temporal)图像压缩[10-12]。因为 SubPCA+JPEG 2000 需要在不同比特率下估计最优主成分个数,本章我们只讨论 PCA+JPEG 2000。而且,只将 DWT+JPEG 2000 作为比较对象,因为它在 DWT 组中性能是最好的。

值得一提的是,CCSDS 已经建立了多高光谱数据压缩(Multispectral Hyperspectral Data Compression,MHDC)工作组来给出对多光谱和高光谱图像压缩标准的建议。由于其面向星载图像压缩,需要重点考虑压缩性能和计算复杂度的折中,因此 JPEG 2000 没有被选中。然而,CCSDS 的标准设计中,PCA+JPEG 2000 和 DWT+JPEG 2000 因为具有很好的率失真性能[13]而被用作参照。

由于数据依赖的性质,PCA+JPEG 2000 需要承载 PCA 变换信息的额外比特开销,这并不是微不足道的。比如,对于一个 L 波段的 $M×N$ 像素图像,变换矩阵大小为 $L×L$,如果是用 32 bit 浮点型数值来传输这个矩阵,比特开销数量

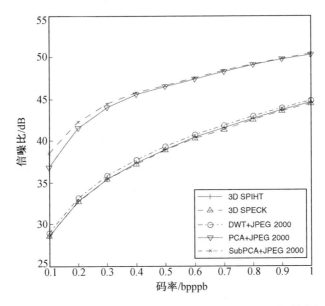

图 11.1　针对 512×512、224 波段的 AVIRIS Jasper Ridge 辐射数据，基于 PCA 和基于 DWT 的压缩方法的率失真性能

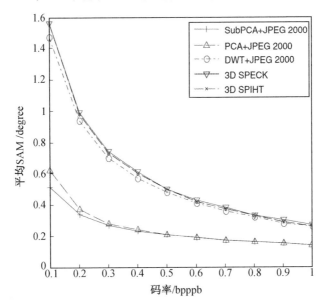

图 11.2　针对 512×512、224 波段的 AVIRIS Jasper Ridge 辐射数据，基于 PCA 和基于 DWT 压缩方法的光谱失真度

近似为 $32{\times}L{\times}L$,产生的比特率变化(bpppb)为 $(32{\times}L)/(M{\times}N)$。当空间尺寸 $M{\times}N$ 相比光谱维度值 L 较大时,这种比特率变化很小。但是,当图像的空间尺寸较小时,由于低比特率时数据信息编码用的比特数会不足,这种开销就会严重降低压缩性能。这是并行压缩固有的问题,因为并行压缩经常用于减少计算复杂度[14]。图 11.3 说明这个并行压缩中的问题,当 224 个波段 512×512 大小的高光谱图像在空间维被分割成 p 个分割,其中 p 等于处理单元(Processing Elements,PEs)的个数。当 PEs = 1 时,就是原始的 PCA+JPEG 2000。当 PEs = 4(即子图像大小为 256×256)时,PCA 在 0.1 bpppb 时不能工作。当 PEs = 8(即子图像大小为 128×128)时,PCA 不能在 0.1 ~ 0.2 bpppb 之间正常工作。

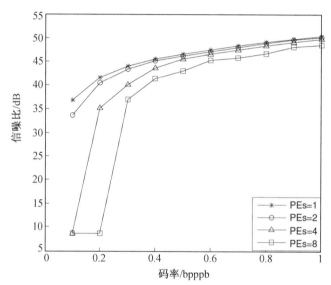

图 11.3 针对 512×512、224 波段的 AVIRIS Jasper Ridge 辐射数据,空间分割并行 PCA+JPEG 2000 率失真性能

为了克服 PCA+JPEG 2000 的这个实际应用问题,当比特开销的影响不可忽略时,我们提出了一个基于分段 PCA(SPCA)的压缩方法来提高 PCA+JPEG 2000 的压缩性能。基本思想是基于光谱相关系数将光谱维分段,然后对每个光谱段应用 PCA 变换。产生的压缩方法记为 SPCA+JPEG 2000。在文献[15]中,显示 SPCA+JPEG 2000 方法不仅解决了原始 PCA+JPEG 2000 存在的问题,而且甚至当 PCAP+JPEG 2000 应用时,也提高了率失真性能。本章我们通过评估在分类、异常检测和线性解混结果中光谱保真度和光谱差异,研究 SPCA+JPEG 2000 压缩后重建数据的质量。由于缺乏地面实况实践,参与评价

的所有的数据分析算法都是无监督(Unsupervised)的。由于 SPCA 为了光谱分段计算相关系数矩阵(这是数据依赖的),我们提出传感器依赖的次最优分段方法来加速压缩过程。我们也评价了其在率失真、光谱保真度和数据应用方面的性能。

本章结构组织如下:11.2 节简单介绍 SPCA 光谱分段;11.3 节介绍了 SPCA+JPEG 2000 压缩方案;11.4 节详尽探讨本方法在数据分析方面的性能;11.5节提出了特定传感器的次最优 SPCA 方法来加速压缩进程,并给出了其在数据分析方面的性能;11.6 节是本章总结。

11.2　分段主成分分析

波段分段可以均匀进行(记作SPCA – U),或是像文献[16]提出的那样,通过光谱相关系数(Correlation Coefficient,CC) 检查进行光谱分割(记为 SPCA – CC)。对于一个具有 L 个波段的图像,它的数据协方差矩阵 Σ 是 $L \times L$ 矩阵,从而可以得到光谱相关系数矩阵 A 为

$$A(i,j) = \frac{\Sigma(i,j)}{\sqrt{\Sigma(i,i)\Sigma(j,j)}} \tag{11.1}$$

$|A|$可显示为灰度图像。如图 11.4 所示,一个在位置(i,j) 的白色像素意味着第 i 波段和第 j 波段高度相关,并且最大值是沿对角线分布的 1。很显然,沿对角线的白色块状区域代表着高度相关的邻近波段,应该把这些邻近波段分为一组。这样,高光谱图像的波段可以按照它们之间的相关性分段。利用均匀分段,低相关性波段可能被分到同一组。

图 11.4　AVIRIS Jasper Ridge 数据的光谱相关系数矩阵(224×224) 的灰度图像显示

光谱分段也可以使用文献[17] 中的互信息实现。因为光谱相关性与互

信息表现相同,产生了相似的光谱分割结果,计算更简单,这里我们只关注利用光谱相关性系数的 SPCA。

假设初始 L 波段被分割成 p 组,即 $\sum_{i=1}^{p} L_i = L$,其中 L_i 是第 i 组的波段数。SPCA 主要有以下三个优势:

(1)将 PCA 变换应用于高度相关的波段,波段去相关能更有效[16]。

(2)计算复杂度大大降低。计算协方差矩阵 $\boldsymbol{\Sigma}$ 的乘法次数是 $N^2 M^2 L^2$;相似地,对于第 i 组的协方差矩阵 $\boldsymbol{\Sigma}_i$ 的乘法运算次数为 $N^2 M^2 {L_i}^2$。显然,SPCA 的乘法运算次数少于 PCA,这是因为 $\sum_{i=1}^{p} L_i^2 < L^2$。对 $\boldsymbol{\Sigma}$ 特征分解的计算复杂度为 $O(L^3)$,这比 $\boldsymbol{\Sigma}_i$ 特征分解的计算量要大,这是由于 $\sum_{i=1}^{p} L_i^3 < L^3$。因此,SPCA 通过减少矩阵尺寸可以减轻原始 PCA 变换的计算负担。

(3)当 SPCA 用于压缩时,变换矩阵的相关开销也减少了。比特开销大概是 $\sum_{i=1}^{p} 32L_i^2$,少于 PCA 的 $32L^2$。

11.3 SPCA+JPEG 2000

应用 PCA+JPEG 2000 时,JPEG 2000 编码器把变换矩阵嵌入比特流作为一种开销。假设 $L \times M \times N$ 的高光谱图像具有 L 个波段,每波段 $M \times N$ 个像素。变换矩阵大小为 $L \times L$,而其他矢量例如光谱波段均值矢量的大小是可以忽略不计的。如果变换矩阵用 32 bit 浮点数编码,开销大约占用 $32L^2$ bit,这个开销至少需要的比特率为

$$R_{\min}/\text{bpppb} = \frac{32L}{MN} \tag{11.2}$$

对于 PCA+JPEG 2000,它需要 $R > R_{\min}$ 以正确地编码有用的变换系数到码流。相反地,如果 $R < R_{\min}$,能够用于数据编码的比特数不足,导致压缩性能下降。例如,当图像大小为 224×64×64 时,至少需要 1.75 bpppb 来正确编码;任何低于 1.75 bpppb 的压缩率根本不足以编码实际数据信息。表 11.2 给出了图像大小改变时对应的率失真性能。显然,只有当图像空间尺寸足够大时,PCA 才比 DWT 性能优越。

表 11.2 PCA+JPEG 2000 和 DWT+JPEG 2000 在不同空间和
光谱大小图像时的信噪比   dB

		R_{min}	1.1 R_{min}	1.5 R_{min}
224×512×512	DWT	13.85	14.09	14.95
	PCA	5.45	12.49	16.08
224×256×256	DWT	20.58	21.09	23.05
	PCA	7.49	16.24	23.96
112×256×256	DWT	21.38	21.91	23.78
	PCA	7.97	16.95	26.03
224×128×128	DWT	31.06	31.84	34.40
	PCA	9.86	21.67	33.28
112×128×128	DWT	32.46	33.21	35.78
	PCA	11.85	23.86	36.29
56×128×128	DWT	29.67	30.57	32.84
	PCA	12.53	15.25	27.16

因此,通过 SPCA 已经大大减小了变换矩阵的尺寸,从而使这种比特开销可忽略了。为了将 SPCA+JPEG 2000 应用到高光谱图像压缩中,PCA+JPEG 2000 主要步骤还是需要的。当一组光谱波段用 PCA 去相关后,它们的主成分将被送往 JPEG 2000 编码器完成以下三个步骤:空间 DWT、码块编码(Code Block Coding, CBC)和压缩后率失真(Post – Compression Rate – Distortion, PCRD)最优截断块编码,以产生最终的压缩比特流。一种方法是对每个光谱组独立处理所有三个步骤,然后把不同编码器产生的比特流串连起来形成最终码流,如图 11.5 所示,其中 PCRD 在每个光谱组内优化码流。另一种方法是先对每组独立处理前两个步骤,然后对所有组的所有块进行全局的 PCRD,如图 11.6 所示。前者称为局域比特分配(Local Bit Allocation, LBA),后者称

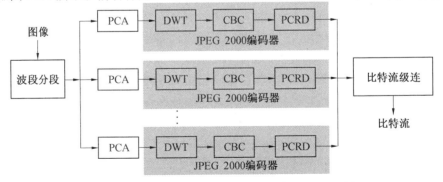

图 11.5 SPCA+JPEG 2000 的局部比特分配(LBA)过程

为全局比特分配(Global Bit Allocation,GBA)。

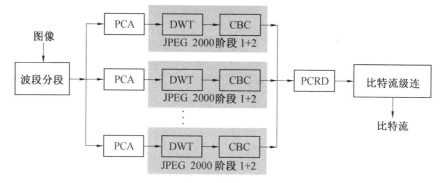

图 11.6 SPCA+JPEG 2000 的全局比特分配(GBA)过程

　　具有不同空间和光谱尺寸的 AVIRIS Jasper Ridge 数据集光谱上被分割成几个光谱分段后,列在表 11.3 中。根据相关系数(CC)的分段具有不同的尺寸。应该注意的是,当图像空间尺寸不同时,光谱相关矩阵 **A** 要重新计算,这是因为当用于估计的包含的像素改变时估计的相关性也会不同。

表 11.3　将 AVIRIS Jasper Ridge 图像按照不同尺寸在空间和
光谱进行分割后的波段分段情况

空间大小	光谱大小	分割数	SPCA-CC	SPCA-U 分割数
512×512	224	6	[1 38],[39 107],[108 113],[114 154],[155 166],[167 224	[1 37],[38 74],[75 111],[112 148],[149 185],[186 224]
256×256	224	6	[1 38],[39 107],[108 113],[114 154],[155 166],[167 224][1 38],[39 107],[108 112]	[1 37],[38 74],[75 111],[112 148],[149 185],[186 224][1 37],[38 74],[75 112]
	112	3		
128×128	224	7	[1 38],[39 82],[83 107],[108 113],[114 154],[155 166],[167 224][1 38],[39 82],[83 107],[108 112][1 19],[20 38],[39 56]	[1 32],[33 64],[65 96],[97 128],[129 160],[161 192],[193 224][1 28],[29 56],[57 84],[85 112][1 19],[20 38],[39 56]
	112	4		
	56	3		

SPCA+JPEG 2000 的率失真性能列在了表 11.4 中。我们可以看到,基于 GBA 的 SPCA 明显比基于 LBA 的 SPCA 率失真性能好。另外,SPCA-CC 与 SPCA-U 具有相近的率失真性能。

表 11.4 对 AVIRIS Jasper Ridge 图像应用各种压缩方法的信噪比   dB

算法	R_{min}	$1.1R_{min}$	$1.5R_{min}$		R_{min}	$1.1R_{min}$	$1.5R_{min}$
224×512×512, $R_{min} = 0.027\ 3$ bpppb				224×128×128, $R_{min} = 0.437\ 5$ bpppb			
DWT	13.85	14.09	14.95	DWT	31.06	31.84	34.40
PCA	5.45	12.49	16.08	PCA	9.86	21.67	33.28
SPCA-U-LBA	15.01	15.29	16.34	SPCA-U-LBA	28.24	29.20	32.61
SPCA-U-GBA	15.60	15.97	17.52	SPCA-U-GBA	34.77	35.63	38.25
SPCA-CC-LBA	15.27	15.52	16.30	SPCA-CC-LBA	24.60	25.15	27.75
SPCA-CC-GBA	16.36	16.82	18.64	SPCA-CC-GBA	35.50	36.27	38.69
224×256×256, $R_{min} = 0.109\ 4$ bpppb				112×128×128, $R_{min} = 0.218\ 8$ bpppb			
DWT	20.58	21.09	23.05	DWT	32.46	33.21	35.78
PCA	7.49	16.24	23.96	PCA	11.85	23.86	36.29
SPCA-U-LBA	20.49	21.01	22.61	SPCA-U-LBA	33.75	34.81	38.01
SPCA-U-GBA	24.33	25.21	27.82	SPCA-U-GBA	34.93	35.94	39.16
SPCA-CC-LBA	19.07	19.33	20.34	SPCA-CC-LBA	33.94	35.08	38.12
SPCA-CC-GBA	25.54	26.45	28.99	SPCA-CC-GBA	35.75	36.77	39.91
112×256×256, $R_{min} = 0.054\ 7$ bpppb				56×128×128, $R_{min} = 0.109\ 4$ bpppb			
DWT	21.38	21.91	23.78	DWT	29.67	30.57	32.84
PCA	7.97	16.95	26.03	PCA	12.53	15.25	27.16
SPCA-U-LBA	22.63	23.48	26.65	SPCA-U-LBA	24.48	25.84	29.19
SPCA-U-GBA	24.37	25.52	28.60	SPCA-U-GBA	29.03	30.29	33.67
SPCA-CC-LBA	21.97	23.50	27.65	SPCA-CC-LBA	24.48	25.84	29.19
SPCA-CC-GBA	25.65	26.91	30.21	SPCA-CC-GBA	29.03	30.29	33.67

为了给出一个更全面的性能比较,图 11.7 和图 11.8 给出了压缩比特率为 0.1~1.0 bpppb 时,224×512×512 和 224×128×128 子场景图像的 SNR。之所以选择这样的图像尺寸,如在表 11.4 所示,是因为不分段 PCA 变换对前者性能最佳,而对后者性能最差。如图 11.7 所示,当基于 PCA 的 JPEG 2000 正常工作时(即空间尺寸相比光谱尺寸相对较大,PCA 变换矩阵占用的开销在压缩结果比特流中可忽略不计),SPCA-CC-GBA 的性能比无分割 PCA 稍差。但是图 11.8 显示,当无分割 PCA 由于变换矩阵的开销(即数据集的空间尺寸

相对小于光谱尺寸时的比特率接近 $R_{\min}$)而不堪重负时,SPCA 能显著提高压缩性能。两种情况中,基于相关系数(CC)的分割方法比统一分割方法效果要好。

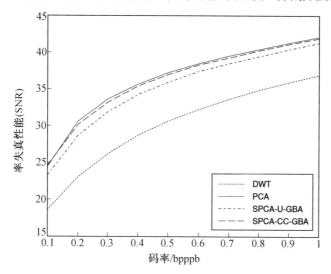

图 11.7　224×512×512 大小的 Jasper Ridge 图像的率失真性能

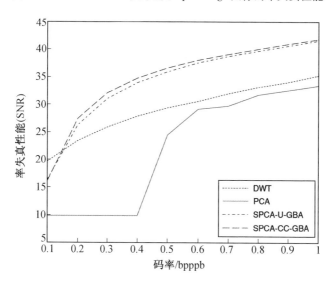

图 11.8　224×128×128 大小的 Jasper Ridge 图像的率失真性能

11.4 SPCA+JPEG 2000 的数据分析性能

有损图像压缩算法的性能通常用失真和压缩比来评价。然而,为了评价压缩过程中保持的有用信息,我们对面向应用的失真[19-21]特别感兴趣。根据丢失信息的属性,对后续数据分析的影响可能大不相同。这样,我们将对重建数据在分类、检测和光谱解混方面的性能进行评价。实际应用中往往缺少先验信息,因此无监督算法更有用。

在 SPCA 算法中,此后我们关注 GBA 方法,因为其率失真性能显著优于 LBA。我们用 224×512×512 大小和 224×128×128 大小的 Jasper Ridge 数据集作为实验数据源。检测五个比特率的实验结果,即 0.2 bpppb,0.4 bpppb,0.6 bpppb,0.8 bpppb 和 1.0 bpppb。对于 224×128×128 大小的图像,R_{min} 为 0.437 5 bpppb,因此 PCA 不在 0.2 bpppb 和 0.4 bpppb 的比特率下工作。

11.4.1 光谱保真度

可以用初始像素和重建像素之间的平均光谱角来评价光谱保真度[22],以取代用率失真曲线评估数据点保真度。这对光谱保真度的评价是很重要的,因为许多高光谱分析算法都用到了像素光谱信息。令 r 和 $\hat{r}$ 表示初始像素矢量和它的重建结果矢量,它们的光谱角定义为

$$\theta = \arccos \frac{r^{T}\hat{r}}{\| r^{T} \| \| \hat{r} \|} \tag{11.3}$$

角度越小表示光谱失真越少。

如表 11.5 所示,对于空间维度较大如 $224 \times 512 \times 512$ 的原始图像,PCA 和 SPCA 性能相近。对于空间维缩小了的 $224 \times 128 \times 128$ 图像,SPCA 的光谱角比 PCA 小许多。在两种情况中,基于相关系数光谱分段算法产生的光谱失真比均匀分段方法要少。

表 11.5 用平均光谱角评价光谱保真度

大小	算法	0.2	0.4	0.6	0.8	1
$224 \times 512 \times 512$	DWT	3.15°	1.69°	1.14°	0.85°	0.67°
	PCA	1.37°	0.78°	0.56°	0.45°	0.37°
	SPCA – U – GBA	1.69°	0.90°	0.63°	0.50°	0.41°
	SPCA – CC – GBA	1.43°	0.80°	0.58°	0.46°	0.38°
$224 \times 128 \times 128$	DWT	2.42°	1.50°	1.11°	0.83°	0.66°
	PCA	7.07°	7.07°	1.32°	0.99°	0.81°
	SPCA – U – GBA	1.77°	0.76°	0.51°	0.40°	0.32°
	SPCA – CC – GBA	1.56°	0.69°	0.48°	0.38°	0.31°

11.4.2 无监督分类

在初始图像和压缩后重建图像上分别利用独立成分分析(Independent Component Analysis,ICA)进行无监督分类。具体地,采用了文献[23,24]的 fastICA 算法。令 $\mathbf{Z} = [z_1, z_2, \cdots, z_{MN}]$ 表示具有 L 维像素的 $L \times MN$ 数据矩阵。令 w 为所需的投影算子,$y = (y_1, y_2, \cdots, y_{MN})$ 表示投影后的数据(去除均值和数据白化后)。记 $F(\cdot)$ 为独立测量函数。例如,$F(y)$ 能测量投影后数据的峰度 $\kappa(y)$,即

$$F(y) = \kappa(y) = E[(y)^4] - 3 \tag{11.4}$$

之后,目标是找到一个最优的 w 以使 $\kappa(y)$ 最大。这个优化问题可以用下面的目标函数表示:

$$J(w) = \max_w \{\kappa(y)\} = \max_w \{\kappa(w^{\mathrm{T}} z)\} \tag{11.5}$$

对 w 求导得到

$$\Delta w = \frac{\partial \kappa}{\partial w} = 4E(y^3 z) \tag{11.6}$$

梯度下降或定点自适应方法可用来确定 w。第一个 w(记作 w_1)确定后,可用它为第一分类图做数据变换。为确定第二个 w(记作 w_2),对其他类,在搜索 w_2 之前,数据矩阵 $\mathbf{Z}$ 投影到 w_1 的正交子空间。如此运行算法直到所有类别都被分开。

相应的分类图可与空间相关系数做比较;相关系数平均值较大意味着分类图比较接近。令 C 和 $\hat{C}$ 分别表示利用原始数据和重建数据得到的分类图。它们的空间相关系数 ρ 定义为

$$\rho = \frac{\sum\limits_{xy} (C(x,y) - \mu_C)(\hat{C}(x,y) - \mu_{\hat{C}})}{\sigma_C \sigma_{\hat{C}}} \tag{11.7}$$

其中,μ_C 和 $\mu_{\hat{C}}$ 是两张图的数据均值;σ_C 和 $\sigma_{\hat{C}}$ 是它们相应的标准偏差。实验中用 10 个类别来鉴定和比较。如表 11.6 所示,SPCA 比 PCA 结果好,PCA 比 DWT 结果好。在这种情况下,均匀分段方式的性能通常比基于相关系数分段方式的性能略好一些。

表 11.6　用空间相关系数评价的分类性能

大小	算法	0.2	0.4	0.6	0.8	1
224 × 512 × 512	DWT	0.299 6	0.380 4	0.535 7	0.536 3	0.624 5
	PCA	0.556 3	0.514 9	0.659 1	0.746 5	0.728 1
	SPCA − U − GBA	0.496 7	0.661 5	0.810 8	0.810 0	0.818 0
	SPCA − CC − GBA	0.547 4	0.623 8	0.697 9	0.756 3	0.761 2
224 × 128 × 128	DWT	0.4024	0.415 5	0.625 9	0.685 3	0.769 5
	PCA	N/A	N/A	0.603 5	0.637 5	0.674 7
	SPCA − U − GBA	0.473 9	0.484 2	0.654 7	0.672 6	0.800 4
	SPCA − CC − GBA	0.395 8	0.470 7	0.610 7	0.702 3	0.774 2

11.4.3　异常检测

对压缩前后的数据进行异常检测。检测算法采用的是著名的 RX 算法[25]：

$$\delta_{RXD}(r) = (r - \mu)^T \Sigma^{-1} (r - \mu) \qquad (11.8)$$

其中, μ 是样本均值矢量。这样,对于一个空间尺寸为 $M \times N$ 的高光谱图像, RX 算法产生一个 $M \times N$ 的检测图。这里画出了接收机工作特性(Receiver Operating Characteristic, ROC)曲线并计算了曲线下面积。面积越大性能越好。面积最大为 1,最小为 0.5。

如表 11.7 所示,对于 224 × 512 × 512 的图像,当面积接近 1,即理想情况时,所有压缩方案都能取得不错的效果。对于 224 × 128 × 128 图像,SPCA 比 PCA 和 DWT 效果好;SPCA − CC − GBA 比 SPCA − U − GBA 稍好一些;PCA 在比特率小于等于 0.4 bpppb 时不能正确工作,因此 ROC 曲线下面积为 0.5。

表 11.7　用 ROC 评价的覆盖区域异常检测性能

大小	算法	0.2	0.4	0.6	0.8	1
224 × 512 × 512	DWT	0.999 997	0.999 998	0.999 999	0.999 999	0.999 999
	PCA	0.999 999	0.999 999	0.999 996	0.999 989	0.999 998
	SPCA − U − GBA	0.999 998	0.999 999	0.999 999	0.999 998	0.999 998
	SPCA − CC − GBA	0.999 999	0.999 999	0.999 999	0.999 998	0.999 998
224 × 128 × 128	DWT	0.980 516	0.994 166	0.996 685	0.997 357	0.998 568
	PCA	0.5	0.5	0.990 899	0.994 811	0.998 955
	SPCA − U − GBA	0.987 356	0.998 220	0.999 515	0.999 369	0.999 688
	SPCA − CC − GBA	0.996 060	0.996 302	0.999 661	0.999 368	0.999 790

11.4.4 无监督线性解混

令 E 为 $L \times p$ 端元特征矩阵, $E = [e_1, e_2, \cdots, e_p]$, 其中 p 是场景图像中的端元个数, e_i 是 $L \times 1$ 列矢量, 对应着第 i 个端元材料的特征。 令 $\boldsymbol{\alpha} = (\alpha_1 \ \alpha_2 \cdots \alpha_p)^T$ 为 $p \times 1$ 丰度列矢量, 其中 α_i 表示像素矢量 r 的第 i 个特征。假设是线性解混的情况, 像素矢量 r 的光谱特征可以表示成以下线性混合模型:

$$r = E\boldsymbol{\alpha} + n \qquad (11.9)$$

其中, n 是噪声或测量误差。丰度矢量 $\boldsymbol{\alpha} = (\alpha_1 \ \alpha_2 \cdots \alpha_p)^T$ 有两个约束条件: 丰度和为一约束(Abundance Sum - to - one Constraint, ASC) 和丰度非负约束(Abundance Nonnegativity Constraint, ANC)。最小二乘解的估计是为了使重建残差最小, 即

$$\min (r - E\boldsymbol{\alpha})^T (r - E\boldsymbol{\alpha}) \qquad (11.10)$$

这个约束优化问题没有闭合形式的解。但是可以用二次规划(Quadratic Programming, QP) 来迭代地估计使最小二乘估计误差最小并同时满足 ASC 和 ANC 两个约束条件的最优解[26]。FCLS 方法需要端元特征矩阵 E 的完整信息。为了应对没有任何先验信息的情况, 可以用无监督 FCLS(UFCLS) 方法提取端元[27,28]。

相应的端元用在公式(11.3) 定义的光谱角进行比较, 平均光谱角 θ 越小表示性能越好。相应的丰度图用公式(11.7) 定义的空间相关系数进行比较, 平均系数 ρ 越大性能越好。如表 11.8 所示, 对于 $224 \times 512 \times 512$ 的图像, 四种压缩方案效果都不错; 对于 $224 \times 128 \times 128$ 的图像, PCA 不能在 0.2 bpppb 和 0.4 bpppb 上正常工作; SPCA - U - GBA 和 SPCA - CC - GBA 比 DWT 和 PCA 效果好, 而 SPCA - CC - GBA 性能最好。

表 11.8 SPCA+JPEG 2000 的线性解混性能

大小	算法		0.2	0.4	0.6	0.8	1
224×512×512	DWT	$\bar{\rho}$	0.97	1.00	1.00	1.00	1.00
		$\bar{\theta}$	6.34°	1.50°	0.82°	0.60°	0.45°
	PCA	$\bar{\rho}$	0.72	1.00	1.00	1.00	1.00
		$\bar{\theta}$	14.80°	0.57°	0.38°	0.33°	0.27°
	SPCA-U-GBA	$\bar{\rho}$	0.71	0.73	0.99	1.00	1.00
		$\bar{\theta}$	14.70°	14.63°	1.42°	0.31°	0.25°
	SPCA-CC-GBA	$\bar{\rho}$	1.00	1.00	1.00	1.00	1.00
		$\bar{\theta}$	1.26°	0.59°	0.38°	0.30°	0.22°
224×128×128	DWT	$\bar{\rho}$	0.60	0.99	0.85	1.00	1.00
		$\bar{\theta}$	14.89°	1.42°	2.03°	0.64°	0.52°
	PCA	$\bar{\rho}$	N/A	N/A	0.98	1.00	1.00
		$\bar{\theta}$	N/A	N/A	1.17°	0.60°	0.42°
	SPCA-U-GBA	$\bar{\rho}$	0.59	0.99	0.85	0.85	0.85
		$\bar{\theta}$	14.82°	0.81°	1.78°	1.70°	1.65°
	SPCA-CC-GBA	$\bar{\rho}$	0.59	0.99	0.85	0.85	0.85
		$\bar{\theta}$	14.43°	0.78°	1.76°	1.69°	1.64°

11.5 SPCA+JPEG 2000 的特定传感器次最优分段方法

如果对每一个指定数据集都进行光谱分段是很耗时的,因为需要计算协方差系数矩阵。而如果对同一传感器采集的数据采用传感器宽的光谱分段方法是很有益的。这种技术称为 SPCA-CC-S,其概念如图 11.9 所示。

在实验中,将 AVIRSI Jasper Ridge 图像场景的光谱分段应用于 AVIRIS Moffett 数据。如表 11.9 所示,SPCA-CC-S-GBA 的 SNR 比最优的 SPCA-CC-GBA 稍低,但是仍然比 SPCA-U-GBA 好得多。实际上,对于小尺寸图像(即 224×128×128),SPCA-CC-S-GBA 的 SNR 很接近最优的 SPCA-CC-GBA 的 SNR。这证明了基于特定传感器光谱分段的 SPCA 压缩方法的可行性,它具有次优的压缩性能,但是有利于在实践中快速处理。

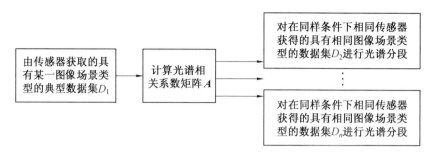

图 11.9　特定传感器的 SPCA(SPCA-CC-S)概念

表 11.9　使用基于 Jasper Ridge 图像相关系数光谱分段的
Moffett 图像率失真性能(信噪比 dB)

比特率	R_{min}	$1.1R_{min}$	$1.5R_{min}$
数据大小: 224×512×512 (R_{min} = 0.027 3 bpppb)			
DWT	7.88	8.18	9.23
PCA	3.00	5.73	7.37
SPCA-U-GBA	8.71	9.32	11.20
SPCA-CC-GBA	8.76	9.38	11.58
SPCA-CC-S-GBA	8.63	9.26	11.54
数据大小: 224×128×128 (R_{min} = 0.437 5 bpppb)			
DWT	26.28	27.38	31.19
PCA	2.51	11.63	31.86
SPCA-U-GBA	33.53	34.77	38.28
SPCA-CC-GBA	34.89	36.03	39.11
SPCA-CC-S-GBA	34.89	36.03	39.11

　　11.4 节中,AVIRIS Moffett 的重建数据也通过面向应用做了分析。这里我们评价了 $1.1R_{min}$ 和 $1.5R_{min}$ 两种比特率的情况。表 11.10 给出了光谱保真度结果,SPCA-CC-GBA 和 SPCA-CC-S-GBA 产生近似的光谱角,二者比其他方法都要小。表 11.11 给出了对原始和重建数据分别应用 fastICA 后的空间相关系数。三种 SPCA 形式产生近似的分类性能,比 DWT 和 PCA 要好。表 11.12 是异常检测结果,是通过 ROC 曲线覆盖的面积来评价的。再一次地,三种 SPCA 形式性能近似。表 11.13 是线性解混结果,三种 SPCA 形式在无监督线性解混上性能近似。

表 11.10　使用基于 Jasper Ridge 图像数据相关系数的光谱分段，
以平均光谱角对 Moffett 图像数据进行光谱保真度评价

	$1.1R_{min}$	$1.5R_{min}$
数据大小：224×512×512（$R_{min}=0.027\ 3$ bpppb）		
DWT	13.46°	12.10°
PCA	18.94°	15.15°
SPCA–U–GBA	11.76°	9.51°
SPCA–CC–GBA	11.57°	8.97°
SPCA–CC–S–GBA	11.77°	9.04°
数据大小：224×128×128（$R_{min}=0.437\ 5$ bpppb）		
DWT	2.01°	1.32°
PCA	11.10°	1.23°
SPCA–U–GBA	0.88°	0.59°
SPCA–CC–GBA	0.76°	0.54°
SPCA–CC–S–GBA	0.76°	0.54°

表 11.11　使用基于 Jasper Ridge 图像数据相关系数的光谱分段，对 Moffett 图像的分类性能

	$1.1R_{min}$	$1.5R_{min}$
数据大小：224×512×512（$R_{min}=0.027\ 3$ bpppb）		
DWT	0.61	0.62
PCA	0.53	0.54
SPCA–U–GBA	0.62	0.62
SPCA–CC–GBA	0.55	0.61
SPCA–CC–S–GBA	0.59	0.58
数据大小：224×128×128（$R_{min}=0.437\ 5$ bpppb）		
DWT	0.79	0.87
PCA	0.73	0.87
SPCA–U–GBA	0.90	0.89
SPCA–CC–GBA	0.89	0.89
SPCA–CC–S–GBA	0.89	0.89

表 11.12 使用基于 Jasper Ridge 图像数据相关系数的光谱分段，
对 Moffett 图像的异常检测性能

	$1.1R_{\min}$	$1.5R_{\min}$
数据大小：224×512×512（$R_{\min}=0.027\ 3$ bpppb）		
DWT	0.91	0.92
PCA	0.59	0.62
SPCA-U-GBA	0.91	0.93
SPCA-CC-GBA	0.90	0.93
SPCA-CC-S-GBA	0.90	0.93
数据大小：224×128×128（$R_{\min}=0.437\ 5$ bpppb）		
DWT	0.62	0.63
PCA	0.51	0.60
SPCA-U-GBA	0.67	0.71
SPCA-CC-GBA	0.67	0.71
SPCA-CC-S-GBA	0.67	0.71

表 11.13 使用基于 Jasper Ridge 图像数据相关系数的光谱分段，
对 Moffett 图像数据的线性解混性能

		$1.1R_{\min}$	$1.5R_{\min}$
数据大小：224×512×512（$R_{\min}=0.027\ 3$ bpppb）			
DWT	$\bar{\rho}$	0.33	0.36
	$\bar{\theta}$	10.10°	8.92°
PCA	$\bar{\rho}$	0.40	0.47
	$\bar{\theta}$	11.12°	9.24°
SPCA-U-GBA	$\bar{\rho}$	0.39	0.66
	$\bar{\theta}$	11.07°	8.55°
SPCA-CC-GBA	$\bar{\rho}$	0.39	0.67
	$\bar{\theta}$	13.54°	9.58°
SPCA-CC-S-GBA	$\bar{\rho}$	0.39	0.67
	$\bar{\theta}$	13.30°	9.65°

续表 11.13

数据大小：224×128×128（$R_{min}=0.4375$ bpppb）

DWT	$\bar{\rho}$	0.58	0.41
	$\bar{\theta}$	1.51°	2.63°
PCA	$\bar{\rho}$	0.58	0.71
	$\bar{\theta}$	7.34°	2.21°
SPCA-U-GBA	$\bar{\rho}$	0.81	0.86
	$\bar{\theta}$	2.16°	1.96°
SPCA-CC-GBA	$\bar{\rho}$	0.75	0.87
	$\bar{\theta}$	2.06°	1.95°
SPCA-CC-S-GBA	$\bar{\rho}$	0.75	0.87
	$\bar{\theta}$	2.06°	1.95°

11.6 结 论

存在一个最小比特率 R_{min}，低于此比特率时由于大变换矩阵开销使 PCA+JPEG 2000 不能正常工作。当 R_{min} 很大时，我们建议用基于相关系数波段分段的 SPCA 和全局比特分配，这可以大大提高压缩性能。即使 PCA+JPEG 2000 正常工作，SPCA 也能够以较低的计算复杂度实现差不多的压缩性能。实验结果显示 SPCA+JEPG 2000 优于 PCA+JPEG 2000，保持了更多有用的数据信息。另外，我们提出了一个传感器依赖型的次最优分段方法，在不引入太多失真的前提下加快了压缩速度。

参 考 文 献

[1] Information Technology—JPEG 2000 Image Coding System—Part 1：Core Coding System，ISO/IEC 15444-1，2000.

[2] Information Technology—JPEG 2000 Image Coding System—Part 2：Extensions，ISO/IEC 15444-2，2004.

[3] J. E. Fowler and J. T. Rucker. 3D wavelet-based compression of hyperspectral imagery. In Hyperspectral Data Exploitation：Theory and Applica-

tions, C. -I. Chang, Ed. , John Wiley & Sons, Inc. ,Hoboken, NJ, 2007.

[4] B. Penna, T. Tillo, E. Magli, and G. Olmo. Progressive 3-D coding of hyperspectral images based on JPEG 2000. IEEE Geosciences and Remote Sensing Letters, vol. 3, no. 1, pp. 125-129, 2006.

[5] B. Penna, T. Tillo, E. Magli, and G. Olmo. Transform coding techniques for lossy hyperspectral data compression. IEEE Transactions on Geosciences and Remote Sensing, vol. 45, no. 5, pp. 1408-1421, 2007.

[6] Q. Du and J. E. Fowler. Hyperspectral image compression using JPEG 2000 and principal components analysis. IEEE Geoscience and Remote Sensing Letters, vol. 4, no. 2, pp. 201-205, 2007.

[7] W. Zhu. On the Performance of JPEG 2000 and Principal Component Analysis in Hyperspectral Image Compression. Master's Thesis. Mississippi State University, 2007.

[8] B. -J. Kim, Z. Xiong, and W. A. Pearlman. Low bit-rate scalable video coding with 3D set partitioning in hierarchical trees (3D SPIHT). IEEE Transactions on Circuits and Systems for Video Technology, vol. 10, pp. 1374-1387, 2000.

[9] X. Tang and W. A. Pearlman. Scalable hyperspectral image coding. Proceedings of IEEE International Conference on Acoustics, Speech, and Signal Processing, vol. 2, pp. 401-404, 2005.

[10] B. Penna, T. Tillo, E. Magli, and G. Olmo. Hyperspectral image compression employing a model of anomalous pixels. IEEE Geoscience and Remote Sensing Letters, vol. 4, no. 4, pp. 664-668, 2007.

[11] Q. Du, W. Zhu, and J. E. Fowler. Anomaly-based JPEG 2000 compression of hyperspectal imagery. IEEE Geoscience and Remote Sensing Letters, vol. 5, no.4, pp. 696-700, 2008.

[12] W. Zhu, Q. Du, and J. E. Fowler. Multi-temporal hyperspectral image compression. IEEE Geoscience and Remote Sensing Letters, vol. 8, no. 3, pp. 416-420, 2011.

[13] F. Garcia-Vilchez and J. Serra-Sagrista. Extending the CCSDS recommendation for image data compression for remote sensing scenarios. IEEE Transactions on Geoscience and Remote Sensing, vol. 47, no. 10, pp. 3431-3445, 2009.

[14] H. Yang, Q. Du, W. Zhu, J. E. Fowler, and I. Banicescu. Parallel data compression for hyperspectral imagery. Proceedings of IEEE International Geoscience and Remote Sensing Symposium, vol. 2, pp. 986-989, 2008.

[15] Q. Du, W. Zhu, H. Yang, and J. E. Fowler. Segmented principal component analysis for parallel compression of hyperspectral imagery. IEEE Geoscience and Remote Sensing Letters, vol. 6, no. 4, pp. 713-717, 2009.

[16] X. Jia and J. A. Richards. Segmented principal components transformation for efficient hyperspectral remote-sensing image display and classification. IEEE Transactions on Geosciences and Remote Sensing, vol. 37, no. 1, pp. 538-542, 1999.

[17] V. Tsagaris, V. Anastassopoulos, and G. A. Lampropoulos. Fusion of hyperspectral data using segmented PCT for color representation and classification. IEEE Transactions on Geoscience and Remote Sensing, vol. 43, no. 10, pp. 2365-2375, 2005.

[18] Q. Du and J. E. Fowler. Low-complexity principal component analysis for hyperspectral image compression. International Journal of High Performance Computing Applications, vol. 22, no. 4, pp. 438-448, 2008.

[19] Q. Du, N. H. Younan, R. L. King, and V. P. Shah. On the performance evaluation of pansharpening techniques. IEEE Geoscience and Remote Sensing Letters, vol. 4, no. 4, pp. 518-522, 2007.

[20] G. Martin, V. Gonzalez-Ruiz, A. Plaza, J. P. Ortiz, and I. Garcia. Impact of JPEG 2000 compression on endmember extraction and unmixing of remotely sensed hyperspectral data. Journal of Applied Remote Sensing, vol. 4, Article ID 041796, 2010.

[21] F. Garcia-Vilchez, J. Munoz-Mari, M. Zortea, I. Blanes, V. Gonzalez-Ruiz, G. Camps-Valls, A. Plaza, and J. Serra-Sagrista. On the impact of lossy compression on hyperspectral image classification and unmixing. IEEE Geoscience and Remote Sensing Letters, vol. 8, no. 2, pp. 253-257, 2011.

[22] F. A. Kruse, A. B. Lefkoff, J. W. Boardman, K. B. Heidebrecht, A. T. Shapiro, J. P. Barloon, and A. F. H. Goetz. The spectral image processing system (SIPS) - Interactive visualization and analysis of imaging spectrometer data. Remote Sensing of Environment, vol. 44, no. 2-3, pp. 145-163, 1993.

[23] A. Hyvarinen. Fast and robust fixed-point algorithms for independent component analysis. IEEE Transactions on Neural Network, vol. 10, no. 3, pp. 626-634, 1999.

[24] Q. Du, N. Raksuntorn, S. Cai, and R. J. Moorhead. Color display for hyperspectral imagery. IEEE Transactions on Geoscience and Remote Sensing, vol. 46, no. 6, pp. 1858-1866, Jun. 2008.

[25] I. S. Reed and X. Yu. Adaptive multiple-band CFAR detection of an optical pattern with unknown spectral distribution. IEEE Transactions on Acoustic, Speech and Signal Processing, vol. 38, no. 10, pp. 1760-1770, 1990.

[26] Q. Du. Optimal linear unmixing for hyperspectral image analysis. Proceedings of IEEE International Geoscience and Remote Sensing Symposium, vol. 5, pp. 3219-3221, Anchorage, AK, Sep. 2004.

[27] D. Heinz and C. -I Chang. Fully constrained least squares linear mixture analysis for material quantification in hyperspectral imagery. IEEE Transactions on Geoscience Remote Sensing, vol. 39, no. 3, pp. 529-545, 2001.

[28] Q. Du and C. -I Chang. Linear mixture analysis-based compression for hyperspectal image analysis. IEEE Transactions on Geoscience and Remote Sensing, vol. 42, no. 4, pp. 875-891, 2004.

第 12 章　基于优化比特分配的快速预计算矢量量化超光谱探测器数据无损压缩

摘要　鉴于其空前的规模,三维超光谱探测器数据压缩是个具有挑战性的任务。本章针对超光谱探测数据的无损压缩研究一种基于优化比特分配的快速的预计算矢量量化(Fast Precomputed Vector Quantiztion,FPVQ)方法,包括线性预测、比特深度分割、矢量量化以及优化比特分配。实现高斯分布的线性预测作为白化工具使每一个通道的预测残差接近高斯分布,然后这些残差基于比特深度进行分割。每个分割将分为不同的 2^k 通道的几个子分割用以矢量量化。只有 2^k 维标准化高斯分布的 2^m 码字的码书是预先计算的。对子分割之间的最优比特分配研究了一种新的算法。不像以前的算法[19,20]可能会生产次优的解决方案,该算法保证在给定总比特率下的约束找到代价函数的最小值。使用 NASA AIRS 数据的实验结果显示,FPVQ 方法对超光谱无损压缩取得了较高的高压缩比。

12.1 引　言

在当代和未来,星载超光谱探测器,例如大气红外探测仪(AIRS)[1],红外大气探测干涉仪(IASI)[2],地球同步成像傅里叶变换光谱仪(GIFTS)[3]和高光谱环境模组(HES)[4],能够提供更好的天气和气候预测。一个上千个红外通道的超光谱探测器每天生产大量的三维数据,鲁棒性的数据压缩方法将有助于传输和保存这些数据。超光谱探测器数据的主要目的是反演大气温度、湿度和痕量气体廓线,表面温度和发射率,以及云和气溶胶光学特性。这些地球物理参数的物理反演涉及的辐射传输方程的逆解,这是一个数学上的病态问题,其解对数据里的错误或噪声是很敏感的[5]。因此,为了避免由于有损压缩造成反演中地球物理参数可能的退化,需要对超光谱探测器数据进行无损或者近无损压缩。

自从引入了 Linde-Buzo-Gray(LGB)算法[6],矢量量化已成为流行的压缩工具,已经较早地应用在高光谱成像数据压缩上[7-11]。为了减少超光谱探测器数据压缩计算的负担,本章研究了一种快速预算矢量量化(FPVQ)方法,首先通过线性预测转换数据为高斯源数据,然后基于位深度分割数据。这样每个分割产生具有不同的 2^k 个通道的子分割,然后使用一套预计算的具有 2^m 个码字的 2^k 维标准化高斯码书执行矢量量化。所有子分割的比特分配通过一个新的、在给定总比特率的约束下达到最优解的比特分配方式实现。FPVQ 消除了在线码书产生时间,同时预计算的码书不需要作为边信息传递给解码器。

　　本章剩余部分的安排如下:12.2 部分描述了用于本研究的超光谱探测器数据;12.3 部分详细介绍了提出的新压缩方法;12.4 部分详述了实验结果;12.5 部分是本章的总结。

12.2　数　据

　　超光谱探测器数据可以由迈克尔逊干涉仪(例如 CrIS, IASI, GIFTS)或者光栅分光计(例如 AIRS)产生。我们所用的待压缩数据是标准的超光谱探测器数据集,可以匿名地从 ftp[12] 获取。该数据包括 10 块观测区,5 个白天的和 5 个夜间的,选取的都是地球上具有代表性的地理区域。它们的地理位置、UTC 时间和当地时间的调整在表格 12.1 列出。这个标准超光谱探测器数据集来自 2004 年 3 月 2 号的 NASA AIRS 数据。AIRS 数据包括在 3.74 ~ 15.4 μm光谱区域的 2 378 个红外通道。一天的 AIRS 数据分为 240 块,每块 6 min 的持续时间。每块包括 135 条扫描线,每条扫描线有 90 个跨轨方向覆盖区域;因此,每块共有 135×90 = 12 150 个覆盖区域。关于 AIRS 的更多信息可以在 NASA AIRS 的网站上[13] 获取。

表 12.1　用于超光谱探测器数据压缩研究的 10 块选取的 AIRS 数据

Granule 9	00:53:31 UTC	−12H	(太平洋, 白天)
Granule 16	01:35:31 UTC	+2H	(欧洲, 夜间)
Granule 60	05:59:31 UTC	+7H	(亚洲, 白天)
Granule 82	08:11:31 UTC	−5H	(北美洲, 夜间)
Granule 120	11:59:31 UTC	−10H	(南极洲, 夜间)
Granule 126	12:35:31 UTC	−0H	(非洲, 白天)
Granule 129	12:53:31 UTC	−2H	(北极, 白天)
Granule 151	15:05:31 UTC	+11H	(澳洲, 夜间)
Granule 182	18:11:31 UTC	+8H	(亚洲, 夜间)
Granule 193	19:17:31 UTC	−7H	(北美洲, 白天)

不同通道的数字数据大小从 12 bit 到 14 bit 不等。每个通道使用了自己的位深度存储。为了使所选择的数据对于其他的超光谱探测器同样通用,271 个具有红外特性的 AIR 专属的损坏了的通道被去掉了。每一个产生的块存储为二进制文件,排列为 2 107 个通道,135 扫描线以及 90 像素/扫描线。图 12.1 显示了选出的 10 块 2004 年 3 月 2 日在波数 800.01 cm^{-1}处的 AIRS 数据。在这些块中,海岸线由实线勾勒出,各种高度的云显示为不同深浅灰度的阴影。

12.3　压缩方法

提出的 FPVQ 方法包括以下五个步骤。

1. 线性预测

这一步的目的是为了减少数据的方差,使数据接近高斯分布。Popat 和 Zeger[23]提出了分散 FIR 滤波器转换任意的数据得到高斯分布。对于超光谱探测器数据,预测线性是优秀的白化数据,它利用邻近像素的集合来预测当前的像素[14-16]。超光谱探测器数据的光谱相关性一般都比空间相关性强[17]。因此,很自然地,可以利用临近通道的线性组合预测某一通道。这个问题可以用公式表达为

$$\hat{X}_i = \sum_{k=1}^{n_p} c_k X_{i-k} \quad \text{或者} \quad \hat{X}_i = X_p C \tag{12.1}$$

$\hat{X}_i$ 是代表 2D 空间帧的当前通道的向量;X_p 是 n_p 个邻近通道构成的矩阵;C 是预测系数向量。预测系数是从下面公式获得的:

$$C = (X_p^T X_p)^{\Gamma} (X_p^T \hat{X}_i) \tag{12.2}$$

上标 Γ 代表伪逆,在病态矩阵情况下具有鲁棒性[18]。预测误差是原通道向量与其对应的预测之间的差的取整。

2. 位深度分割

为了减少计算的负担,具有相同预测误差位深度的通道分为一个分割。给定 n_d 个不同位深度,通道被分割使 $\sum_{i=1}^{n_d} n_i = n_c$,$n_i$ 是在第 i 个分割里的通道数。预计算矢量量化码书独立对每个分割使用。

3. 预先计算码书的矢量量化

使用著名的 Linde - Buzo - Gray(LBG)算法的在线码书产生代价很高的操作。预先计算矢量化方法是为了避免超光谱探测器数据压缩的在线码书

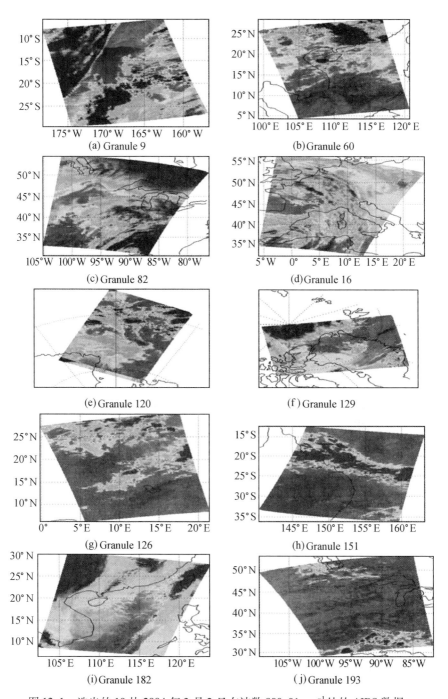

图 12.1　选出的 10 块 2004 年 3 月 2 日在波数 800.01 cm^{-1} 处的 AIRS 数据

生成。线性预测之后,每个通道的预测误差接近具有不同的标准偏差的高斯分布。只有为 2^k 维标准化高斯分布的 2^m 个码字的码书是通过 LBG 算法预计算的。可知任何通道数目 n_i,在第 i 个分割里可以表达为 2^k 的线性组合;如下公式:

$$n_i = \sum_{k=0}^{\lfloor \log_2^{n_i} \rfloor} d_{ik} 2^k, d_{ik} = 0 \text{ 或者 } 1 \tag{12.3}$$

所有的 $d_{ik} = 1$ 的 2^k 通道组成在第 i 个位深度分割里的子分割。子分割总数是

$$n_s = \sum_{i=0}^{n_d} n_{ib} \tag{12.4}$$

公式里的 n_{ib} 是在第 i 个位深度分割内的子分割数量。文献表明约束码书大小为 2 的指数将稍微降低性能[20]。实际的、特定于数据的高斯码书就是由标准偏差谱比例化的预计算的标准化高斯码书,在子分割内取整的数据量化误差能够被计算。

4. 最优的比特分配

表达每个子分割内的量化误差所用的比特数取决于它的大小以及码书大小。一些基于以边际分析[21]的比特分配算法[19,20]在文献中提出。这些算法可能不保证最优解,因为一旦满足它们各自最小化问题约束条件时就结束了,因此没机会进一步达到约束超平面的最小解。而本章研究了一种改进的比特分配方法能保证约束条件下的最优解。最小化问题可以用如下公式表示

$$f(b_{ij}^*) = \min_{b_{ij}} \sum_{i=1}^{n_d} \sum_{j=1}^{n_{ib}} L_{ij}(b_{ij}) \tag{12.5}$$

以使

$$\sum_{i=1}^{n_d} \sum_{j=1}^{n_{ib}} b_{ij} = n_b \tag{12.6}$$

其中

$$L_{ij}(b_{ij}) = - n_{ij} \sum_{k=1}^{n_p(b_{ij})} p_k(b_{ij}) \log_2 p_k(b_{ij}) + \frac{n_{ij}}{n_k} b_{ij} \tag{12.7}$$

是在第 i 个分割里和在第 j 个分割里的量化误差以及量化索引预期的总比特数;n_{ij} 是子分割内的像素数量;n_k 是子分割内的通道数量;b_{ij} 是子分割的码书大小(单位是 bit);n_b 是所有码书的总比特数;n_p 是量化误差不同值的数量,p_k 是第 k 个值得概率,n_p 和 p_k 都与码书大小 b_{ij} 有关。对于无损压缩,使用量化误差和量化指数的总位数作为失真度量要优于使用平方误差。

用以找到公式(12.6)约束下公式(12.5)解的新最优比特分配算法包括

如下的步骤：

步骤(1) 设定 $b_{ij} = 1, \forall i,j$。

步骤(2) 计算边际减量 $\Delta L_{ij}(b_{ij}) = L_{ij}(b_{ij} + 1) - L_{ij}(b_{ij})$，$\forall i,j$。

步骤(3) 寻找指数 α,β 使 $\Delta L_{\alpha\beta}(b_{\alpha\beta})$ 最小。

步骤(4) 设定 $b_{\alpha\beta} = b_{\alpha\beta} + 1$。

步骤(5) 更新 $\Delta L_{\alpha\beta}(b_{\alpha\beta}) = L_{\alpha\beta}(b_{\alpha\beta} + 1) - L_{\alpha\beta}(b_{\alpha\beta})$。

步骤(6) 重复步骤(3) ~ (5) 直到 $\sum\limits_{i=1}^{n_d} \sum\limits_{j=1}^{n_{ib}} b_{ij} = n_b$。

步骤(7) 计算下一个边际减量 $\delta L_{ij} = L_{ij}(b_{ij} + 1) - L_{ij}(b_{ij})$，$\forall i,j$。

步骤(8) 寻找 $(\kappa,\lambda) = \underset{(i,j)}{\text{argmin}}\ \delta L_{ij}$ 和 $(\nu,\theta) = \underset{(i,j) \neq (\kappa,\lambda)}{\text{argmax}} \Delta L_{ij}(b_{ij})$。

步骤(9) 如果 $\delta L_{\kappa\lambda} < \Delta L_{\nu\theta}(b_{\nu\theta})$

设定 $b_{\kappa\lambda} = b_{\kappa\lambda} + 1, b_{\nu\theta} = b_{\nu\theta} - 1$

更新 $\delta L_{\kappa\lambda} = L_{\kappa\lambda}(b_{\kappa\lambda} + 1) - L_{\kappa\lambda}(b_{\kappa\lambda})$

然后转到步骤(8)，否则，结束。

在步骤(1) ~ (6) 中，边际分析的概念跟 Riskin(凸性假设)[19] 的算法和 Cuperman[20] 用于有损压缩的算法很相似。从带有预计算高斯码书的训练数据得到的运行率失真函数不呈现凸性。Riskin 也提出过非凸性假设算法[19]，需要耗时地对所有子分割计算所有可能的边际。由于释放分配比特由两个可能的率之间的率失真函数的最小斜率所确定，该算法可能无法保证满足约束。而本算法速度更快，是因为只需要对子分割的边际更新，也就是能够给出凸和非凸两种情况最小的边际。步骤(6) 之后，能够获得按(12.6) 约束条件达到的希望的比率，但是结果可能不是满足(12.5) 最小的解。Riskin 和 Cuperman 提出的算法不包括步骤(7) ~ (9)。这些步骤沿着约束超平面进行临近比特分配的比较，并能够达到(12.5) 中代价函数的(局部) 最小值。图12.2 以两种分割为例，展示了提出的最优比特分配算法，圆点表示开始六个步骤运行的过程，乘点表示最后三个步骤运行的过程。黑曲线表示约束条件。如图所示，两个分割的码书大小初始为 $n_1 = 1$ 和 $n_2 = 1$，经过传统边际分析(步骤(1) ~ (6))，然后在约束曲线上达到圆点。而继续执行提出算法也即步骤(7) ~ (9)，价值函数值在约束曲线上沿着乘点能够进一步地减少。

5. 熵编码

算术编码[22] 是能够使用可变数量比特表示符号的熵编码方法。算术编码基本概念是对给定的数据流能够定位适合的区间 $[I_l, I_u]$。基于输入源符号的分布模型，初始的区间 $[I_l^0 = 0, I_u^0 = 1]$ 在 0 和 1 之间被迭代减小为更小的

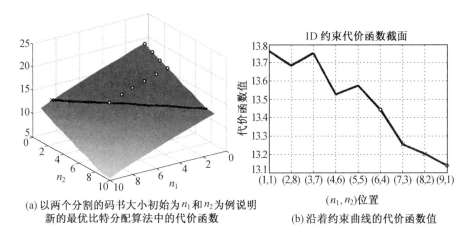

(a) 以两个分割的码书大小初始为 n_1 和 n_2 为例说明新的最优比特分配算法中的代价函数

(b) 沿着约束曲线的代价函数值

图 12.2 以两种分割为例,展示了提出的最优比特分配算法

子区间 $[I_l^i, I_u^i]$。假设源符号从 1 到 n,符号 s 的概率是 $\Pr(s)$,那么输入源符号 x 在迭代 i 的区间减少过程能够根据如下公式计算

$$\begin{cases} I_l^{i+1} = I_l^i + (I_u^i - I_l^i) \sum_{s=1}^{x-1} \Pr(s) \\ I_u^{i+1} = I_u^i + (I_u^i - I_l^i) \sum_{s=1}^{x} \Pr(s) \end{cases} \quad (12.8)$$

较高概率的符号将减少到更大的子区间,需要更少的比特表达;而较低概率的符号将减少到较小子区间,需要更多的比特表达。这符合压缩的普遍原理。矢量量化阶段之后,基于上下文的自适应算术编码器[22]被用来编码数据量化索引以及量化误差。这样,当前的区间继续将被减小到更小直到数据流结束。在区间减小的过程中,编码器能够输出主要比特,对于当前区间的下界 I_l^i 和上界 I_u^i 来说这些主要比特是相同的。区间正规化或重缩放应用于区间的边界来保留它们的精确比特。利用主要比特和同样符号分布模型,解码器能够迭代地定位正确的符号并重现同样的区间减小过程。

12.4　实验结果

上述的 10 块三维 NASA AIRS 数据用以研究超光谱探测器数据无损压缩。每块数据有从二维空间采集的 12 150 条光谱,包含 135 扫描线,每条扫描线包含 90 个斜距方向覆盖区域。图 12.3 显示出二维原图像场景以及第 193 块中选出的三个通道的线性预测残差。预测残差的随机性显示出去相关相当好。

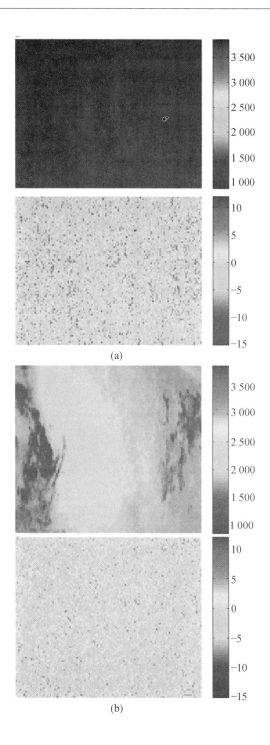

(a)

(b)

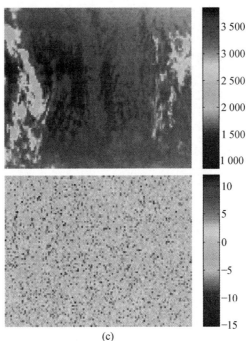

(c)

图 12.3　(a)原场景(上)和线性预测残差(下),第 193 块,波数 800.01 cm⁻¹;(b)与
　　　　(a)相同,除了波数是 1 330.4 cm⁻¹;(c)与(a)相同,除了波数是 2 197cm⁻¹

　　图 12.4 显示在第 82 块中选出的两个通道的线性预测之后的数据分布,可以看出分布相接近高斯分布。

　　线性预测之后不同的通道可能有不同的位深度,如图 12.5 所示。图12.6显示对应的位深度分割结果。

　　表格 12.2 给出了使用预计算 50 总比特数的 FPVQ 结果。为了对比,本章还给出了 JPEG 2000、线性预测(LP)+残差熵编码两种方式的压缩比。从表格 12.2 可以看出,FPVQ 得到了更高的压缩比。

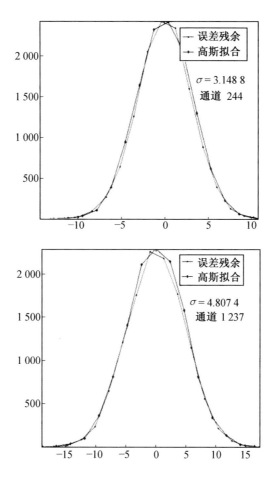

图 12.4　第 82 块数据 244 通道(上)和 1 237 通道(下)
的线性预测误差的数据分布、拟合高斯分布
及其标准差

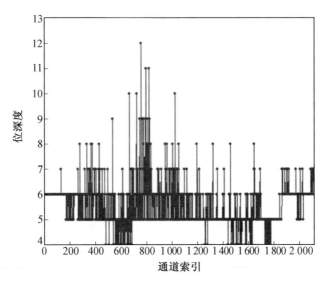

图 12.5 位深度相对于线性预测后的原通道索引图

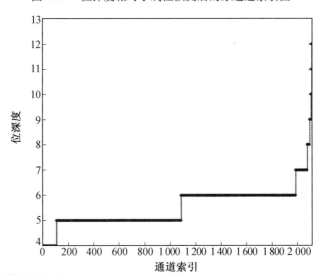

图 12.6 位深度相对于位深度分割后的新通道索引图

表 12.2 对于选取的 10 块 AIRS 数据分别采用 JPEG 2000,LP 和 FPVQ 压缩的压缩比

Granule 序号	JPEG 2000	LP	FPVQ
9	2.378	3.106	3.373
16	2.440	3.002	3.383
60	2.294	3.232	3.324
82	2.525	3.141	3.406
120	2.401	2.955	3.330
126	2.291	3.221	3.313
129	2.518	3.230	3.408
151	2.335	3.194	3.278
182	2.251	2.967	3.235
193	2.302	2.827	3.295
平均	2.374	3.087	3.334

12.5 结 论

本章描述了超光谱探测器数据无损压缩提出快速预计算矢量量化(FPVQ)方法。针对 2^k 维归一化高斯分布数据的 2^m 个码字的矢量量化码书被预计算。在光谱维,经过线性预测把超光谱探测器数据转化为高斯分布。数据首先基于位深度分割,然后每一个分割分为 2^k 通道的子分割。研究还为子分割间最优比特分配提出了一个新颖的边际分析方法。由于使用了预计算码书,避免了耗时的在线码书生成,因此 FPVQ 速度快。基于 10 块 NASA AIRS 数据的实验结果显示,相对于其他方法,FPVQ 明显得到了更高的压缩比。

致谢:

本研究是由美国国家海洋和大气管理局国家环境卫星、数据和信息服务 NA07EC0676 所支持。其中观点、意见和结果仅代表作者(们),不应该被理解为一个正式的美国国家海洋和大气管理局或美国政府的立场、政策或决定。

参 考 文 献

[1] H. H. Aumann and L. Strow. AIRS, the first hyper-spectral infrared sounder for operational weather forecasting. In Proc. of IEEE Aerospace Conf. , vol. 4, pp. 1683-1692, 2001.

[2] T. Phulpin, F. Cayla, G. Chalon, D. Diebel, and D. Schl ussel. IASI onboard Metop: Project status and scientific preparation. In 12th Int. TOVS Study Conf. , Lorne, Victoria, Australia , pp. 234-243, 2002.

[3] W. L. Smith, F. W. Harrison, D. E. Hinton, H. E. Revercomb, G. E. Bingham, R. Petersen, and J. C. Dodge. GIFTS-the precursor geostationary satellite component of the future Earth Observing System. In Proc. IGARSS' 02, vol. 1, pp 357-361.

[4] B. Huang, H. –L. Huang, H. Chen, A. Ahuja, K. Baggett, T. J. Schmit, and R. W. Heymann. Data compression studies for NOAA hyperspectral environmental suite using 3D integer wavelet transforms with 3D set partitioning in hierarchical trees. In SPIE Int. Symp. Remote Sensing Europe, 8-12 Sept. 2003, Barcelona, Spain, Proc. SPIE, vol. 5238, pp. 255-265, 2003.

[5] B. Huang, W. L. Smith, H. –L. Huang, H. M. Woolf. Comparison of linear forms of the radiative transfer equation with analytic Jacobians. Applied Optics,41 (21), 4209-4219.

[6] Y. Linde, A. Buzo, and R. M. Gray. An Algorithm for vector quantizer design. IEEE Trans. Commun. , vol. COM−28, pp. 84-95, Jan. 1980.

[7] G. P. Abousleman, M. W. Marcellin, and B. R. Hunt. Hyperspectral image compression using entropy–constrained predictive trellis coded quantization. IEEE Trans . Image Processing ,vol. 6, no. 4, pp. 566-573, 1997.

[8] G. R. Canta and G. Poggi. Kronecker–product gain–shape vector quantization for multispectral and hyperspectral image coding. IEEE Trans. Image Processing , vol. 7, no. 5, pp. 668-678, 1998.

[9] G. Gelli and G. Poggi. Compression of multispectral images by spectral classification and transform coding. IEEE Trans. Image Processing, vol. 8, no. 4, pp. 476-489, 1999.

[10] G. Motta, F. Rizzo, and J. A. Storer. Compression of hyperspectral imagery. In Proc. 2003 Data Comp. Conf. , pp. 333-342, 2003.

[11] F. Rizzo, B. Carpentieri, G. Motta, and J. A. Storer. High performance compression of hyperspectral imagery with reduced search complexity in the compressed domain. In Proc. 2004 Data Comp. Conf. , pp. 479-488, 2004.

[12] ftp://ftp. ssec. wisc. edu/pub/bormin/Count/.

[13] http://www-airs. jpl. nasa. gov.

[14] R. E. Roger, and M. C. Cavenor. Lossless compression of AVIRIS images. IEEE Trans. Image Processing, vol. 5, no. 5, pp. 713-719, 1996.

[15] X. Wu and N. Memon. Context-based lossless interband compression-extending CALIC. IEEE Trans. Image Processing , vol. 9, pp. 994-1001, Jun. 2000.

[16] D. Brunello, G. Calvagno, G. A. Mian, and R. Rinaldo. Lossless compression of video using temporal information. IEEE Tran. Image Processing, vol. 12, no. 2, pp. 132-139, 2003.

[17] B. Huang, A. Ahuja, H. -L. Huang, T. J. Schmit, and R. W. Heymann. Lossless compression of 3D hyperspectral sounding data using context -based adaptive lossless image codec with Bias-Adjusted Reordering. Opt. Eng. ,vol. 43, no. 9, pp. 2071-2079, 2004.

[18] G. H. Golub and C. F. Van Loan. Matrix Computations. John Hopkins University Press, 1996.

[19] E. A. Riskin. Optimal bit allocation via the generalized BFOS algorithm. IEEE Trans. Inform. Theory, vol. 37, pp. 400-402, Mar. 1991.

[20] V. Cuperman. Joint bit allocation and dimensions optimization for vector transform quantization. IEEE Trans. Inform. Theory , vol. 39, pp. 302-305, Jan. 1993.

[21] B. Fox. Discrete optimization via marginal analysis. Management Sci. , vol. 13, no. 3, Nov. 1966.

[22] I. H Witten. , R. M. Neal, and J. Cleary. Arithmetic coding for data compression. Comm. ACM, vol. 30, no. 6, pp. 520-540, 1987.

[23] K. Popat and K. Zeger. Robust quantization of memo ryless sources using dispersive FIR filters. IEEE Trans. Commun. , vol. 40, pp. 1670-1674, Nov. 1992.

第 13 章　有损压缩对高光谱分类的影响

13.1　引　言

传感器技术的快速发展使得遥感数据的波段数已经达到几百个。因此,对于高光谱图像来说更需要有效的压缩算法。现代卫星系统的传感器产生大量的数据,多数情况下都需要用压缩方法来传递和存储这些高光谱数据。虽然无损压缩适合大多数应用,但其压缩效率大约只有 3 倍[1-3]。另一方面,有损压缩是以损失一些信息为代价来获取更高的压缩比率来存储的。由于压缩越来越重要,目前,许多研究者研究并提出了多种高光谱数据压缩方法,包括基于变换的方法(二维和三维)、矢量量化法以及预测技术[6]。有研究者使用主成分分析法来消除冗余[7-9],还有研究者使用标准压缩算法,如 JPEG 和 JPEG 2000 来压缩高光谱图像[9-14]。也有用离散小波变换来压缩高光谱图像[15,16]以及用 SPIHT 算法来压缩高光谱图像[17-23]。

高光谱图像既给我们带来了机遇也带来了挑战,因为具有精细的光谱信息使得类别之间可以实现精细分类。然而,数据量的迅速增长也带来了高光谱数据传输和存储的难题。多数情况下,高光谱图像不能以原数据的形式进行交换和存储,因此,压缩就变得非常必要。然而,当高光谱图像用传统图像压缩算法进行压缩的时候,传统图像压缩算法应用原始数据并重构数据之间的最小均方误差,虽然整体的均方误差较小,但仍然无法保留原始数据的判别特征。详细情况如图 13.1 所示。虽然大多数能量沿着 φ_1 分布,但所有的表征类别中可区别的信息则沿着 φ_2 分布。

为了保留模式分类问题的判别信息,当应用压缩算法的时候必须小心使用。本章,我们验证了高维数据的判别信息,并研究了怎样用损失最小的判别

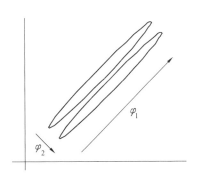

图 13.1　能量小的判别特征

特征来压缩高光谱图像。

13.2　压缩和分类精度

从主成分分析(Principal Component Analysis,PCA)能够提供最小均方误差这个角度来看,这是一种最优的信号表示方法。然而,由 PCA 定义的这些特征对于分类来讲往往并不是最优的。如果后面还要进行量化分析并压缩数据,那么能够保留高光谱图像的判别能力才是重要的。

图 13.2 所示为包含 220 个波段的 AVIRIS 图像(机载可见光/近红外成像光谱仪)[24]。图 13.3 所示为 2D SPIHT,3D SPIHT 和 PCA 在不同信噪比下的性能比较。虽然基于 PCA 的压缩方法具有较好的抗噪性能,但其分类精度并不令人满意(见图 13.4)。在较低比特率下获得较高分类精度主要是由于这

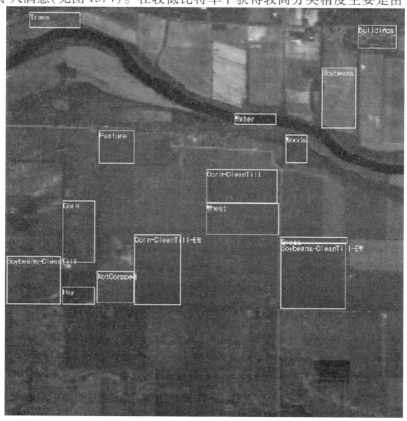

图 13.2　选择地物类别的 AVIRIS 图像

是一个农业区域的 AVIRIS 数据。原始数据的分类精度大约为 89.5%。然而，即使信噪比高于 45.59 dB，在 1 bpppb 时大约为 88.6%。表 13.1 所示为高光谱图像不同特征值所占比例和特征值累加比例。前面的三个特征大约包含了全部能量的 98.9%，而且前六个特征图像就包含了 99.5% 的能量。这表明使用超过 7～10 个特征图像并不能改善均方误差。以上结果表明，最小化均方误差不一定能保留区分不同类别所需要的判别信息。因为大多数使用最小均方误差的压缩算法与基于 PCA 的压缩方法性能是相似的。

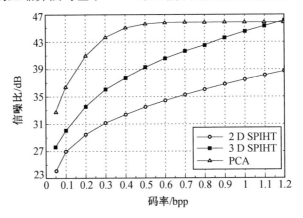

图 13.3　三种压缩方法(2D SPIHT，3D SPIHT，PCA)在不同信噪比下的性能比较

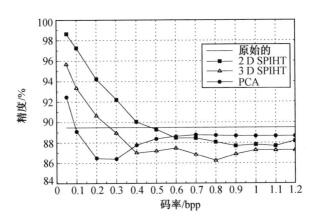

图 13.4　三种压缩方法(2D SPIHT，3D SPIHT，PCA)在不同分类精确度下的性能比较

表 13.1 高光谱图像不同特征值所占比例和特征值累加比例

	特征值	Proportion 比例/%	累加值比例/%
1	1.67×10^7	67.686	67.686
2	6.84×10^6	27.601	95.287
3	8.93×10^5	3.601	98.889
4	6.82×10^4	0.275	99.164
5	5.28×10^4	0.213	99.377
6	2.59×10^4	0.105	99.482
7	2.40×10^4	0.097	99.578
8	1.28×10^4	0.051	99.630
9	7.72×10^3	0.031	99.661
10	5.62×10^3	0.023	99.684
11	4.90×10^3	0.020	99.704
12	4.25×10^3	0.017	99.721
13	3.54×10^3	0.014	99.735
14	3.02×10^3	0.012	99.747
15	2.94×10^3	0.012	99.759
16	2.82×10^3	0.011	99.770
17	2.15×10^3	0.009	99.779
18	1.88×10^3	0.008	99.787
19	1.77×10^3	0.007	99.794
20	1.60×10^3	0.006	99.800
21	1.53×10^3	0.006	99.806
22	1.52×10^3	0.006	99.813
23	1.46×10^3	0.006	99.818
24	1.43×10^3	0.006	99.824
25	1.40×10^3	0.006	99.830
26	1.36×10^3	0.005	99.835
27	1.33×10^3	0.005	99.841
28	1.29×10^3	0.005	99.846
29	1.25×10^3	0.005	99.851
30	1.19×10^3	0.005	99.856

13.3 特征提取和压缩

许多特征提取算法都是应用于模式分类问题[11,25-29]。在典型分析中,类内分布矩阵 $\boldsymbol{\Sigma}_w$ 和类间分布矩阵 $\boldsymbol{\Sigma}_b$ 可用于标准函数公式中,而且可以选择向量 $\boldsymbol{d}$ 来使之最大化:

$$\frac{\boldsymbol{d}^t \boldsymbol{\Sigma}_b \boldsymbol{d}}{\boldsymbol{d}^t \boldsymbol{\Sigma}_w \boldsymbol{d}} \tag{13.1}$$

其中类内分布矩阵和类间分布矩阵由下式计算:

$$\boldsymbol{\Sigma}_w = \sum_i P(\omega_i) \boldsymbol{\Sigma}_i$$

类内分布矩阵为

$$\boldsymbol{\Sigma}_b = \sum_i P(\omega_i) (\boldsymbol{M}_i - \boldsymbol{M}_0) (\boldsymbol{M}_i - \boldsymbol{M}_0)^{\mathrm{T}}$$

类间分布矩阵为

$$\boldsymbol{M}_0 = \sum_i P(\omega_i) \boldsymbol{M}_i$$

其中, $\boldsymbol{M}_i$ 、 $\boldsymbol{\Sigma}_i$ 和 $P(\omega_i)$ 分别为均值向量、协方差矩阵和类 ω_i 的最优概率。依据典型分析,特征向量对分类的影响由公式(13.1)来确定。

在判决边界特征提取方法中[27],特征向量直接从判决边界提取,判决边界特征矩阵 $\boldsymbol{\Sigma}_{\mathrm{DBFM}}$ 由下式定义:

$$\boldsymbol{\Sigma}_{\mathrm{DBFM}} = \frac{1}{k} \int_s \boldsymbol{N}(X) \boldsymbol{N}^{\mathrm{T}}(X) p(X) \mathrm{d}X$$

其中, $\boldsymbol{N}(X)$ 将单位标准向量表示为点 X 处的判决边界; $p(X)$ 为概率密度函数, $K = \int_s p(X) \mathrm{d}X$; s 为判决边界,积分函数在整个判决边界上积分。对于一个模式识别问题来说,其对应于非零特征值的判决边界特征矩阵的特征向量必须是能够获得与原始空间同样的分类精度的特征向量[15]。在判决边界特征提取中,用于分类的特征向量的有效值由相应的特征值来表示。

从如下两个例子可以看到,特征提取方法生成一个特征向量集,可用于计算新的特征。例如,令 $\{\varphi_i\}$ 为由特征提取算法获得的一个新的特征向量集,同时令 $\{\varphi_i\}$ 为一个 N 维欧几里得空间的基底。通过 Gram – Schmidt 正交化处理可以将一个独立的特征向量集变换为一个标准正交的基底。令 $\{\psi_i\}$ 为主成分分析所得的特征向量集,其中 $\{\psi_i\}$ 是标准正交的。 $\{\varphi_i\}$ 和 $\{\psi_i\}$ 的内积表明主成分分析的特征向量是怎样描述 $\{\varphi_i\}$ 的。表 13.2 表示特征向量与由判决边界特征提取方法获得的特征向量之间的夹角。我们可以看到,在大多数情况下,特征向量与特征向量差不多是垂直的。这些结果表明,在大多数传统压缩算法中,重要的特征向量是无法得到很好的保留的,因为信号的能量不够大。因此,压缩的时候,要想保留判别信息就必须在压缩之前用一些方法来增强判别信息。

表 13.2   特征向量与由判决边界特征提取方法获得的特征向量之间的夹角

	φ_1	φ_2	φ_3	φ_4	φ_5	φ_6	φ_7	φ_8	φ_9	φ_{10}
φ_1	90.7	90.5	87.2	93.7	96.6	89.0	90.1	90.5	88.6	88.1
φ_2	89.3	88.5	89.2	88.3	84.9	86.8	92.2	91.2	89.1	88.6
φ_3	90.5	90.4	86.0	87.9	92.0	87.2	92.5	92.1	88.0	87.2
φ_4	90.4	91.0	92.6	92.3	92.0	93.0	87.5	88.0	91.8	93.5
φ_5	91.9	91.3	87.3	90.3	94.0	95.7	89.0	90.4	89.2	89.0
φ_6	89.6	88.5	87.0	88.7	86.0	87.2	92.0	91.4	88.1	86.0
φ_7	90.8	90.3	86.9	90.9	96.9	88.7	91.2	91.5	87.7	86.3
φ_8	91.1	90.8	89.9	88.3	98.4	92.3	90.9	91.7	88.7	89.8
φ_9	91.0	90.9	88.5	90.9	95.8	88.1	90.9	90.9	88.1	88.7
φ_{10}	91.0	90.6	89.7	90.5	94.4	90.5	89.9	90.2	90.0	90.0

13.4   保持判别特征

13.4.1   判别特征预增强

要想保留判别信息可以用增加由特征提取获得的判别特征的能量的方法。当然,还有其他几种增强判别信息的方法[31-34]。参考文献[32]提出在对高光谱图像进行压缩之前增强判别信息。如同前面阐述的,大多数特征提取算法都能量化压缩效率。通常,特征提取方法会产生一个新的特征向量集 $\{\varphi_i\}$,它可以很好地表示类可分性。特别是,$\{\varphi_i\}$ 的子集保留了大多数的判别能量。这样,主要的判别特征向量就得到了增强[32,34],然后可以使用传统的压缩算法,例如 3D SPIHT 算法或者 JPEG 2000[8,22]。

令 $\{\varphi_i\}$ 为一个新的由特征提取算法获得的特征向量集,并令 $\{\varphi_i\}$ 为一个基底。那么,X 可以由下式表示:

$$X = \sum_{i=1}^{N} \alpha_i \varphi_i \qquad (13.2)$$

为了增强判别特征,判别能量中主要的特征向量的系数可以通过下式来增强:

$$X' = \sum_{i=1}^{N} w_i \alpha_i \varphi_i \qquad (13.3)$$

其中,w_i 表示反映相应特征向量的判别能量的权重。然后应用传统压缩算法来预增强数据(X')。在编码过程中,要获得重构数据还需要考虑权重:

$$\hat{X} = \sum_{i=1}^{N} \frac{1}{w_i} \beta_i \varphi_i \qquad (13.4)$$

其中,$\hat{X}$ 表示重构的数据。在这种情况下,$\{\varphi_i\}$ 和 $\{w_i\}$ 都必须能够传输和存储。

公式(13.3)中有许多可能的加权函数(见图13.5)。文献[32,34]中提出了下面的加权函数:

加权函数1. $w_i = \sqrt{\lambda_i} + 1$($\lambda_i$:判决边界特征矩阵的特征值);

加权函数2. $w_i =$ 阶梯函数(宽度 = 5 波段)

加权函数3. $w_i = \begin{cases} K & (0 \leq i \leq L < N) \\ 1 & (其他) \end{cases}$($K, L$:常数)

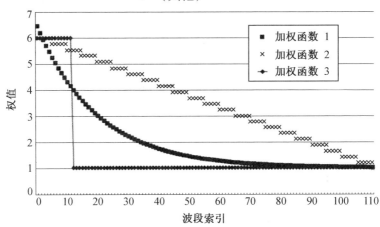

图13.5 加权函数的图解

在高光谱数据中,原始维的协方差矩阵是不可逆的,即使协方差矩阵是由大量的训练数据估计得到的也一样。有两个方法来说明这个问题:光谱波段成组[31] 和组合邻近波段[32,34]。在波段成组方法中,光谱波段被分成许多组,然后估计每组的协方差矩阵。降维了的协方差矩阵是可逆的。接着,可在每个组中进行特征提取。这种方法的问题在于光谱波段分组会丢失组与组之间的相关信息。因此,特征提取的结果是次优的。

在组合方法中,首先,通过组合邻近波段的方法来降低维数,然后,再在低维中进行特征提取[32,34]。例如,每两个相邻波段可以组合如下:

$$Y = AX$$

其中

$$A = \begin{bmatrix} 1 & 1 & 0 & 0 & 0 & 0 & 0 & \cdots & 0 & 0 \\ 0 & 0 & 1 & 1 & 0 & 0 & 0 & \cdots & 0 & 0 \\ 0 & 0 & 0 & 0 & 1 & 1 & 0 & \cdots & 0 & 0 \\ \vdots & \vdots & \vdots & \vdots & \vdots & \vdots & \vdots & & \vdots & \vdots \\ 0 & 0 & 0 & 0 & 0 & 0 & 0 & \cdots & 1 & 1 \end{bmatrix}$$

令 $\{\psi_j\}$ 为一组降维之后的特征集。原始空间中相应的特征向量可以由下面重复每个元素的方式获得:

$$\psi_j^{\text{expand by2}} = \frac{1}{\sqrt{2}} [\psi_{i,1}, \psi_{i,1}, \psi_{i,2}, \psi_{i,2}, \psi_{i,3}, \psi_{i,3}, \cdots, \psi_{i,100}, \psi_{i,100}]^{\text{T}}$$

其中 $\psi_i = [\psi_{i,1}, \psi_{i,2}, \cdots, \psi_{i,110}]^{\text{T}}$ 表示降维之后的特征向量,$1/\sqrt{2}$ 是一个归一化常数。在原始空间中应用 Gram – Schmidt 正交化[35],$\{\psi_i^{\text{expand by2}}\}$ 可以扩展为一个正交基底,然后作为原始空间的一个特征向量来用。

图 13.6 所示为使用权重函数 3 时的 SNR 比较。如同我们所期望的,图像预增强表现出较低的 SNR 性能。

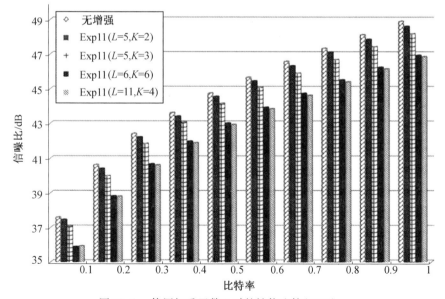

图 13.6　使用权重函数 3 时的性能比较(SNR)

另一方面,图 13.7 ~ 13.9 表示出了0.1 bpppb,0.4 bpppb 和0.8 bpppb 时的分类精度比较结果。可见,预增强图像分类精度显著提高。

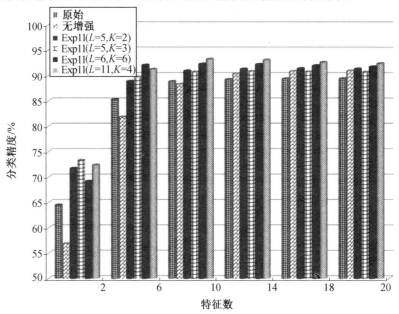

图 13.7　使用权重函数 3 时含 100 个训练样本、码率在 0.1 bpppb 的测试数据的分类精确度性能比较

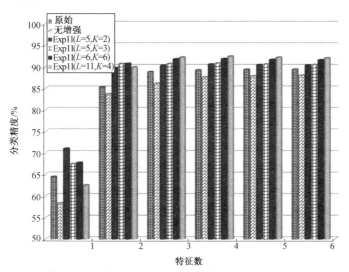

图 13.8　使用权重函数 3 时含 100 个训练样本、码率在 0.4 bpppb 的测试数据的分类精确度性能比较

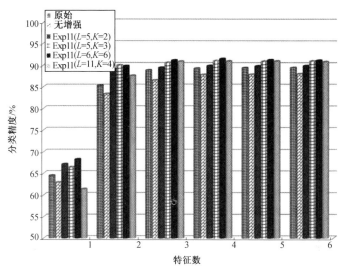

图 13.9   使用权重函数 3 时含 100 个训练样本、码率在 0.8 bpppb 的测试
数据的分类精确度性能比较

13.4.2   增强判别信息光谱波段

在特征提取中,新特征可以通过计算观测向量与特征向量之间的内积的
方式来获得:

$$\boldsymbol{y}_i = \boldsymbol{X} \cdot \boldsymbol{\varphi}_i = \sum_{j=1}^{N} \boldsymbol{x}_j \varphi_{i,j}$$

其中,$\boldsymbol{y}_i$ 表示新的特征;$\boldsymbol{X}$ 表示观测向量;$\boldsymbol{y}_i$ 表示一个特征向量;$\boldsymbol{x}_j$ 表示所观测
的第 j 个谱段;$\varphi_{i,j}$ 表示特征向量的第 j 个元素。这样,就可以通过检测特征向
量的每一个元素的方法来计算每个谱段的重要性。如果特征向量所含元素较
大,则对应的谱段将在分类中起着非常重要的作用,这是因为在计算新特征时
会重点考虑这一谱段。因此,通过检验特征向量中元素的方法可以决定每个
谱段的判别作用。例如,可以计算 k 个主要特征向量的绝对均值向量(φ_{AS}),
计算方法如下:

$$\varphi_{AS} = [\varphi_{AS}^1, \varphi_{AS}^2, \cdots, \varphi_{AS}^L]^{\mathrm{T}} = \frac{1}{k} \sum_{i=1}^{k} |\varphi_i| \tag{13.5}$$

其中,φ_i 表示($L \times 1$) 特征向量;L 表示通道数;k 表示所选择的特征向量的个
数[33,34]。图 13.10 所示为不同特征向量数所对应的绝对均值向量。虽然特征
向量数不同,但是我们所看到的图形的样式却是相似的。通常,绝对均值向量
中较大的元素表示对应的谱段在分类中比较重要。

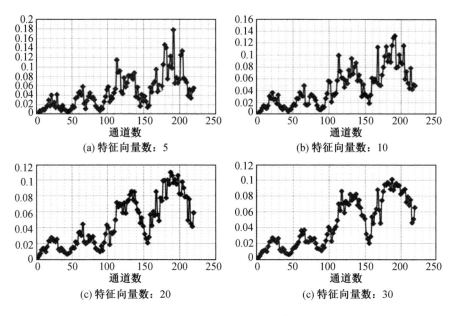

图 13.10　特征向量的绝对均值向量

　　虽然3D压缩方法在高光谱图像编码中更有效率,但是如果想要随机存取谱段图像,则2D压缩方法更适合。如果使用2D压缩方法,就可以给谱段分配更多的比特,这样更有利于区分各类。首先,必须保留一部分比特来增强判别信息,如下式:

$$N_{\text{discriminant}} = \alpha N_{\text{total}} \quad (0 \leqslant \alpha \leqslant 1) \tag{13.6}$$

其中,N_{total} 表示用于压缩的全部比特数;$N_{\text{discriminant}}$ 表示用于增强判别信息的比特数;α 为系数。这些判别比特可以分配给第 j 个谱段的图像,如下式:

$$N_{\text{discriminant}}^{j} = N_{\text{discriminant}} \frac{\varphi_{AS}^{j}}{\sum_{j=1}^{L} \varphi_{AS}^{j}} \tag{13.7}$$

其中,$\varphi_{AS} = [\varphi_{AS}^{1}, \varphi_{AS}^{2}, \cdots, \varphi_{AS}^{L}]^{\text{T}}$;$\varphi_{\text{discriminant}}^{j}$ 表示分配给第 j 个波段图像的比特数;φ_{AS}^{j} 为向量 φ_{AS} 的第 j 个元素。剩余比特($(1-\alpha)N_{\text{total}}$)可以用于最小化均方误差。例如,剩余比特可以均匀分配给每个光谱波段图像。

　　图13.11所示为不同 α 值和比特率的SNR比较结果,$\alpha = 0$ 表示所有的比特被平均分配给每个波段图像。图13.12所示为一些已经选择的类别,表13.3对类别进行了描述。图13.13所示为不同 α 值和比特率下的分类精度。虽然判别比特分配算法的SNR略微有些低,但是这种方法却能够获得更好的分类精度。表13.4为不同比特率、特征图像数量和 α 值下的SNR和分类精度。

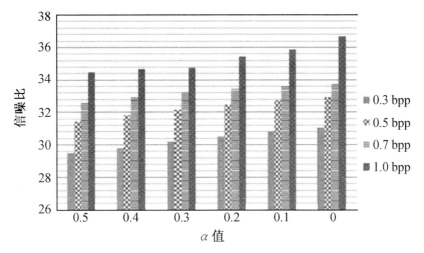

图 13.11 SNR 比较

图 13.12 选择的类别

表13.3 类别描述

类别索引	类别	样本数	训练样本数
1	Buildings	375	200
2	Corn	819	200
3	Corn-Clean Till	966	200
4	Corn-Clean Till-EW	1320	200
5	Hay	231	200
6	NotCorpped	480	200
7	Pasture	483	200
8	Soybeans	836	200
9	Soybeans-Clean Till	1 050	200
10	Soybeans-Clean Till-EW	1 722	200
11	Trees	330	200
12	Wheat	940	200
13	Woods	252	200

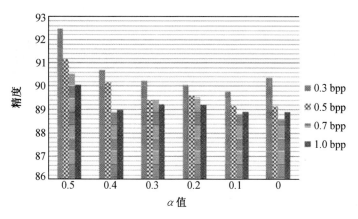

图13.13 分类精度比较

表 13.4　SNR 和分类精度

	bpp	图像特征数	α 值					
			0.5	0.4	0.3	0.2	0.1	0
信噪比	0.3	5	29.48	29.86	30.2	30.5	30.78	31.04
		10	29.45	29.81	30.16	30.47	30.77	31.04
		30	29.35	29.75	30.12	30.45	30.76	31.04
	0.5	5	31.45	31.83	32.17	32.45	32.7	32.92
		10	31.39	31.79	32.14	32.44	32.69	32.92
		30	31.31	31.74	32.11	32.42	32.66	32.92
	0.7	5	32.6	32.92	33.19	33.41	33.57	33.71
		10	32.57	32.9	33.2	33.41	33.56	33.71
		30	32.54	32.89	33.17	33.4	33.57	33.71
	1.0	5	34.44	34.66	34.82	35.43	35.89	36.67
		10	34.43	34.66	34.72	35.41	35.85	36.67
		30	34.38	34.61	34.6	35.41	35.86	36.67
精度	0.3	5	91.87	90.68	90.25	90.19	89.71	90.36
		10	92.47	90.69	90.23	90.05	89.76	90.36
		30	92.12	90.07	90.24	90.58	89.92	90.36
	0.5	5	91.2	90.04	89.43	89.4	88.92	89.12
		10	91.14	90.16	89.37	89.58	89.14	89.12
		30	91.15	89.87	89.62	89.79	89.45	89.12
	0.7	5	90.42	88.96	89.22	89.45	88.91	88.58
		10	90.5	88.88	89.41	89.51	88.78	88.58
		30	90.74	89.08	89.31	89.28	88.53	88.58
	1.0	5	90.09	88.85	89.15	89.15	88.87	88.89
		10	90.06	88.98	89.21	89.19	88.92	88.89
		30	90.29	89.2	89.02	88.91	88.84	88.89

13.5　结　论

高光谱图像处理时,压缩是需要考虑的一个重要的方面。虽然从均方误差的角度来看,许多压缩算法都具有非常好的性能,但是,能量可能不是很大的判别信息却不能很好地保留。本章,我们研究了这一问题,并且提出了几种增强高光谱图像判别特征的方法。

参 考 文 献

［1］ B. Aiazzi, P. Alba, L. Alparone, and S. Baronti. Lossless compression of multi/hyper-spectral imagery based on a 3－D fuzzy prediction. IEEE Trans. Geosci. Remote Sens. , vol. 37, no. 5, pp. 2287-2294, 1999.

［2］ E. Magli, G. Olmo, and E. Quacchio. Optimized onboard lossless and near－lossless compression of hyperspectral data using CALIC. IEEE Geosci. Remote Sens. Lett. , vol. 1, no. 1, pp. 21-25, 2004.

［3］ M. J. Ryan, and J. F. Arnold. Lossy compression of hyperspectral data using vector quantization. Remote Sensing of Environment, vol. 61, no. 3, pp. 419 －436, 1997.

［4］ M. J. Ryan, and J. F. Arnold. The lossless compression of AVIRIS images by vector quantization. IEEE Trans. Geosci. Remote Sens. , vol. 35, no. 3, pp. 546-550, 1997.

［5］ Q. Shen－En. Hyperspectral data compression of hyperspectral images by spectral classification and transform coding. IEEE Trans. Image Process. , vol. 42, no. 8, pp. 1791 -1798, 2004.

［6］ G. Gelli, and G. Poggi. Compression of hyperspectral images by spectral classification and transform coding. IEEE Trans. Image Process. , vol. 8, pp. 476-489, 1999.

［7］ A. Kaarana. Integer PCA and wavelet transforms for hyperspectral image compression. In Proc. IEEE IGARSS'01, 2001, pp. 1853-1855.

［8］ S. Lim, K. Sohn, and C. Lee. Principal component analysis for compression of hyperspectral images. In Proc. IEEE IGARSS'01, 2001, pp. 97-99.

［9］ D. Qian, and J. E. Fowler. Hyperspectral Image Compression Using JPEG 2000 and Principal Component Analysis. IEEE Geosc. Remote Sens. Lett. , vol. 4, no. 2, pp. 201-205, 2007.

［10］ H. S. Lee, N. H. Younan, and R. L. King. Hyperspectral image cube compression combining JPEG-2000 and spectral decorrelation. In IGAR SS '02. , 2002, pp. 3317-3319.

［11］ M. D. Pal, C. M. Brislawn, and S. R. Brumby. Feature extraction from hyperspectral images compressed using the JPEG-2000 standard. In Image Analysis and Interpretation, 2002. Proceedings. Fifth IEEE Southwest Symposium on, 2002, pp. 168-172.

[12] J. T. Rucker, J. E. Fowler, and N. H. Younan. JPEG 2000 coding strategies for hyperspectral data. In IEEE IGARSS '05, 2005, pp. 4 pp.

[13] B. Penna, T. Tillo, E. Magli, and G. Olmo. Progressive 3−D coding of hyperspectral images based on JPEG 2000. Geosci. Remote Sens. Lett. , vol. 3, no. 1, pp. 125-129, 2006.

[14] B. Aiazzi, P. S. Alba, L. Alparone, and S. Baronti. Reversible compression of hyperspectral imagery based on an enhanced inter−band JPEG prediction. In Proc. IEEE IGARSS'97, 1997, pp. 1990-1992.

[15] L. M. Bruce, C. H. Koger, and L. Jiang. Dimensionality reduction of hyperspectral data using discrete wavelet transform feature extraction. IEEE Trans. Geosci. Remote Sens. , vol. 40, no. 10, pp. 2331-2338, 2002.

[16] S. Kaewpijit, J. Le Moigne, and T. El−Ghazawi. Automatic reduction of hyperspectral imagery using wavelet spectral analysis. IEEE Trans. Geosci. Remote Sens. , vol. 41, no. 4, pp. 863-871, 2003.

[17] P. L. Dragotti, G. Poggi, and A. R. P. Ragozini. Compression of hyperspectral images by three−dimensional SPIHT algorithm. IEEE Trans. Geosci. Remote Sens. , vol. 38, pp. 416-428, 2000.

[18] B. −J. Kim, and Z. Xiong. Low bit−rate scalable video coding with 3−D set partition in hierarchical trees (3−D SPIHT). IEEE Trans. Circuits Syst. Video Technol. , vol. 10, no. 8, pp. 1374-1387, 2000.

[19] E. Christophe, C. Mailhes, and P. Duhamel. Hyperspectral Image Compression: Adapting SPIHT and EZW to Anisotropic 3−D Wavelet Coding. IEEE Trans. Image Process. , vol. 17, no. 12, pp. 2334-2346, 2008.

[20] T. Xiaoli, C. Sungdae, and W. A. Pearlman. Comparison of 3D set partitioning methods in hyperspectral image compression featuring an improved 3D−SPIHT. In Data Compression Conference, 2003. Proceedings. DCC 2003, 2003, pp. 449.

[21] X. Tang, S. Cho, and W. A. Pearlman. 3D set partitioning coding methods in hyperspectral image compression. In IEEE ICIP'03, 2003, pp. II−239-42 vol. 3.

[22] A. Said, and W. A. Pearlman. A new fast and efficient image codec based on set partitioning in hierarchical trees. IEEE Trans. Circuits Syst. Video Technol. , vol. 6, pp. 243-250, 1996.

[23] S. Lim, K. Sohn, and C. Lee. Compression for hyperspectral images using three dimensional wavelet transform. In Proc. IEEE IGARSS'01, 2001, pp. 109-111.

[24] R. O. Green, M. L. Eastwood, C. M. Sarture, T. G. Chrien, M. Aronsson, B. J. Chippendale, J. A. Faust, B. E. Pavri, C. J. Chovit, M. Solis, M. R. Olah, and O. Williams. Imaging Spectroscopy and the Airborne Visible/Infrared Imaging Spectrometer (AVIRIS). Remote Sensing of Environment, vol. 65, no. 3, pp. 227-248, 1998.

[25] Fukunaga. Introduction to Statistical Pattern Recognition. New York: Academic Press, 1990.

[26] J. A. Richards. Remote Sensing Digital Image Analysis. Berlin, Germany: Springer-Verlag, 1993.

[27] C. Lee, and D. A. Landgrebe. Feature extraction based on the decision boundaries. IEEE Trans. Pattern Anal. Machine Intell., vol. 15, pp. 388-400, 2002.

[28] S. Kumar, J. Ghosh, and M. M. Crawford. Best-bases feature extraction algorithms for classification of hyperspectral data. IEEE Trans. Geosci. Remote Sens., vol. 39, no. 7, pp. 1368-1379, 2001.

[29] A. Cheriyadat, and L. M. Bruce. Why principal component analysis is not an appropriate feature extraction method for hyperspectral data. In IGARSS'03., 2003, pp. 3420-3422 vol. 6.

[30] G. Strang. Linear Algebra and Its Applications. Tokyo, Japan: Harcourt Brace Jovanovich, Inc., 1998.

[31] C. Lee, and E. Choi. Compression of hyperspectral images with enhanced discriminant features. In IEEE Workshop on Advances in Techniques for Analysis of Remotely Sensed Data, 2003, pp. 76-79.

[32] C. Lee, E. Choi, J. Choe, and T. Jeong. Dimension Reduction and Preemphasis for Compression of Hyperspectral Images. In Proc. LNCS (ICIAR), 2004, pp. 446-453.

[33] S. Lee, J. Lee, and C. Lee. Bit allocation for 2D compression of hyperspectral images for classification. In Proc. SPIE 7455, 2009, pp. 745507.

[34] C. Lee, E. Choi, T. Jeong, S. Lee, and J. Lee. Compression of hyperspectral images with discriminant features enhanced. Journal of Applied Remote Sensing, Satellite Data Compression Special, 2010.

[35] C. Lee, and D. Landgrebe. Analyzing high dimensional hyperspectral data. IEEE Trans. Geosci. Remote Sens. , vol. 31, no. 4, pp. 792-800, 2002.

[36] J. A. Saghri, A. G. Tescher, and J. T. Reagan. Practical transform coding of hyperspectral imagery. IEEE Signal Process. Mag. , vol. 12, pp. 32-43, 1995.

第14章 基于投影寻踪法的高光谱图像降维

摘要 在高光谱图像处理中有许多种降维(Dimensionality Reduction, DR)方法。本章讨论基于投影寻踪法(Projection Pursuit-based, PP-based)的降维(PP-DR)方法,该方法还包含主成分分析(Principal Component Analysis, PCA)和独立成分分析(Independent Component Analysis, ICA)两种情况。上述三种方法形成了 PP-DR。一种方法使用投影指标(Projection Index, PI)生成投影向量,进而获得投影指标主成分(Projection Index Components, PICs)。因为投影寻踪通常采用随机的初始条件来产生投影指标主成分,所以,不同时间运行相同的投影寻踪的时候或者同一时间不同的用户,最终产生的投影指标主成分都会因成分和出现的顺序不同而有差别。为了解决这个问题,人们提出了另一种称为基于投影指标的优先处理投影寻踪(PI-based Prioritized PP, PI-PRPP)的方法,该方法把一个投影指标作为准则来划分投影指标主成分的优先级。人们提出的第三种方法是 PI-PRPP 的替代方法,称为初始化驱动的投影寻踪(ID-PIPP),该方法指定一个适当的初始条件集合,该集合使得投影寻踪产生相同的投影指标主成分,并且不管投影寻踪怎样运行都能按照相同的顺序进行。如实验结果所示,三种 PP-DR 技术不仅能实现降维也能把不同的目标分离成不同的投影指标主成分,从而实现非监督目标检测。

14.1 引 言

高光谱分析中最大的问题之一就是怎样处理高光谱图像传感器所获得的具有几百个相邻波段的巨大数据量问题。一种比较通用的方法就是作为预处理步骤的降维方法,也就是在数据处理之前将原始数据表示为一个容易处理的低维数据空间。在降维技术中主成分分析可能是最常用的一种方法,该方法将原始数据表示为一个小的数据集,这个数据集的方差由样本数据的协方差矩阵的特征值来确定。然而,PCA 只能获取由二阶统计特征表示的信息,如文献[1]证明,在主成分中是不能保留小目标的。为了能够由统计学上的独立统计方法来保留小目标信息,文献[1]中提出采用独立分析的方法进行降维。文献[3]中进一步证明高阶统计(High-Order Statistics, HOS)能够检测精细目标,比如异常的、弱小的目标。因为独立统计可以由互信息来表示[2],所以,如果能将 PCA(即,二阶统计),HOS 和 ICA 集成在一起,每一种情况都可以看作是整体框架下的一部分,那将会非常有趣。然而,说起来容易,做起来难,因为其中还存在许多问题。首先,PCA 和 ICA 产生投影向量的方式是不同的。对于 PCA 来说,首先要计算特征多项式,由与其相关的特征矢量产生特征值作为投影向量,以生成由样本数据方差分级得到的主成分(PC)。另一方面,与 PCA 不同,ICA 没有类似的特征多项式,无法由生成的投影向量找到解决办法。ICA 是依靠数值的算法来找到这些投影向量的。那么就需要使用随机初始向量,以随机序列的方式来生成投影向量,这样,所产生的投影向量独立成分(IC)也是随机出现的。

使用不同随机初始条件集合的结果就是,所产生的独立成分(IC)不仅以随机序列形式出现,而且即使序列相同它们也是不同的。由此可见,使用不同初始条件集合或用户不同所生成的结果也会是不同的。相同情况在 ISODA-TA(K-means)聚类算法中也存在[4]。因此,首先需要解决的问题是怎样为诸如独立成分 IC 这样的成分分级,使它们能够像主成分(PC)那样根据数据方差来适当地排序。近年来,这个问题已经被提出来了,如文献[1]中的 ICA,文献[3]中的基于成分的 HOS,这些方法改进了成分分级的优先权评判的方法,通过采用依据特殊判决方法来衡量每一个成分中所含信息的重要程度,以此来划分成分的优先级。本章的目的是通过一种更为通用的方式,投影寻踪(PP),来整合这些方法以扩展文献[1]中的基于 DR 的 ICA 算法以及文献[3]的成果。同时,文献[3,4]中将优先级判别推广为投影寻踪法(PP)适用的投影指标(PI),其中的成分是由使用特殊 PI(即投影指标成分,PIC)的 PP 所产生的。例如,用于对所产生的 PCA 成分进行分级的 PI 变为数据方差,其 PIC 被当作 PC 来用,此时,如文献[2],快速 ICA 算法中用于生成成分的投影指标 PI 变为负熵且投影指标成分 PIC 变为独立成分 IC。

本章提出了三种方法用来实现 PP,其中的投影指标 PI 由特殊的优化分级判决准则产生。文献中通常采用第一种方法,该法也称为 PIPP,它使用投影指标 PI 来生成成分。根据这一解释,当 PI 由数据方差来描述时,最终,PP 变为 PCA。另一方面,如果 PI 是通过互信息来计算统计独立性的方式来获得的,那么最终的 PP 就变为 ICA。然而,第一种方法主要侧重于成分的生成,第二、第三种方法则可以看作是成分的优先级排序。需要注意的是,第二种方法,即投影指标优先级排序投影寻踪(PI-PRPP),使用投影指标 PI 作为判决参数来对由 PIPP 生成的 PIC 进行优先级排序。也就是说,对于使用随机初始条件产生的 PIPP 来说,PIC 通常是以随机序列的形式出现的。尽管 PI-PRPP

方法解决了 PIC 中出现的随机序列的问题,但并不能说按照相同序列分级的 PIC 就是完全一样的。为了进一步解决这个问题,又有了第三种方法,也称为驱动初始化 PP(ID-PIPP),该方法为 PIPP 规定一个适当的初始条件集合,这样,只要 PIPP 使用相同的初始条件,它总会产生完全相同的 PIC,并且这些 PIC 是按照相同的顺序排列的。利用第二和第三种方法,使用特殊的优先级排序准则或者由 ID-PIPP 先产生少数几个成分,保留 PI-PRPP 排列中一些数量较少的最优成分就能够实现 PP-DR。为了评估 PP,PIPP,PI-PRPP 和 ID-PIPP 这几种方法,我们采用真实的高光谱图像进行实验来分析算法的性能。

14.2 基于投影寻踪成分分析法的降维

降维是一种重要的预处理技术,通过降维可以将多维数据表示在低维数据空间中,而想要的数据信息却不能有重大的损失。PCA 是一种常用的方法,已经在许多领域,例如数据压缩,获得广泛的应用,它将待处理的数据表示在一个新的数据空间中,这个数据空间是由按照特征值降序的方式排列的特征向量构成的。另一种方法是 ICA,ICA 也是将待处理的数据表示在一个新的数据空间中,这个新的数据空间的各维由一组统计独立的投影向量构成。本节提出一种基于投影指标(PI)的降维技术,参考基于 PI 的投影寻踪法(PIPP),将 PI 作为判决准则来寻找待处理的感兴趣数据的方向,并用这些感兴趣的方位构建新的数据空间,然后在新的数据空间中表示数据。PCA 将数据方差作为 PI 来生成特征向量,而 IC 将互信息作为 PI 来生成统计独立的投影向量,在 PIPP 中,PCA 和 ICA 可以看作是 PIPP 的特例。

"投影寻踪(PP)"这个词是由 Friedman 和 Tukey 首先提出的,主要用来进行多变量数据分析。该技术的主要思想是将高维数据集映射到低维数据空间,同时保留感兴趣信息。它设计了一个 PI 作为感兴趣部分的投影。假定有 N 个数据点 $\{X_n\}_{n-1}^N$,每点为 K 维,$X = [r_1 r_2 \cdots r_N]$ 是一个 $K \times N$ 的矩阵,a 是一个与所需的投影有关的 K 维的列向量。$a^T X$ 表示一个 N 维的行向量,它是所有映射到方向 a 的样本数据点的正交投影。现在,如果我们令 $H(\cdot)$ 为一个衡量不变的数据矩阵 X 的投影 $a^T X$ 的感兴趣度的函数,投影指标(PI)是 a 的实函数,$I(a):R^K \to R$ 定义作

$$I(a) = H(a^T X) \tag{14.1}$$

PI 很容易就可以扩展到多个方向,$\{a_j\}_{j-1}^J$。这样,$A = [a_1 a_2 \cdots a_J]$ 是一个 $K \times J$ 的投影方向矩阵,其相应的投影指标也是一个实函数,$I(A):R^{K \times J} \to R$ 由

下式给出

$$I(A) = H(A^T X) \tag{14.2}$$

公式(14.1)和(14.2)中 $H(\cdot)$ 的选择与实际应用有关。其目的就是要揭示数据集中的感兴趣结构,如聚类。然而,要想找到公式(14.2)中优化的投影矩阵并不是件简单的事[6]。本章,我们重点研究由高阶统计量定义的 PI,如 Skewness,Kurtosis 等[7]。

假设第 i 个投影的投影指标成分可以用一个随机变量 ζ_i 来描述,该变量的值由第 n 个像素的灰度值 z_n^i 来表示。接下来,我们提出了通过解以下的特征问题来统计 k 阶序列的方法,第 k 时刻的通用形式[7,8]为

$$(E[r_i (r_i^T w)^{k-2} r_i^T] - \lambda' I) w = 0 \tag{14.3}$$

应该注意,公式(14.3)中当 $k = 2, 3, 4$ 时,Skewness 和 Kurtosis 分别退化为方差。

解公式(14.3)寻找投影向量序列的算法可以描述如下[7,8]:

投影指标投影寻踪(PIPP)

① 初始化,假设 $X = [r_1 r_2 \cdots r_N]$ 为数据矩阵并设定 PI。

② 最大化 PI,找到第一个投影向量 w_1^*。

③ 通过找到的 w_1^* 生成第一个投影图像 $Z^1 = (w_1^*)^T X = \{z_i^1 \backslash z_i^1 = (w_1^*)^T r_i\}$,可以用该图像检测第一个端元。

④ 将正交子空间投影(OSP)应用到数据集 X 中,$P_{w_1}^\perp = I - w_1 (w_1^T w_1)^{-1} w_1^T$,生成第一个 OSP 投影数据集,定义为 X^1,$X^1 = P_{w_1}^\perp X$。

⑤ 应用数据集 X^1 并通过再次最大化同一 PI 的方法找到第二个投影向量 w_2^*。

⑥ 将 $P_{w_2}^\perp = I - w_2 (w_2^T w_2)^{-1} w_2^T$ 应用到数据集 X^1 中,生成第二个 OSP 投影数据集,定义为 X^2,$X^2 = P_{w_2}^\perp X^1$,进而可以通过再次最大化同一 PI 的方法生成第三个投影向量 w_3^*。我们也同等地定义一个投影矩阵 $W^2 = [w_1 w_2]$ 并将 $P_{W^2}^\perp = I - W^2 ((W^2)^T W^2)^{-1} (W^2)^T$ 应用到数据集 X 中,从而得到 $X^2 = P_{W^2}^\perp X$。

⑦ 重复步骤⑤和步骤⑥,生成 $w_3^*, \cdots, w_k^*$ 直到满足终止判决条件。必须注意,终止判决条件可以是一个预置数的生成的投影向量,也可以是一个能够区别两个连续投影向量的预定阈值。

14.3 基于指标投影的优先级排序 PP

根据第二部分描述的 PIPP,作为初始条件,先随机生成一个投影向量,再

产生用于生成 IC 的投影向量。这样,不同初始条件可以产生不同的投影向量,也就是它们的 PIC。换句话说,如果 PIPP 的执行时间不同,随机初始向量的集合不同或者将要使用不同随机向量集合运行 PIPP 的用户不同,最终产生的 PIC 也将会是不同的。为了解决这个问题,本节提出一种基于指标的优先级排序 PP(PI-PRPP),该算法使用一个 PI 来作为优先级排序的准则对所生成 PIPP 的 PIC 进行分级,这样所有的 PIC 都将会根据由 PI 确定的优先级进行优先级排序处理。在这种情况下,PIC 将总是分级的,而且由 PI 以相同的顺序进行优先级排序,而与使用何种初始向量产生投影向量无关。必须注意的是,PIPP 和 PI-PRPP 是有很大区别的。PIPP 使用 PI 作为判决准则来生成每个 PIC 所需要的投影向量,而 PI-PRPP 则用 PI 来对 PIC 进行优先级排序,并且这个 PI 可能与 PIPP 所用的用于产生 PIC 的 PI 不同。因此,PI 和 PI-PRPP 所用的 PI 不必完全相同,它们可以不同。事实上,许多时候,应用不同所使用的 PI 也是不同的。下面我们列举了可以用来定义 PI 的各种判决准则。这些判决准则是基于统计量测的,已经超出了二阶统计的范围。

基于投影指标(PI)的判决准则

(1)三阶统计的样本均值:ζ_j 的偏度(Skewness)

$$PI_{\text{skewness}}(PIC_j) = [\kappa_j^3]^2 \tag{14.4}$$

其中,$\kappa_j^3 = E[\zeta_j^3] = (1/MN)\sum_{n=1}^{MN}(z_n^j)^3$ 为 PIC_j 中的三阶统计的样本均值。

(2)四阶统计的样本均值:ζ_j 的峰度(Kurtosis)

$$PI_{\text{kurtosis}}(PIC_j) = [\kappa_j^4]^2 \tag{14.5}$$

其中,$\kappa_j^4 = E[\zeta_j^4] = (1/MN)\sum_{n=1}^{MN}(z_n^j)^4$ 为 PIC_j 中的四阶统计的样本均值。

(3)k 阶统计的样本均值:ζ_j 的 k 阶中心距(Moment)

$$PI_{k-\text{moment}}(PIC_j) = [\kappa_j^k]^2 \tag{14.6}$$

其中,$\kappa_j^k = E[\zeta_j^k] = (1/MN)\sum_{n=1}^{MN}(z_n^j)^k$ 为 PIC_j 中 k 阶中心距的统计样本均值。

(4)负熵(Negentropy):结合 ζ_j 的三阶和四阶统计

$$PI_{\text{negentropy}}(PIC_j) = (1/12)[\kappa_j^3]^2 + (1/48)[\kappa_j^4 - 3]^2 \tag{14.7}$$

应该注意的是,式(14.7)由 Hyvarinen 和 Oja(见[2,115 页])的文章中的式(5.35)获得,该式用于计算高阶统计的负熵。

(5)熵(Entropy)

$$PI_{\text{entropy}}(PIC_j) = -\sum_{j=1}^{MN} p_{ji}\log p_j \tag{14.8}$$

其中,$p_j = (p_{j1}, p_{j2}, \cdots, p_{jMN})^{\mathrm{T}}$ 为由 PIC_i 的图像直方图获得的概率分布。

(6) 信息散度(Information Divergence, ID)

$$PI_{\mathrm{ID}}(PIC_j) = \sum_{j=1}^{MN} p_{ji}\log(p_{ji}/q_i) \qquad (14.9)$$

其中,$\boldsymbol{p}_j = (p_{j1}, p_{j2}, \cdots, p_{jMN})^{\mathrm{T}}$ 为由 PIC_i 的图像直方图获得的概率分布,且 $\boldsymbol{q}_j = (q_{j1}, q_{j2}, \cdots, q_{jMN})^{\mathrm{T}}$ 为高斯概率分布,其均值和方差由 PIC_i 获得。

14.4　驱动初始化 PIPP

14.3 节中 PI – PRPP 想要纠正的问题是由于使用了随机产生的初始向量,使得 PIC 以随机序列的形式出现。PI – PRPP 允许用户根据通过特殊 PI 来衡量信息的重要程度,从而实现对 PIC 的优先级排序处理。尽管事实是,由 PI – PRPP 分级的 PIC 可以以相同的顺序出现而与随机初始条件的不同集合无关,但是它们也不必相同,因为在以相同顺序出现的两个对应的 PIC 中的细微的差异可能是由它们所使用的初始条件随机地产生的。虽然与没有经过优先级排序而以不同顺序出现的 PIC 方差相比,这种方差可能较小,但是这种差异仍然会引起数据分析结果的不同。因此,本节研究了一种被称为驱动初始化 PP(ID – PIPP) 的新方法,该方法特别设计了一个初始化算法以生成一个关于 PIPP 的特殊的初始化条件集,这样,无论 PIPP 如何进行都使用相同的初始条件。因此,产生 ID – PIPP 的 PIC 总是相同的。一个特殊的初始算法,假定 X,用来生成初始向量集,从而使 ID – PIPP 收敛到投影向量以生成 PIC,最终的 PIPP 可参考 X – PIPP。

上面描述的这种用于 ID – PIPP 的初始化算法就是先前研究的自动目标生成处理(ATGP)[10] 算法。它可以应用正交子空间投影,文献[11] 中定义为

$$\boldsymbol{P}_U^{\perp} = \boldsymbol{I} - \boldsymbol{U}\boldsymbol{U}^{\#} \qquad (14.10)$$

其中,$\boldsymbol{U}^{\#} = (\boldsymbol{U}^{\mathrm{T}}\boldsymbol{U})^{-1}\boldsymbol{U}^{\mathrm{T}}$ 为 $\boldsymbol{U}$ 的伪逆,重复地从数据中寻找感兴趣的目标像素向量,而没有先验知识,也不用管这些目标是什么样的像素类型。以下为实现 ATGP 的详细步骤。

自动目标生成处理(ATGP)

(1) 初始条件

令 p 为需要生成的目标像素数。选择一个感兴趣的初始目标像素向量,由 $\boldsymbol{t}_0$ 表示。为了在未知 $\boldsymbol{t}_0$ 的条件下初始化 ATGP,我们选择一个具有最大长度的目标像素向量作为初始目标 $\boldsymbol{t}_0$,也就是,$\boldsymbol{t}_0 = \arg\{\max \boldsymbol{r}^{\mathrm{T}}\boldsymbol{r}\}$,具有最大的亮

度,即图像中最亮的像素向量。设 $n = 1$ 且 $U_0 = [t_0]$。(值得注意的是,这种选择可能不是最好的。然而,根据我们的实验发现,如果在初始化过程中最亮的像素向量不是用作初始目标像素向量的话,它总是在后面才被提取出来。)

(2)在第 n 次迭代中,由式(14.10),将 $P_{t_0}^\perp$ 应用到图像中的所有像素 r,并找到在第 n 次迭代生成的第 n 个目标 t_n,其具有的最大正交投影如下:

$$t_n = \arg\{\max_r[(P_{[U_{n-1}t_n]}^\perp r)^{\mathrm{T}}(P_{[U_{n-1}t_n]}^\perp r)]\} \qquad (14.11)$$

其中,$U_{n-1} = [t_1 t_2 \cdots t_{n-1}]$ 为第 $(n-1)$ 次迭代生成的目标矩阵。

(3)停止条件

若 $n < p - 1$,令 $U_n = [U_{n-1} t_n] = [t_1 t_2 \cdots t_n]$ 为第 n 次迭代生成的目标矩阵,转到步骤(2)。否则,继续。

(4)在这一步终止 ATGP

在这里,目标矩阵为 U_{p-1},其包含了 $p - 1$ 个目标像素向量作为其列向量,该列向量不包含初始目标像素向量 t_0。

作为 ATGP 的一个结果,由步骤(4)生成的目标像素向量集合为最终的目标集合,其由 p 个目标像素向量组成,$\{t_0, t_1, t_2, \cdots, t_{p-1}\} = \{t_0\} \cup \{t_1, t_2, \cdots, t_{p-1}\}$,可以通过式(14.11)重复获得。应该注意的是,上面的 ATGP 所使用的终止条件是由所生成的目标的预置数来设定的。当然,这一终止条件能够由任何其他的条件来取代,如文献[10]。最后,使用 ATGP 的一个 PIPP,如同其初始化算法一样被称为 ATGP - PIPP。

14.5　真实的高光谱图像实验

用于实验研究的图像是由高光谱数字图像采集实验(HYperspectral Digital Imagery Collection Experiments, HYDICE)传感器采集获得,它是一个真实的图像场景,如图 14.1(a)所示,其大小为 64×64 像素,场景中有 15 个嵌块,地面真实地物分布如图 14.1(b)所示。其包括 210 个光谱波段,光谱范围为 $0.4 \sim 2.5\ \mu m$。低信号/高噪声波段:波段 $1 \sim 3$ 及波段 $202 \sim 210$;水汽吸收波段:波段 $101 \sim 112$ 和波段 $137 \sim 153$ 被去除。这样,总共有 169 个波段用于实验。该数据空间分辨率为 $1.56\ m$,光谱分辨率为 $10\ nm$。

在图 14.1(a)的场景中,有一大片草地的背景,在右侧边缘有一片林地。矩阵中的每一个元素是一个方形的嵌块,用 p_{ij} 表示,其中 i 表示行,j 表示列,$j = 1, 2, 3$。$i = 1, 2, \cdots, 5$ 的每一行都有三个图案相同但尺寸不同的嵌块,p_{i1},p_{i2},p_{i3}。第一、第二、第三列中的嵌块的大小分别为 $3\ m \times 3\ m$,$2\ m \times 2\ m$ 和

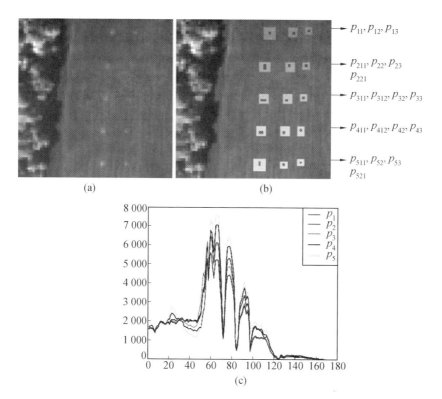

图14.1 （a）包含15个嵌块的HYDIC嵌块场景；（b）15个嵌块的真实地面空间分布
图；（c）p_1,p_2,p_3,p_4 和 p_5

1 m ×1 m。因为第三列中嵌块的大小为 1 m × 1 m，这一尺寸小于 1.56 m 的像素分辨率，因此，我们是不能从图14.1（a）中看到它们的。$j = 1,2,3$ 每一列中都有五个嵌块，$p_{1j},p_{2j},p_{3j},p_{4j},p_{5j}$，嵌块大小相同但图案不同。应该注意的是在第二行和第三行中的嵌块虽然图案不同，但是材质是相同的。同样，第四行和第五行的嵌块也是这样。然而，仍然把这些嵌块看作是不同的嵌块，而我们的实验就是要证明第五行（第四行）中的检测嵌块也会影响到第二行（第三行）中嵌块的检测。图像中1.56 m 的空间分辨率使得除嵌块 $p_{21},p_{31},p_{41},p_{51}$ 有两个像素外，15个嵌块中大多数都只有一个像素大小，表示为 p_{211},p_{221},p_{311}，$p_{312},p_{411},p_{412},p_{511},p_{521}$。因为第三列中嵌块的大小为 1 m × 1 m，其尺寸小于 1.56 m 的图像空间分辨率，所以图 14.1（a）中是无法看到这些嵌块的。图 14.1（b）示出了这15个嵌块的精确空间分布，其中红色像素（R 像素）为嵌块的中心像素，黄色像素（Y 像素）为混合有黑色背景的嵌块像素。图 14.1（c）绘出了五个嵌块的光谱特征 $p_i,i = 1,2,\cdots,5$，分别由 3 m × 3 m 的 R 像素平均和图14.1(b)第 i 行中 2 m × 2 m 的嵌块平均获得。应该注意的是,1 m × 1 m 的嵌块中的 R 像素不包括在内,因为它们并不是纯像素,这主要是由于 1 m × 1 m 嵌块中 R 像素的空间分辨率是 1 m,小于 1.56 m 的像素分辨率。这些嵌块像素连同 3 m × 3 m 的 R 像素和 2 m × 2 m 的嵌块一起被用于后面比较研究中的目标先验知识。

为了实现降维,我们必须知道保留多少个在 PIPP 之后用 p 来表示的投影指标成分 PIC。过去,这一部分是通过保留一定的特征根累加和的能量百分比来实现的。不幸的是,文献[6,12]表明,这种方法是无效的。取而代之的是一个被称为虚拟维度(Virtual Dimensionality, VD)的新概念被提出来,并且在文献[1,3]中得以成功应用,我们也从中看到了该方法的前景。其中,由图 14.1(a)中的 HYDICE 场景估计 VD 为 9,其虚警概率为 P_F 大于等于 10^{-4}。所以,在后面的实验中,p 的值设为 9,PIPP 的三种形式我们通过其在降维和端元提取中的应用来进行评价。由于在有限的空间中涵盖所有的实验结果是不可能的,所以,本章中只示出了一些有代表性的结果,如 PI = Skewness(三阶统计),Kurtosis(四阶统计)和 Negentropy(无限阶统计等,统计独立)。

14.5.1 具有随机初始条件的 PIPP

为了证明使用 PIPP 方法,两个不同随机初始向量集合结果也不同,图 14.2 ~ 14.4 显示 9 个 PIC 结果,这 9 个 PIC 由 PIPP 获得,PI 分别为偏度、峰度、负熵。应该注意的是 PI = Negentropy 时使用 PIPP,其中的 PIC 是使用文献 [9]中 Hyvarinen 和 Oja 提出的快速 ICA 算法获得的。

从这些图中我们可以看出,由于使用随机初始条件,使得我们感兴趣的 PIC 出现的顺序在每次运行程序时往往都是不同的。特别是,某些 PIC 可能本次运行程序时并没有出现而在另外一次程序运行时却出现了。另外,一些包含极少信息的 PIC 在开始时就会出现。

现在,图 14.2 ~ 14.4 中包含的这 9 个成分可以用于端元提取,可以通过 Winter 提出的著名的 N-FINDR 算法[13]来实现。如图 14.5 ~ 14.7 所示,从图中我们可以看出使用相同 PI 的 PIPP 方法,和用两个不同的随机初始向量集合所提取的端元的顺序不同。

根据图 14.5 ~ 14.7 中的结果,当 PI = Negentropy 时,使用 PIPP 可以获得最好的性能,此时,所有的五个嵌块符号都能作为端元提取出来。

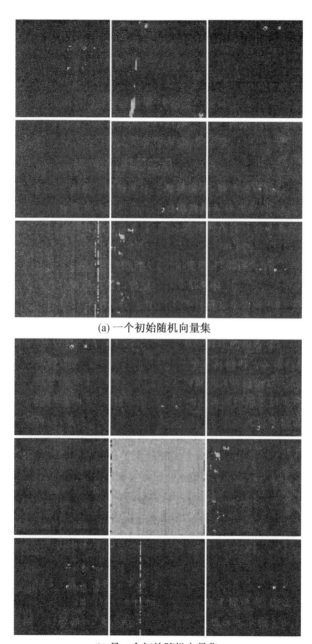

(a) 一个初始随机向量集

(b) 另一个初始随机向量集

图 14.2　PI=Skewness 时使用随机初始条件由 PIPP 提取的前 9 个 PIC

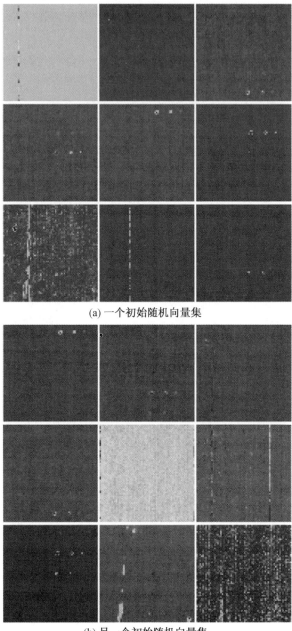

(a) 一个初始随机向量集

(b) 另一个初始随机向量集

图 14.3　PI = Kurtosis 时使用随机初始条件由 PIPP 提取的前 9 个 PIC

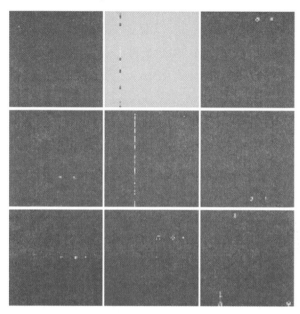

(a) 一个初始随机向量集

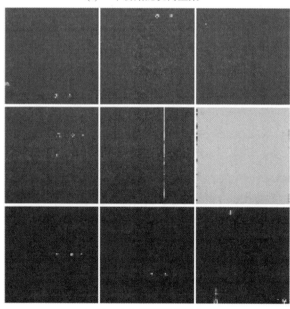

(b) 另一个初始随机向量集

图 14.4　PI＝Negentropy 时使用随机初始条件由 PIPP 提取的前 9 个 PIC

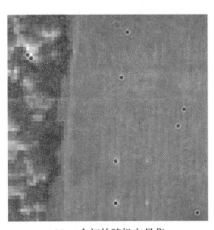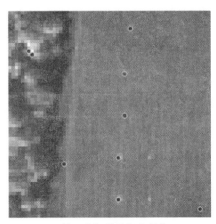

(a) 一个初始随机向量集　　　　　　　　　(b) 另一个初始随机向量集

图 14.5　PI=Skewness 时使用随机初始条件由 PIPP 提取的 9 个端元

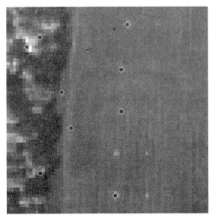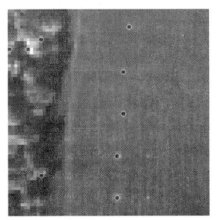

(a) 一个初始随机向量集　　　　　　　　　(b) 另一个初始随机向量集

图 14.6　PI=Kurtosiss 时使用随机初始条件由 PIPP 提取的 9 个端元

14.5.2　PI-PRPP

我们注意到,图 14.2~14.4 每个图中由 PIPP 生成的前面 9 个成分的不同不仅表现在顺序上,而且成分中所包含的信息也是不同的。因此,图 14.5~14.7 中端元提取的结果也是不同的。PI-PRPP 法的提出解决了这一问题。为了比较图 14.2~14.4 中的结果,PI-PRPP 法使用了相同的三个 PI,Skewness, Kurtosis, Negentropy,所生成的 PIC 比同一 PI=Negentropy 生成的 PIC 性能更优。图 14.8(a)、14.9(a) 和 14.10(a) 示出了分别由 PI=Skewness,Kurtosis 和 Negentropy 生成的优化 Negentropy PIC。图 14.8(b)、14.9(b)

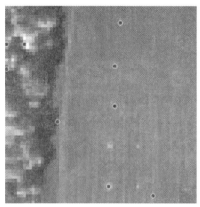
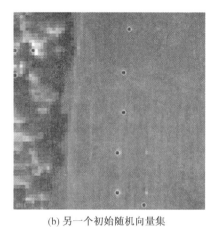

(a) 一个初始随机向量集   (b) 另一个初始随机向量集

图 14.7   PI = Negentropy 时使用随机初始条件由 PIPP 提取的 9 个端元

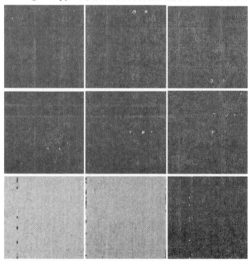

(a) PI=Skewness时由PI-PRPP法生成的9个PIC

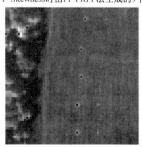

(b) 由图(a)中9个PIC采用N-FINDR法提取的9个端元

图 14.8   PI = Skewness 时的 PI-PRPP

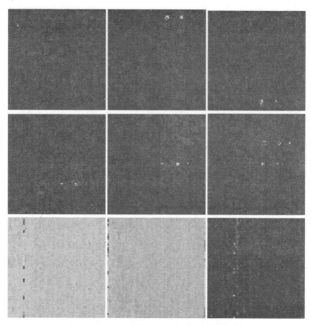

(a) PI= Kurtosis 时由PI-PRPP法生成的9个PIC

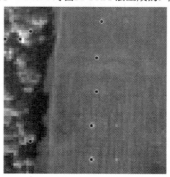

(b) 由图(a)中9个PIC采用N-FINDR法提取的9个端元

图 14.9　　PI = kurtosis 时的 PI-PRPP

和 14.10(b) 也表示出了把 N-FINDR 应用到 9 个优化 PIC 获得的端元提取结果,这个图像立方体中,5 个嵌块像素作为 5 个端元被成功地提取出来,其效果比图 14.5(a)、14.6(a) 和 14.7(a) 中所示的由 PIPP 法运行一次程序提取的只有 4 个端元的效果要好。以上实验清楚地证明了 PI-PRPP 较 PIPP 法的优势所在。

　　我们还注意到,通过由 PI=Skewness 和 Kurtosis 优化的 9 个 PIC 也能获得相同的结果。因此,这里我们就不赘述了。

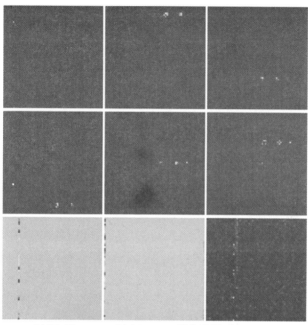

(a) PI = Negentropy时由PI-PRPP法生成的9个PIC

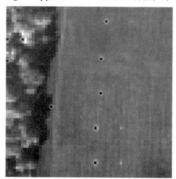

(b) 由图(a)中9个PIC采用N-FINDR法提取的9个端元

图 14.10　PI = Negentropy 时的 PI-PRPP

14.5.3　ID-PIPP

在 PIPP 和 PI-PRPP 的实验中,初始条件由随机发生器产生。本节主要研究 ID-PIPP 法并将其与 PIPP 和 PI-PRPP 法的性能进行比较。ATGP 是一个初始算法,可以用来生成初始向量集合,实现 PIPP 的初始化。图 14.11 ~ 14.13 示出的是由 ATGP-PIPP 生成的 9 个 PIC,以及用 9 个由 ATGP-PIPP 生成的 PIC 采用 N-FINDR 法实现的端元提取,所用的 PI 分别为 Skewness,Kurtosis 和 Negentropy,如同 PI–PRPP 一样,相当于 5 个端元的 5 个嵌块像素在这里也被成功提取出来。

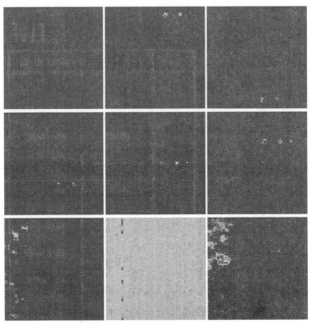

(a) PI=Skewness时由ID–PIPP法生成的9个PIC

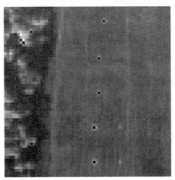

(b) 由图(a)中9个PIC采用N–FINDR法提取的9个端元

图 14.11　PI＝Skewness 时的 ATGP–PRPP

　　最后,为了分析比较算法,我们也采用了具有二阶统计的 PCA 算法进行了实验。

　　图 14.14(a)展示了通过 PCA 生成的 9 个 PC,这 9 个 PC 作为一个图像立方体,通过 N–FINDR 法进行处理,提取出的 9 个端元如图 14.14(b)所示。可以看到 5 个端元中只有第 1、3、5 行三个端元被提取出来了。这些实验表明

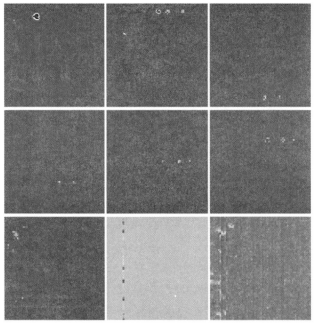

(a) PI=Kurtosis时由ATGP-PIPP法生成的9个PIC

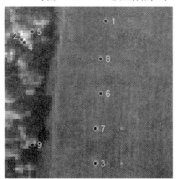

(b) 由图(a)中9个PIC采用N-FINDR法提取的9个端元

图 14.12　PI=Kurtosis 时的 ATGP-PRPP

PCA 的 PCs 中端元信息保持得不好。

最后总结一下,同样的实验可以在其他数据集上(如各种人工图像[14]以及另一个 HYDICE 场景[15])进行。由这些实验可以得到类似的结果和结论,因此为了避免重复,这些结果就不在这里展示了。

(a) PI=Negentropy时由ATGP–PIPP法生成的9个PIC

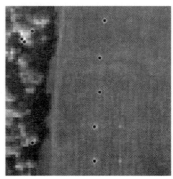

(b) 由图(a)中9个PIC采用N–FINDR法提取的9个端元

图 14.13　PI = Negentropy 时的 ATGP–PIPP

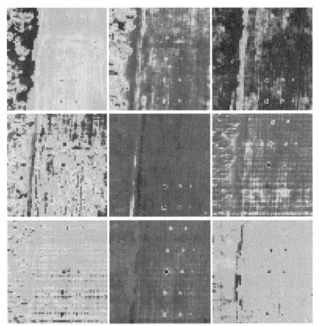

(a) 通过PCA产生的9个PC

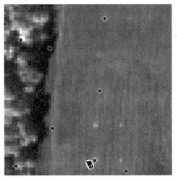

(b) 由图(a)中9个PIC采用N-FINDR法提取的9个端元

图 14.14　PCA 结果

14.6　结　　论

降维(DR)是一种通用的预处理技术,可以减少多维数据的数据量,同时在低维空间保留重要的数据信息。高光谱图像就是一种含有大量数据的多维数据。本章提出了一种新的高光谱数据降维的方法,即基于投影指标的投影寻踪(PIPP)的降维技术,经常使用的 PCA 和近期发展起来的 ICA 可以看作是该方法的特殊情况。三种 PIPP 方法都可以用于降维(DR),基于投影指标的投影寻踪(PIPP)以及驱动初始化 PIPP(ID-PIPP)。PIPP 采用可选 PI 作为生成投影向量的判决准则,投影向量对应特殊的成分,称为投影指标成分(PIC)。例如,一方面,当 PI 作为采样数据方差时,PIPP 简化为 PCA,其中的 PIC 可以看作是 PC;另一方面,当 PI 作为互信息时,PIPP 就变成了 ICA,而此时 PIC 就是 IC。不幸的是,PIPP 仍有两个主要的缺点阻止该方法的实际应用。因此,很少有人用 PIPP 法实现降维。实现 PIPP 最主要的问题之一就是当使用不同的随机初始条件集合时,使用随机初始条件会产生不同顺序的 PIC。在这样的情况下,如同我们实验中已经证明了的,较早出现的 PIC 并不意味着更为重要(见图 14.2 ~ 14.4)。另一个问题是,当降维的时候,我们无法确定应该选用多少个 PIC。这个问题是非常重要的,并且与上面提出的第一个问题密切相关。为了解决第二个问题,近年来出现了一个概念,称为虚拟维度(VD)。然而,这只解决了一半的问题。我们注意到,因为 PIPP 使用了一个随机发生器生成初始条件,由 PIPP 较早生成的 PIC 不一定比后面生成的拥有更有用的信息。一旦 PIC 的数量 p 由 VD 确定了,我们就必须保证所有需要的 PIC 都出现在前面的 p 个 PIC 里面。因此,我们提出了两种 PIPP 方法来解决这个问题。一种方法称为基于 PI 的优化 PP(PI-PRPP),该方法用一个 PI 对 PIC 出现的顺序进行排序,这与由 PI 划分优先级顺序的 PIC 中包含的信息是一致的。必须注意的是,用于优先级排序的 PI 与用于 PIPP 的 PI 不一定相同,如图 14.8 ~ 14.10 所示。虽然,PI-PRPP 是通过特殊的 PI 来优化 PIC 的,但是这并不是说用相同的优先级生成 PIC 的 PI-PRPP 也要相同,这是由于随机初始条件产生的随机性引起的。因此,第二个 PIPP 方法就进一步解决了这种不一致问题,称为驱动初始化 PP(ID-PIPP)。该方法使用特别设计的初始化算法为 PIPP 生成一个特殊的初始条件集合。因为初始条件总是相同的,所以,最终生成 PP 的 PIC 也总是一致的。最后,我们用实验来证明这三个基于 PP 的降维技术的实用性,实验结果表明该技术在不同应用中都是有效的。

参 考 文 献

[1] Wang, J. and Chang, C. -I. Independent component analysis-based dimensionality reduction with applications in hyperspectral image analysis. IEEE Trans. on Geoscience and Remote Sensing, 44(6), 1586-1600 (2006).

[2] Hyvarinen, A. , Karhunen, J. and Oja, E. Independent Component Analys-

is. John Wiley & Sons (2001).

[3] Ren, H. , Du, Q. , Wang, J. , Chang, C. –I and Jensen, J. Automatic target recognition hyperspectral imagery using high order statistics. IEEE Trans. on Aerospace and Electronic Systems, 1372-1385 (2006).

[4] Duda, R. O. and Hart, P. E. Pattern Classification and Scene analysis. John Wiley & Sons,1973.

[5] Friedman, J. H. , and Tukey, J. W. A projection pursuit algorithm for exploratory data analysis. IEEE Transactions on Computers, c−23(9), 881-889 (1974).

[6] Chang, C. –I. Hyperspectral Imaging: Techniques for Spectral Detection and Classification. Kluwer Academic/Plenum Publishers,New York (2003).

[7] Ren, H. , Du, Q. , Wang, J. , Chang, C. –I and Jensen, J. Automatic traget recognition hyperspectral imagery using high order statistics. IEEE Trans. on Aerospace and Electronic Systems, 42(4), 1372-1385 (2006).

[8] Chu, S. , Ren, H. and Chang, C. –I. High order statistics−based approaches to endmember extraction for hyperspectral imagery. to be presented in SPIE 6966, (2008).

[9] Hyvarinen, A. and Oja, E. A fast fixed−point for independent component analysis. Neural Comp. , 9(7), 1483-1492 (1997).

[10] Ren, H. and Chang, C. –I. Automatic spectral target recognition in hyperspectral imagery. IEEE Trans. on Aerospace and Electronic Sys. , 39(4), 1232-1249 (2003).

[11] Harsanyi, J. and Chang, C. –I. Hyperspectral image classification and dimensionality reduction: an orthogonal subspace projection approach. IEEE Trans. on Geoscience and Remote Sensing, 32(4), 779-785 (1994).

[12] Chang, C. –I, and Du, Q. Estimation of number of spectrally distinct signal sources in hyperspectral imagery. IEEE Trans. on Geoscience and Remote Sensing, vol. 42, no. 3, pp. 608-619, March 2004

[13] Winter, M. E. N−finder: an algorithm for fast autonomous spectral endmember determination in hyperspectral data. Image Spectrometry V, Proc. SPIE 3753, pp. 266-277, 1999.

[14] Chang, Y. –C. , Ren, H. , Chang, C. –I and Rand, B. How to design synthetic images to validate and evaluate hyperspectral imaging algorithms. SPIE Conference on Algorithms and Technologies for Multispectral, Hyper-

spectral, and Ultraspectral Imagery XIV, March 16-20, Orlando, Florida, 2008.

[15] Safavi, H., and Chang, C. -I. Projection pursuit–based dimensionality reduction. SPIE Conference on Algorithms and Technologies for Multispectral, Hyperspectral, and Ultraspectral Imagery XIV, March 16-20, Orlando, Florida, 2008.